W0012826

Anne M. Schüller

Kundennähe in der Chefetage

«Anne M. Schüller ist ein vortreffliches Managementbuch gelungen, in dem endlich auch in Hinblick auf das tägliche Führungsverhalten die Erkenntnisse der Hirnforschung angemessen berücksichtigt werden. Denn wie sie richtig schreibt: Das Überleben in den Märkten der Zukunft wird maßgeblich davon abhängen, ob verstanden wird, wie das menschliche Hirn funktioniert.»
Dr. Hans-Georg Häusel, Vorstand Gruppe Nymphenburg Consult AG, Autor der Wirtschaftsbestseller «Brain Script – Warum Kunden kaufen» und «Think Limbic!»

«Ein praxisorientiertes Buch über Leadership, das ich jeder Führungskraft wärmstens empfehlen kann. Schonungslos stößt es selbstzentrierte Manager von der Bühne und rückt konsequent die, auf die alles unternehmerische Handeln letztlich zielt, mitten ins Scheinwerferlicht: die Kunden.»
Dr. Dr. Cay von Fournier, Arzt, Unternehmer und Buchautor, Inhaber des SchmidtColleg

«Anne M. Schüller zeigt eindrucksvoll, was gute Unternehmen erfolgreich macht: Macht die Menschen stark, damit sie euch diese Kraft zurückgeben können!»
Peter Felixberger, Gründer des Online-Wirtschaftsmagazins «ChangeX», Publizist und Buchautor

Anne M. Schüller

Kundennähe in der Chefetage
Wie Sie Mitarbeiter kundenfokussiert führen

orell füssli Verlag AG

2. Auflage 2009

© 2008 Orell Füssli Verlag AG, Zürich
www.ofv.ch
Alle Rechte vorbehalten

Dieses Werk ist urheberrechtlich geschützt. Dadurch begründete Rechte, insbesondere
der Übersetzung, des Nachdrucks, des Vortrags, der Entnahme von Abbildungen und
Tabellen, der Funksendung, der Mikroverfilmung oder der Vervielfältigung auf anderen
Wegen und der Speicherung in Datenverarbeitungsanlagen, bleiben, auch bei nur aus-
zugsweiser Verwertung, vorbehalten. Vervielfältigungen des Werkes oder von Teilen des
Werkes sind auch im Einzelfa ll nur in den Grenzen der gesetzlichen Bestimmungen
des Urheberrechtsgesetzes in der jeweils geltenden Fassung zulässig. Sie sind grundsätzlich vergütungspflichtig.

Umschlagabbildung: Masterfile
Umschlaggestaltung: Andreas Zollinger, Zürich
Druck: fgb • freiburger graphische betriebe, Freiburg

ISBN 978-3-280-05282-2

———

Bibliografische Information der Deutschen Bibliothek:
Die Deutsche Bibliothek ve rzeichnet diese Publikation in der Deutschen
Nationalbibliografie; detaillierte bibliografische Daten sind im Internet
über http://dnb.d-nb.de abrufbar.

Mix
Produktgruppe aus vorbildlich
bewirtschafteten Wäldern, kontrollierten
Herkünften und Recyclingholz oder -faserr
www.fsc.org Zert.-Nr. SGS-COC-003993
© 1996 Forest Stewardship Council

Inhalt

Einstimmung

«Wenn der Kunde pfeift, müssen Sie tanzen», sagt der schwedische Wirtschaftsphilosoph Kjell A. Nordström. Das Machtverhältnis zwischen Anbieter und Verbraucher hat sich umgekehrt. Der Kunde hat sich vom passiven Konsumenten zum aktiven Marktgestalter gewandelt. Nicht länger die Unternehmen, sondern deren Kunden bestimmen inzwischen die Spielregeln, nach denen ‹verkaufen› gespielt wird. Der Kunde ist der wahre Boss. *Er* stellt die Anforderungen, und die Unternehmen führen sie aus – und zwar bitte möglichst sofort! Wer nicht nach den Regeln der Kunden spielt, spielt morgen nicht mehr mit. Denn Geldscheine sind Stimmzettel. Damit wählen wir, oder wir wählen ab. Der *Kunde* hat heute die Macht – und damit im Unternehmen das Sagen! Und wenn dem Kunden was nicht passt, bleibt sein Portemonnaie eben zu. Und er erzählt der ganzen Welt, warum!

Der Kunde ist der wahre Boss

Anstatt den bunten Werbewelten zu lauschen, beschaffen sich immer mehr Menschen die kaufrelevanten Informationen von Mitmenschen und nicht mehr direkt von den Anbietern. Unternehmen müssen sich – ob sie wollen oder nicht – daran gewöhnen, dass ihre Kunden die Pressearbeit, den Vertrieb und sogar Innovationsprozesse immer öfter selbst in die Hand nehmen. Das Web 2.0 ist ihr Helfershelfer. Bewertungsportale und insbesondere die Business-Blogs – in ihren Anfangszeiten noch harmlos als Tagebücher im Internet bezeichnet – haben sich zu höchst einflussreichen Instrumenten von Kundenmacht entwickelt. Sie haben den Kunden zum aktiven Treiber eines neuen Marketing gemacht: dem kundenintegrierenden Mitmach-Marketing. Marketing 2.0 wird es unterdessen genannt.

So gilt es nun, von der Unternehmensspitze weg die internen Prozesse und Abläufe sowie das Marketing und den Vertrieb mit den Kunden gemeinsam zu organisieren, anstatt diese, wie bislang gang und gäbe, einseitig zu berieseln oder ihnen zwangsweise das aufzudrücken, was das Unternehmen für gut und richtig hielt. Der treudoofe Kunde war gestern. Willkommen im Zeitalter der Partizipation. «Die starken Partizipationsenergien des Web 2.0 sind längst keine isolierten Medienphänomene mehr, sondern verändern Wirtschaft und Gesellschaft», schreibt Andreas Haderlein in seinem Trenddossier. Ein basisdemokratischer Paradigmenwechsel also, der jenseits der lauten Managementmoden auf eher leisen Sohlen daherkam. Nun ist er da. Jedoch …

Manager zeigen kaum Interesse an Kunden

Klassische Managementbücher beschäftigen sich mit allem Möglichen: mit Managementtrends und -methoden, mit Strategien, Leadership und Wertewelten. Über eines sprechen sie viel zu wenig: über den Kunden. Der kommt höchstens in wohlklingenden Sonntagsreden vor. Unternehmenserfolg verlangt aber nicht nur nach berechnenden Strategen, sondern vor allem nach Kundenverstehern, ausgestattet mit einem guten Bauchgefühl und den Gaben der Intuition und der Empathie. Jedoch ist – leider – unserer versachlichten, zahlenhörigen Führungselite auf dem Weg nach oben nicht selten der gesunde Menschenverstand abhanden gekommen. Das Tagesgeschäft hat sie dem Kunden entfremdet, der Bezug zur Basis ist verloren gegangen. Ihr Fetisch heißt Quartalsbericht. Kurzfristige Effizienzsteigerungen und Kosteneinsparungen bestimmen die Denkmuster. Seelenlose Taschenrechner haben das Sagen. Und der Kunde spielt nur eine Nebenrolle.

Manager, die neu ins Unternehmen kommen, beschäftigen sich zuerst mit den Kosten, den Finanzen, der Organisation und den Mitarbeitern. Die Kunden werden kaum beachtet. Das ergab eine 2007 online durchgeführte Studie des IFAM-Instituts in Düsseldorf. An der Befragung nahmen 211 Manager aus Konzernen sowie Unternehmen des Mittelstandes teil. Die Studie bestand nur aus einer offenen Frage: «Wenn Sie ein Unternehmen nicht kennen – welche fünf Aufgaben würden Sie unabhängig von einer Detailanalyse auf jeden Fall anfassen?»

Weniger als fünf Prozent der Befragten nannten spontan die Wertschöpfung, die durch eine intensivere Auseinandersetzung mit den Kunden verbessert werden könne. Es sei erstaunlich, so das Fazit der Studie, wie selten den Führungskräften die Kundenwertorientierung in den Sinn komme. Der Kunde stehe nicht an erster, sondern an letzter Stelle.

Studiert man den Stellenmarkt, so werden reihenweise kostenbewusste Manager gesucht. Und kundenbewusste? Fehlanzeige! Wer sich mit Führungskräften unterhält, hört viel über Prozessoptimierung, Dauermeetings und die Tücken der Konkurrenz. Selten hört man etwas über die Kunden. Viele kennen diese nur noch aus Budgetbesprechungen und Marktforschungsberichten. Doch Hörensagen reicht nicht. Wer wissen will, was Kunden wirklich brauchen, wie sie ticken, was sie *eigentlich* mögen und wie man sie begeistern respektive erfolgreich machen kann, der gehe öfter mal hinaus und rede mit ihnen! Von Kunden kann man eine Menge lernen.

Analog dem CFO (Chief Financial Officer) brauchen Unternehmen einen CCO (Chief Customer Officer) in der Geschäftsleitung bzw. am Vorstandstisch. Er ist der «Advokat der Kunden», der deren Interessen mit Leidenschaft vertritt. Denn die Einzigen, die das Überleben eines Unternehmens auf Dauer sichern, sind dessen Kunden. Und zwar begeisterte, ja geradezu glückliche, dem Unternehmen durch und durch verbundene treue Immer-wieder-Kunden, die zudem als aktive Empfehler das Neugeschäft sichern. Neben den loyalen und ertragsstarken A-Kunden rücken demnach zunehmend die *Market Mavens* in den Fokus. Das sind Fan-Kunden, die als vertrauenswürdige Berater, Meinungsbildner und vertriebswirksame Referenzgeber fungieren. Sie sind die wahren «Marktführer», Navigatoren in einer zunehmend komplexen Business-Welt. Gerade bei strategischen Überlegungen wird immer noch viel zu oft übersehen, dass die effizientesten Wachstumstreiber all die Kunden sind, die die Angebote eines Unternehmens regelmäßig weiterempfehlen. Dies tun sie allerdings nur unter dieser Bedingung: Man verschaffe ihnen tiefe Problemlösungen *und* gute Gefühle.

> Management und Marketing heißt: Menschen glücklich machen.
> Das heißt im Business-to-Business-Geschäft: den Kunden helfen, erfolgreicher zu sein.
> Und das heißt im Business-to-Customer-Geschäft: den Kunden helfen, besser zu leben.

Kunden glücklich machen? Emotionen im Management?

Auch wenn nüchterne Sitzungszimmer, überfrachtete Powerpoints und gut gebaute Excel-Sheets eine andere Sprache sprechen: Verkaufen ist, genau wie Führen, nichts anderes als Emotionsmanagement.

Was Mitarbeiter sich von ihren Chefs am meisten wünschen, ist Menschlichkeit. Und Kunden kaufen niemals Produkte, sondern vielmehr ein besseres, angenehmeres, bequemeres, sicheres Leben sowie Dematerialisiertes wie Flexibilität, Zeit, Glück, Ruhm, Liebe und beruflichen wie privaten Erfolg. *Und sie bezahlen Unternehmen für die Leistung, genau dies zu verstehen.*

Die Maximen des modernen Webbürgers heißen: Offenheit, Gleichrangigkeit (Peer-to-Peer, PtoP), Selbstorganisation, vertrauensvolle Beziehungen und schnelle Interaktion. Und diese Maximen schwappen nun in die Offline-Welt.

«Der große Erfolg des Internets liegt nicht im Technischen, sondern im Menschlichen begründet», sagt David Clark vom Massachusetts Institute of Technology (MIT). So brauchen Manager heute mehr Menschenversteher-Wissen – und Emotionsfähigkeit. Denn Emotionen sind die wahren Treiber menschlichen Verhaltens.

Hirnforscher liefern heute den klaren Beweis: Emotionen sind der kürzeste Weg ins Gehirn. Ohne Emotionen kommt keine einzige Entscheidung zustande. Wenn wir auch noch so stolz auf unser Denkhirn sind: Den Homo oeconomicus, der vollkommen rational agiert und nur auf seinen Nutzen bedacht ist, den hat es nie gegeben. Nicht im Consumer-Bereich und erst recht nicht im BtoB-Geschäft. Gerade in kühlen Management-Etagen herrscht Emotion pur: Privilegien, Statussymbole und das Inszenieren von Macht sprechen eine deutliche Sprache. Jede noch so «knallharte» Entscheidung ist unterschwellig von persönlichen Motiven geleitet – auch wenn die Manager dies vehement abstreiten würden. Was sie meist nicht einmal mit Absicht tun, denn es fehlt uns der Zugang zum Unbewussten. Es tut seine Arbeit zwar still und heimlich, dies wird von Hirnforschern jedoch zunehmend dechiffriert. *Das Überleben in den Märkten der Zukunft wird maßgeblich davon abhängen, ob verstanden wird, wie das menschliche Hirn funktioniert.* Darüber später viel mehr.

Der Faktor Mensch entscheidet

Die knappste Ressource im Unternehmen ist nicht das Kapital, sondern es sind die Führungskräfte, die kundenfokussiert denken und handeln. Die so vehement geforderte Kundenorientierung kann allerdings nicht durch standardisierte Prozesse, dicke

Handbücher und Betriebsanweisungen entstehen. Und auch nicht durch teure CRM-Software. Sie findet vielmehr freiwillig in den Köpfen und Herzen der Mitarbeiter statt. Deren Wollen lässt sich nur in *Spiel-Räumen* entfalten und eben nicht durch vorprogrammierte Systeme erzwingen. Ein enges Korsett von Standards und Normen erstickt jedes Wollen im Keim. Dann nämlich werden Kundenanliegen nur noch prozesskonform abgewickelt. Jegliche Lust an inspirierenden, kreativen, begeisternden Problemlösungen geht gegen Null. Und individuelle Kundenwünsche bleiben auf der Strecke.

Man ist vor allem darauf bedacht, die Regeln einzuhalten, denn der Qualitätsauditor naht. Die Erneuerung des Zertifikats ist wichtiger als das Kunden glücklich Machen.

Kundenfokussiert statt prozessfixiert, so lautet die Devise. Dazu müssen sich ohne Ausnahme *alle* Unternehmensbereiche deutlich stärker miteinander vernetzen, um abteilungsübergreifend das ganze Unternehmen und jeden einzelnen Mitarbeiter auf die Kunden auszurichten. Das hört sich banal an, ist es aber nicht. Viel zu oft wird uns Kunden immer noch erklärt, wie die Dinge zu laufen haben, wer für uns zuständig ist, dass man dieses zu tun und jenes zu lassen hat.

Unternehmen geben oft unglaublich viel Geld aus, um neue Kunden zu gewinnen. Doch kaum sind sie endlich eingefangen, wird an allen Ecken und Enden gespart: Mitarbeiter werden nicht trainiert, es sind zu wenige da, sie haben keine Lust – oder Frust. Sie werden schlecht geführt, sie haben keine Ressourcen, keinen Spielraum und keine Ideen, um Kunden zu begeistern und schließlich zu loyalisieren. Die Kunden sollen sich einfügen und parieren.

Diese allerdings fühlen sich gelangweilt, falsch verstanden, vernachlässigt, von oben herab behandelt – und schließlich vertrieben.

Gerade als Bestandskunde hat man oft das Gefühl, zweite

Klasse zu sein. Bei meinem Autohändler zum Beispiel residieren schicke Verkäufer in designten Büros im ersten Stock des Hauses und nehmen sich alle Zeit der Welt. Sie sind bestens geschult: Benimmregeln, Farb- und Stilsicherheit, das Namensgedächtnis, der Auto-Konfigurator, das Fragenstellen, die Standhaftigkeit im Rabattgespräch, das Einwand-Wegargumentieren – alles perfekt.

Hat man aber, von solcher Kompetenz überwältigt, endlich gekauft und braucht man dann mal Service, geht's los: Am Telefon hängt man ewig in der Warteschleife. Am Servicecounter stehen die Kunden Schlange. Die jungen Damen hinter dem Counter sitzen wie Hühner auf der Stange, schauen gequält freundlich drein und sind völlig überfordert.

Als ich dieses Frühjahr – zugegeben, es war Hochsaison – spontan zum Reifenwechsel vorsprach und bat, doch in der Werkstatt mal zu fragen, ob noch eine Lücke frei sei, hieß es entrüstet: «Der Meister bringt mich um, wenn ich da jetzt anrufe.» So lernt man dann: Ist man erst mal Kunde, dann ist man nur noch lästig.

Unkopierbar: Die kundenfokussierte Unternehmenskultur

Unternehmen müssen danach trachten, nicht nur aus der Austauschbarkeit, sondern vor allem aus der Kopierbarkeit herauszukommen. So sind Preise in vielen Branchen heutzutage innerhalb von Minuten kopierbar. Produkte sind gelegentlich schon kopiert, bevor sie auf den Markt kommen, Prozesse und Fertigungsverfahren innerhalb von Wochen oder Monaten. Marken schaffen höchstens noch durch Emotionalisierung einen fühlbaren Unterschied.

Am schwersten ist ein exzellenter Service zu kopieren, der immer neue Überraschungen bereithält, sowie eine von Kompetenz, Sympathie und Vertrauen getragene Mitarbeiter-Kunde-Beziehung.

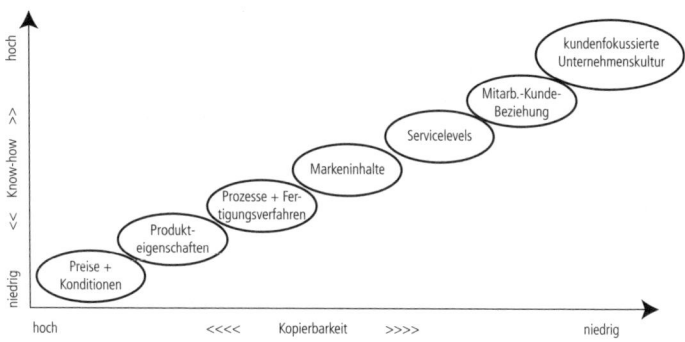

Abbildung 1: Überleben im Markt heißt: Raus aus der Kopierbarkeit! Hierzu wird vor allem ein hohes Know-how im Bereich der Soft-Skills benötigt.

«Der Wettbewerb der Zukunft wird nicht mehr über die Produktqualität und Preise ausgefochten, sondern über die Unternehmenskultur», sagt Reinhold Würth, einer der erfolgreichsten Unternehmer der Welt. Ich präzisiere: über eine durch und durch kundenfokussierte Unternehmenskultur. Sie stellt den einzigartigen, unverwechselbaren Gen-Pool eines Unternehmens dar. Sie ist unkopierbar.

Der Kunde: Erster Punkt auf der Tagesordnung

Was bedeutet das für die Chefetage? Kunden lassen sich nicht länger an die Abteilung Sales & Marketing wegdelegieren. Sie gehen *jeden* im Unternehmen an. Das heißt: Sie sitzen beim Vorstand im Chefsessel und mit dem IT-Mann am Computerprogramm. Der Controller ist ganz vernarrt in sie. Der Einkauf ist ihr Interessenvertreter und die Buchhaltung ist mit ihm auf du und du. Sie sind im Unternehmensorganigramm zu finden. Und in jedem Meeting erhalten sie den wichtigsten Platz: Punkt eins auf der Tagesordnung. Denn: Der Kunde ist der wahre Boss.

Vonnöten ist also ein kundennahes Management und auch

ein neuer Führungsstil: die kundenfokussierte Mitarbeiterführung. Das bedeutet:

> Führungskräfte haben die Aufgabe, solche Rahmenbedingungen zu schaffen, die es den Mitarbeitern ermöglichen, für die Kunden ihr Bestes geben zu können und vor allem: zu wollen.

Im unternehmerischen Wettbewerb erreicht man eine Vorrangstellung nicht länger darüber, was man macht, sondern nur noch darüber, wie der Kunde dies wahrnimmt. Und für das Wie sind die Mitarbeiter zuständig. Jede Unternehmensstrategie ist nur so gut, wie die Mitarbeiter, die diese umsetzen.

Also brauchen Unternehmen couragierte, motivierte, kundenfokussierte, unternehmerisch mitdenkende, loyale, begeisterte, ja geradezu glückliche Mitarbeiter. Mit solchen Mitarbeitern lässt sich Großes vollbringen. Sie sind nicht nur engagierter, sondern auch überzeugender. Sie sind glaub- und vertrauenswürdiger – und damit vor allem im Verkauf anderen überlegen. Mit solchen Mitarbeitern erreicht man eine Alleinstellung im Markt und somit einen deutlichen Vorsprung im Wettbewerb der zunehmend gleichartigen Angebote. Ihr größtes Erfolgspotenzial steckt in den Köpfen *und* Herzen Ihrer Mitarbeiter! In solchen Mitarbeitern, die ihre Arbeit *und* die Kunden lieben.

Um ein Unternehmen zu führen, das Bestand haben soll, braucht es viel mehr als nur den Blick auf die Finanzen und den Quartalsbericht. Klar, auf seine Kosten zu achten ist eine unternehmerische Pflicht. Doch bei welchen Kostenblöcken der Rotstift angesetzt wird, will gut überlegt sein. Denn vor dem Geldverdienen steht der Kunde. «Das Beste für den Kunden ist das Beste für uns», heißt es dazu beim überaus erfolgreichen amerikanischen Versandhaus Lands' End, das seit einiger Zeit auch eine deutsche Filiale hat. Die Frage muss also lauten: Was ist gut und richtig für den Kunden? Doch immer noch heißt in vielen Unternehmen die strategische Entscheidung: Kostensenkung vor Kundenzufriedenheit. Zahlenmenschen und Technokraten (und manchmal sogar Menschenschinder) haben das Sagen. Sie ersticken, wie wir später noch ausführlich vertiefen werden, jede Kreativität im Keim. Die Folge: Mittelmäßigkeit mit ideenlosen Chefs, lähmender Bürokratie, ängstlichen Führungskräften und verängstigten Mitarbeitern – und Kunden, die schnellstens wieder das Weite suchen.

Kreativität ist die Schlüsselressource der Zukunft. Kopfarbeiter stehen im Zentrum der voranschreitenden Wissensökonomie. Doch nur in einem angst- und bedrohungsfreien Klima können neue Ideen entwickelt und neue Wege beschritten werden. Angst produziert keine besseren Leistungen, sondern Starre. Und Konformität. Und Fehler. Wo Angst regiert, sinken Motivation, Innovationsfähigkeit, Produktivität und Loyalität – und damit auf Dauer auch die Überlebenschancen am Markt. In solchermaßen «vergifteten» Unternehmen herrscht Eiszeit, dort wollen weder Mitarbeiter noch Kunden gerne sein.

Zum «lachenden Unternehmen» werden

Lachende Unternehmen haben die Nase vorn. Sie sind resultateorientiert, schwingen positiv und verfolgen Gewinnerstrategien. Solche Unternehmen sind kein Schlaraffenland. Sie bieten ihren Mitarbeitern vielmehr ständig neue Herausforderungen – im Kern ihrer Talente und auf Wollen-Basis. Dort finden wir ein hohes Leistungsniveau, ein gut gelauntes Miteinander, eine von Vertrauen getragene offene und ehrliche Hin-und-Her-Kommunikation, gegenseitige Wertschätzung sowie vielfältige Anerkennung. Und Siegertypen, voller Stolz auf Höchstleistungen und Spitzenergebnisse.

In lachenden Unternehmen herrscht Spaßgesumme, ein Treibhausklima für Spitzenleistungen und ein Biotop für gute

Ideen. Lachende Unternehmen ziehen die Besten wie magisch an. Sie legen damit eine perfekte Basis für Top-Performance und wirtschaftlichen Erfolg. Bei solchen Unternehmen kaufen wir Kunden gern wieder ein – und erzählen der ganzen Welt davon.

Hohe Wertschöpfung entsteht durch hohe Qualität, durch hohe Innovativität und durch hohe Flexibilität. Doch nur unter optimalen Bedingungen können solche Spitzenleistungen entstehen. Was Unternehmen zunehmend weniger brauchen, sind die falschen Heilsversprechen der Management-Hypes mit dem eingebauten Zauberwort: «Kommt aus Amerika!» Gerade weil diese oft so unreflektiert übernommen werden, läuft ja in den Unternehmen so vieles falsch. Die holde Frage, wie Drei-Buchstaben-Tools (BCM, TQM, KVP, BPR, BSC, CRM, MBO, CLV, BPO, NPS …) funktionieren, sollte also mal zurückgestellt werden. Denn solche Tools sind theoretisch, prozessgetrieben, nüchtern, kalt. Und meist zum Scheitern verurteilt, weil dabei der Mitarbeiter als Mensch auf der Strecke bleibt.

Die viel entscheidendere Frage lautet: Wie «funktionieren» Menschen? Was wir heute in Unternehmen am meisten brauchen, ist Menschlichkeit. Der ergiebigste Erfolgsmacher eines Unternehmens ist wohlweislich das virtuose Ausschöpfen der Mitarbeiter- und Kundenpotenziale. Deshalb wollen wir uns in diesem Buch verstärkt den Menschen zuwenden. Und – anstatt uns durch staubtrockene Theorien zu mühen – das Machbare in Angriff nehmen.

Über den Inhalt des Buchs

Bücher über Management und Mitarbeiterführung beschäftigen sich in aller Regel mit zweierlei: mit der Führungskraft und mit seinen Mitarbeitern. Dieses Buch ist anders. Es beschäftigt sich mit einem durch und durch dialogisch geprägten Beziehungsdreieck von Management – Mitarbeiter – Kunde. Kompromisslos rückt es den Kunden in den Fokus aller unternehmerischen

Aktivitäten. Es verschafft ihm Platz in der Chefetage. Es stellt ihn mitten ins Personalbüro. Und es platziert ihn im Herzen der Mitarbeiter. Ich nenne das: *die kundenfokussierte Unternehmensführung.*

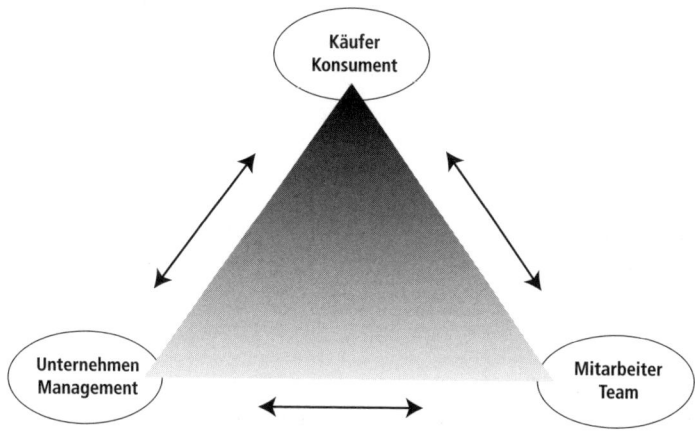

Abb. 2: Das dialogisch geprägte Beziehungsdreieck zwischen Management, Mitarbeitern und Kunden. Alle Aktivitäten sind im Sinne einer kundenfokussierten Führung auf den Kunden ausgerichtet.

Der Aufbau des Buches folgt unserer Definition der Führungsaufgabe:

Führungskräfte haben die Aufgabe, solche Rahmenbedingungen zu schaffen, die es den Mitarbeitern ermöglichen, für die Kunden ihr Bestes geben zu können und vor allem: zu wollen.

In *Teil 1* geht es vor allem um den Kunden. Wir werden erfahren, weshalb ich mich vom Begriff der Kundenorientierung verabschiede, wie der «neue» paradoxe Kunde tickt und wie wir zu Menschenverstehern werden können.

In *Teil 2* geht es um die Rahmenbedingungen, die unternehmensweite Kundenfokussierung ermöglichen. Wir werden die Grundlagen kennenlernen, die Lust auf Leistung erzeugen und uns mit der vergifteten und der lachenden Unternehmenskultur sowie mit Unternehmenssprache auseinandersetzen.

In *Teil 3* geht es um die kundenfokussierte Führungskraft. Ihre Rolle als Vorbild und Mensch sowie ihre Nähe zum Kunden stehen dabei im Vordergrund.

In *Teil 4* geht es um ausgewählte Aspekte der kundenfokussierten Mitarbeiterführung und darum, wie das Können und insbesondere das Wollen der Mitarbeiter aktiviert werden kann.

In *Teil 5* schließlich findet der Leser eine Toolbox, also einen Werkzeugkasten mit Hinweisen und Anregungen sowie praktischen Beispielen für eine kundenfokussierte Mitarbeiterführung. Unaufhaltsam werden die Werte, für die das Web 2.0 heute steht, nämlich
- Dialog und Interaktion
- Teilen und Partizipation
- Transparenz und Wahrhaftigkeit
- Kreativität und Schnelligkeit
- Beitragsleistung und Hilfe
unseren Lebens-, Kauf- und Arbeitsstil prägen, und damit auch Einzug in das betriebliche Miteinander halten. Gut, wenn die Unternehmen darauf vorbereitet sind.

Ein kleiner Hinweis am Rande: Wenn in diesem Buch von Mitarbeitern, Managern, Chefs und Kunden gesprochen wird, ist damit natürlich immer sowohl die weibliche als auch die männliche Form gemeint.

1 Kundenfokussierung statt Kundenorientierung

Glaubt man den schön gemachten Unternehmensleitbildern («Der Kunde steht im Mittelpunkt unseres Tuns»), den aufwändigen Geschäftsberichten («Der Kunde steht im Zentrum unserer Aktivitäten») und den «politisch korrekten» Sonntagsreden der Führungselite («Kundenorientierung ist unser strategisches Ziel»), so rennt man mit dem Wunsch nach Kundenorientierung offene Türen ein. Doch bereits im ersten Raum steht warnend ein Controller mit erhobenem Es-muss-sich-rechnen-Zeigefinger. Im zweiten Raum sitzen Prozessfanatiker, die bei jedem Außer-der-Reihe-Kundenbegehren mit «Das geht nicht!» zur Ordnung rufen. Im dritten Raum grummeln Techniker, die Kunden sollen gefälligst ihre Bedienungsanleitung lesen. Und über allem thront der Chef und tönt: «Ich lasse mir doch von Kunden nicht vorschreiben, wie ich meinen Laden zu führen habe!» Einem Hotelbetreiber, der späte Frühstücksgäste mit dem Staubsauger zu vertreiben pflegte, musste ich einmal sagen: «Sie werden wahrscheinlich bald jede Menge Zeit zum Staubsaugen haben.»

Einschlägige Bücher über Kundenorientierung sind zahlreich. Wer allerdings heutzutage als Konsument unterwegs ist, muss glauben, dass viele eine dicke Staubschicht tragen. Kunde-stört-bei-der-Arbeit-Syndrome gibt es in jeder Firma. Kundenmobbing kommt überall vor. Als Sprachcomputer getarnte Kundenvergraulungsprogramme, Zerberusse in der Telefonzentrale und Warenbewacher im Handel machen uns fertig. Und oft genug finden wir uns in der entwürdigenden Bittsteller-Rolle wieder.

Engpässe bestehen offensichtlich nicht hinsichtlich der Theorie, sondern – wenn wir die Verbraucher nach ihren Erlebnissen fragen – eher in einer durchgängig praktischen Umsetzung. Denn Renditegier, Kurzzeitdenke und Kostenwahn, Selbstzentriertheit und Abteilungsegoismen regieren weiter die Führungsetagen. Zahlungsbereitschaften werden abgegriffen, anstatt Kunden zu betören. Und diese machen sich erbost von dannen. Ihre Wechselfreude ist größer als ihre Freude zu bleiben. Dabei müsste es genau umgekehrt sein.

Eine scheinheilige Kuh wird geschlachtet

In Orientieren steckt Orient, also der Osten, da, wo die Sonne aufgeht. Viele Manager scheinen allerdings nicht zu spüren, dass die Sonne des Erfolgs dort am kräftigsten scheint, wo die Kunden treu und glücklich sind. Womöglich fehlt dem Begriff auch Klarheit und Präzision. Denn Orientierung hat etwas Vages, deutet eher in eine grobe Richtung als auf ein festes Ziel. «Ich muss mich erst mal orientieren», sagen wir, wenn wir nicht so ganz genau wissen, wo wir sind und wie es weitergeht. Dann bleiben wir stehen. Und schauen etwas ratlos drein. Im Hinblick auf Kunden ist solches Vorgehen unbrauchbar.

Verabschieden wir uns also von dem offensichtlich zu vagen und oft als Worthülse missbrauchten Begriff der Kundenorientierung. Reden wir zukünftig über die viel präzisere Kundenfokussierung. Fokus heißt Brennpunkt. Wenn jeder Mitarbeiter im Unternehmen für die Sache des Kunden brennt und darauf seine Anstrengungen lenkt, dann ist ein dauerhafter Erfolg zu schaffen.

Was Kundenfokussierung heute bedeutet

Kundenfokussierung heißt, alle Ressourcen des Unternehmens auf das zu konzentrieren, was für dessen Fortbestand am wichtigsten ist: die Kunden. Dies bedeutet, die Perspektive zu wechseln, von außen nach innen, also vom Kunden her zu denken, sich die Brille des Kunden aufzusetzen, sich in seine Schuhe zu stellen und in seine Haut zu schlüpfen. Kundenfokussierung macht aus der guten alten «Unique Selling Proposition» (USP) eine «Unique Satisfaction Proposition» und aus dem «Point Of Sale» (POS) einen «Point Of Purchase» (POP). Alles wird aus dem Blickwinkel des Kunden betrachtet. Denn ob die Unternehmen wollen oder nicht: Der Kunde hat heute das Sagen.

Er wandelt sich vom passiven Zielobjekt zum hoch vernetzten, bestens informierten, kritischen, emanzipierten, aktiven Marktgestalter und Kaufverhaltensbeeinflusser. Seine größte Waffe heißt Loyalität. Denn nicht Konsumverzicht, sondern die zunehmende Wechselbereitschaft der Verbraucher macht den Unternehmen am meisten zu schaffen.

So gilt es also, sich aus der Selbstzentrierung zu lösen und die Bühne freizuräumen vom Ego der Manager. Ins Scheinwerferlicht gehören vielmehr die Probleme, Hoffnungen, Sehnsüchte, Wünsche und Träume der Kunden. Was der Kunde will, wird gemacht! Mit der Präzision eines Laserstrahls wird gesucht und gefunden, was beim Kunden Bleibe-Freude, Immer-wieder-Kauflust und Mund-zu-Mund-Werbung weckt. Dies ist nicht nur eine Frage von «wissen» und «können», sondern vor allem von «wollen».

Notwendig sind:
- eine kundenfokussierte Einstellung
- kundenfokussiertes Verhalten

Kundenfokussiertes Verhalten wird über Kompetenz und Effizienz, also über Wissen und Können sichtbar, die Einstellung hingegen über das Wollen. Freundliche Inkompetenz, also «nur nett», reicht natürlich nicht, genauso wenig wie Fachkompetenz, gepaart mit schlechtem Auftreten. Die kundenfokussierte Einstellung ist, wenn wir den Kunden angeregt zuhören, in aller Regel der vorrangige Aspekt. Sie zeigt sich etwa in Form von dienlich sein, Herzlichkeit, Achtsamkeit, Bemühen, Geduld, Verständnis, Toleranz und Wahrhaftigkeit. Eine fehlende Einstellung verschlechtert die Leistung und färbt das Verhalten negativ. Es wirkt dann mühsam und lustlos oder aufgesetzt und andressiert.

Ein simples Beispiel: Ob einem der Kaffee liebevoll oder lieblos serviert wird, spürt man als Gast garantiert. Künstliche Freundlichkeit und ein falsches Strahlemann-Musslächeln werden als solche enttarnt. Im ersten Fall klingelt die Kasse, im zweiten eher nicht. Wenn es uns gut geht, bleiben wir länger und konsumieren mehr, wir geben reichlich Trinkgeld, kommen gerne wieder und bringen beim nächsten Mal ein paar Freunde mit.

Grundvoraussetzung ist, dass die Basics stimmen: eine gute Produktqualität, ein ansprechendes Ambiente, das nötige Knowhow. Solche Features erwartet der Kunde heute ganz selbstverständlich, sie sind kaum noch der Rede wert. Dort, wo sein Herz höher schlägt, wo sich seine Emotionen rühren und wo er seinen ganz persönlichen Nutzen sieht, dort wandern seine Geldscheine hin – freiwillig und liebend gerne. Eines ist sicher: Verhalten lässt sich notfalls befehlen, eine kundenfreundliche Einstellung jedoch nicht. Verkäufer mit zwei offenen Augen, einem lächelnden Mund und Freude an ihrer Arbeit können Unternehmen weit besser sanieren als jedes Kostensparprogramm.

Vertriebs- und Service-Trainings beschäftigen sich immer noch viel zu sehr mit den alten Push-Verkaufstechniken. Selbst wenn diese gut beherrscht werden: Sie bewirken nichts, wenn die

Einstellung nicht stimmt. Heute werden vor allem Workshops gebraucht, die Menschenversteher-Wissen vermitteln, kundenfokussierte Denkweisen thematisieren und zeigen, wie Loyalitäten aufgebaut werden können – was länger dauert und deutlich komplexer ist, als simples Verhalten zu trainieren.

Verhalten wird wohl deshalb so überbewertet, weil es sich in Form von Standards darstellen und sichtbar machen lässt – und somit auch prüfbar und messbar ist. Dies muss allerdings vorrangig vom Kunden her angegangen werden und darf sich nicht allein an internen Effizienzgesichtspunkten ausrichten. Die Frage heißt als nicht: «Was ist gut für uns?», sondern vielmehr: «Was ist gut und passend für den Kunden?»

Hierzu müssen alle kundenrelevanten Prozesse in ihre einzelnen Schritte zerlegt werden. Bei jedem Kundenkontaktpunkt *(Customer Touchpoint)* wird dann überlegt, wie man die Interaktion mit seinen Kunden besser gestalten, ihr Leben vereinfachen und ihren Nutzen vergrößern kann. Oder wie man sie emotional berühren, ihr Dasein versüßen, ihnen Zeit schenken und sie immer wieder aufs Neue überraschen kann. Nicht Geld ist für viele Kunden die knappste Ressource, sondern Zeit. Und für manche ist Raum, Ruhe und Freiheit der größte Luxus.

Im BtoB-Business muss erarbeitet werden, mit welchen differenzierenden Merkmalen man helfen kann, seine Kunden erfolgreicher zu machen, damit diese schließlich ihre Endkunden glücklich machen können. So kommt man dann auch endlich von den reinen Preis- und Mengengesprächen weg. Wie sich das alles praktisch gestaltet, dazu mehr in Kapitel 5. Am Ende ist es eine Summe von Details, die der Kunde goutiert, und – hurra – mit «Stimmzetteln» belohnt.

Grundvoraussetzung für all dies sind *reale* Kundennähe und eine kompromisslos kundenfokussierte Einstellung des Managements. Beides muss von *allen* Führungskräften für *jeden* Mitarbeiter deutlich sichtbar vorgelebt werden. Denn wie ein Domino-Effekt kaskadiert positives wie negatives Verhalten der Führungsspitze über alle Hierarchie-Stufen nach unten – und schwappt dann zum Kunden hinüber.

Kundenfokussierung hat, das darf hier nicht verschwiegen werden, natürlich auch Grenzen: Es bedeutet nicht, dem Kunden alles zu schenken, was sich dieser erbettelt. Oder sich erpressen zu lassen, wenn der Kunde mit «Liebesentzug» droht. Es heißt auch nicht, klein beizugeben, wenn er versucht, einen über den Tisch zu ziehen. Im Übrigen sind solche Fälle, wenn auch zunehmend, immer noch selten genug. So teilte mir der CEO einer großen Schweizer Versicherungsgesellschaft mit, 40 Prozent aller Schäden würden von nur 0,8 Prozent seiner Kunden verursacht. Natürlich trennt er sich von schwarzen Schafen. Und mit Recht. Denn geschäftliche Partnerschaft heißt: Win-Win. Auf beiden Seiten des Tisches müssen Gewinner sitzen.

Wer Kundenfokussierung wirklich will, braucht Marketingleute an der Spitze. Denn in Zukunft werden nur solche Unternehmen eine Chance am Markt haben, die sich als Marketing-Company verstehen, die also voll und ganz vom Markt und damit vom Kunden her denken und handeln. Ist das trivial? Dann lese man nur einmal aufmerksam eine x-beliebige Gebrauchsanweisung. Oder studiere Mobilfunktarife. Oder versuche, Medikamenten-Beipackzettel zu enträtseln. Und solche Hinweise sind keineswegs neu.

Der Kunde muss an die erste Stelle! Zu diesem Ergebnis kommt auch die GfK (Gesellschaft für Konsumforschung), Europas Nummer eins in Sachen Marktforschung, im Rahmen einer Meta-Analyse von 91 Publikationen zum Thema «High Performance Organisationen». Die Rahmenbedingungen für unternehmerische Höchstleistungen punkteten wie folgt:

- 196 Punkte: Permanent daran arbeiten, Mehrwert für Kunden zu erzeugen.

- 182 Punkte: Mitarbeitende befähigen, zu entscheiden und zu handeln.
- 165 Punkte: Eine «lernende» Organisation entwickeln.
- 158 Punkte: Ein faires Belohnungs- und Incentivierungssystem etablieren.
- 148 Punkte: Vertrauensbeziehungen mit Mitarbeitern auf allen Ebenen pflegen und verstärken.
- 147 Punkte: Permanent die Arbeitsabläufe im Unternehmen vereinfachen und verbessern.
- 130 Punkte: Führen mit Integrität und mit Beispiel vorangehen.
- 123 Punkte: Gute und langlebige Beziehungen mit allen Interessengruppen pflegen.
- 115 Punkte: Messen, was wirklich wichtig ist.
- 103 Punkte: Jeder Mitarbeiter erhält alle für die Leistungsverbesserung notwendigen finanziellen und nichtfinanziellen Informationen.

All diesen Aspekten werden wir im Verlauf des Buches wieder begegnen. Beschäftigen wir uns zunächst mit dem Tagesordnungspunkt eins: dem Kunden.

Eine neue Herausforderung: Der paradoxe Kunde

Kundenfokussierte Unternehmen machen nicht sich selbst das Leben angenehm, sondern dem Kunden das Leben schön. Und das ist schwer genug. Denn die Kunden haben sich dramatisch verändert – und das auch noch rasend schnell. Sie lassen sich ihre Ansprechpartner nicht länger aufdiktieren. Sie lassen sich auch nicht mehr vorschreiben, auf welchem Kommunikationskanal man mit seinem Anbieter in Kontakt treten «darf». Unternehmen, die dem Kunden aufzwingen wollen, was er tun darf und was nicht, sind von gestern – und morgen nicht mehr im Spiel. Die Schlagworte, mit denen Marktforscher das neue Kundenverhalten belegen, sind zahlreich und inzwischen weitläufig bekannt. Wir hören von Anspruchsdenkern, von Smart-Shoppern, vom *Variety Seeker*, vom multioptionalen, hybriden und vom flüchtigen Kunden. Er ist rätselhaft und unberechenbar: ein paradoxer Kunde. Er ist individualistisch, wählerisch, oft ungeduldig, manchmal hellauf begeistert, manchmal überfordert, manchmal schier gnadenlos – und immer ein wenig unzufrieden. Heute preis- und morgen qualitätsorientiert: Täglich wechseln die Entscheidungskriterien. Und die Messlatte wird immer höher gelegt. Fehler verzeiht er nicht. Zu groß ist das Angebot, zu flexibel die Konkurrenz, zu billig der Internet-Händler.

Wer bei solchen Kunden Erfolg haben will, tut gut daran, sich endgültig von seiner Verliebtheit in die eigenen Erzeugnisse («Wir machen ein tolles Produkt. Wenn die Kunden zu dumm sind, das zu begreifen ...») zu lösen, um seine ganze Energie auf den Kunden zu lenken. Dabei gilt es, das eigene Unternehmen aus der Perspektive des Kunden zu betrachten und kräftig zu helfen, die Welt des Kunden schön und erfolgreich zu machen. Diese neue Sichtweise heißt in gutem Marketing-Deutsch: Empathic Design. Also: Haben Sie bereits eine Forschungsabteilung für kundenempathische Service-Innovationen?

Der Dienstleistung gehört die Zukunft – und damit den Menschen. So geht es immer weniger um das Beherrschen von methodischen Kompetenzen, sondern vorrangig um Intuition, Empathie und Kreativität. Behäbige Industriebetriebe werden nur noch dann am Markt Chancen haben, wenn sie ihre Produkte durch smarte Servicekonzepte veredeln. Ganze Branchen werden ihre Dienstleistung neu erfinden müssen, um ihren Kunden einen Zuwachs an Lebensqualität zu sichern. Und nur Unternehmen, denen es gelingt, vehement nach vorne blickend all ihre Mitarbeiter auf diese Veränderungen auszurichten, haben nachhaltige Zukunftsperspektiven.

Verschreibungspflichtig: Kundenkontakt für jeden im Unternehmen

Heute kann nahezu jeder im Unternehmen direkt oder indirekt zur Anlaufstelle für den Kunden werden. Deshalb braucht nicht nur das Sales- und Service-Team, sondern letztlich jeder Einzelne im Unternehmen ein tiefes Kundenverständnis sowie Verkaufs- und Loyalisierungskompetenz. Dies erfordert einen leibhaftigen Perspektivenwechsel. In einer Augenklinik laufen beispielsweise die Ärzte und das Pflegepersonal ab und an mit verbundenen Augen herum, um sich in die Lage frisch operierter Menschen zu versetzen. Bei einem Autobauer schlüpfen die Entwickler in einen Age-Simulator, einen Anzug also, der sie scheinbar zu 70-Jährigen macht, um die Seniorenfreundlichkeit der Fahrzeuge zu testen.

Alle Mitarbeiter im Unternehmen müssen mit Kunden zusammen kommen. Für praxisferne Führungskräfte bedeutet dies womöglich, erstmals seit langem wieder mit einem Kunden von Angesicht zu Angesicht zu reden. Dies ist jedenfalls sinnvoller, als in Outdoor-Camps auf Bäumen herumzuklettern oder «Durch die Wüste» zu spielen. In der Wüste gibt es keine Menschen! Anstatt ihr Wissen durch Managerbücher mit tierischen Protagonisten (Mäuse-Strategie, Pinguin-Prinzip, Kakerlaken-Strategie, Moskito-Marketing, Piranha-Selling …) anzureichern, sollte die Führungsetage sich besser mit Menschenversteher-Wissen versorgen. Anstatt über glühende Kohlen zu laufen, sollten Manager besser nachsehen gehen, wo es beim Kunden brennt.

So fehlen im Terminkalender der Einkäufer die Kunden fast völlig. «Ich werde dafür bezahlt, hier Kosten zu sparen, und nicht, um mit Kunden zu quatschen», sagte mir einer. Bei manchen Einkäufern kommen die Büroklammern noch vor den Kunden. Für Jahresgespräche mit Zulieferern und Partnern wird reichlich Zeit eingeplant, wie hingegen die Kunden mit Einkäufer-Entscheidungen leben, interessiert anscheinend niemanden.

«Bei uns», erzählte mir ein Personalleiter, «kümmert sich jetzt der Einkauf um das Personalleasing. Die Kompetenz der Leute ist sekundär, es geht nur um die Kosten. Was da an Leistung beim Kunden ankommt, brauche ich Ihnen ja wohl nicht zu sagen!»

Oder gehen wir mal in die Buchhaltung. Sind deren Mitarbeiter in Sachen Kundenfreundlichkeit ausreichend geschult? Tun Sie doch einmal das, was Ihre Kunden auch tun: Werfen Sie Ihre Mahnschreiben mit den üblichen Standardtexten in den Papierkorb. Und werden Sie kreativ! Verfassen Sie Hingucker, lassen Sie dazu mal einen Verkäufer oder eine Werbeagentur ran. Drohen Sie dem Kunden nicht länger, sondern zeigen Sie ihm handfeste Vorteile auf. Telefonieren Sie dem nun charmant formulierten Erinnerungsschreiben hinterher. Seien Sie dabei freundlich, höflich, sachlich und vor allem verbindlich. Halten Sie sich selbst konsequent an vereinbarte Termine. Und sollte tatsächlich einmal etwas falsch gelaufen sein, ist es ergiebig, wenn das Accounting die Kunst der kundenfreundlichen Reklamationsbehandlung beherrscht.

Fazit: Sogar die Art und Weise, wie ein Unternehmen sein Mahnwesen gestaltet, kann begeistern. Gewinnersprache und die Wahl der richtigen Worte kann kleine Mahnwesen-Wunder bewirken.

Gerade in kundenfernen Abteilungen wird immer noch allzu häufig aus einer Innensicht heraus agiert. Da zählt, was machbar ist, und nicht, was Kunden wünschen. Kunden sollen gehorchen, sich nicht so anstellen und parieren. Besser ist, die Kunden selbst entscheiden zu lassen. So wurde bei Continental Airlines nach der besten Entschädigung für einen verspäteten Flug gesucht: Eine Testgruppe erhielt ein Entschuldigungsschreiben des Vorstands, die zweite einen Gutschein für einen Freiflug und eine dritte Zugang zur Club Lounge. Man stellte fest, dass die Kunden der dritten Gruppe mit der angebotenen Lösung bei weitem am zufriedensten waren. Intern hatte man auf die wesentlich teureren Freiflüge getippt. Durch die Kundenbefragung sparte sich die Fluggesellschaft eine Menge Kosten.

Niemand kann sich noch länger in den Expertenturm zurückziehen und verzaubert von seinem Genius vor sich hin basteln. Jede Innovation hat ja schließlich ein Ziel: den Kunden. Von technologischen Machbarkeiten getriebene Ingenieurskunst muss kombiniert werden mit marktfähigen Leistungsbündeln. Benutzerfeindliche Funktionsüberfrachtung und auf Halde produzieren war gestern. Maschinenauslastung und Umrüstzeiten stehen an zweiter Stelle. Kundenwünsche steuern heute die Unternehmen. «Mit unserem Produktionssystem können wir flexibel auf jede Nachfrage-Schwankung reagieren», sagt Porsche-Chef Wendelin Wiedeking. «Wenn es sein muss, produzieren wir eben für gewisse Zeit ein paar Fahrzeuge weniger. So halten wir die Neuwagenpreise stabil und sorgen zugleich für eine langfristig hohe Werthaltigkeit. Unsere Kunden wissen das zu schätzen.»

Kundenfokussierung muss, von oben beginnend, Abteilungsgrenzen und Hierarchiegehabe überspringen und alle Unternehmensbereiche durchdringen. Die Tüftler müssen ihr stilles Kämmerlein, die Manager den grünen Tisch und die CEOs ihre behütende Vorstandsetage verlassen, um Feedback-Schleifen zu drehen. Sie sollten sich Mikrofone schnappen und die Kunden inständig befragen. Sie sollten sich Kameras nehmen und hinter den Kunden herlaufen, um aufzuzeichnen, wie sie agieren. «Go and see for yourself» nennen die Amerikaner diesen Kurs. Man muss dem Kunden aufs Maul schauen, um erfolgreich zu sein.

Bei Ikea folgen interne Beobachter den Kunden im Drei-Meter-Abstand, um zu ermitteln, wohin sie schauen, wohin sie greifen und was sie links liegen lassen. «Wonach haben die Kunden denn heute gefragt?», muss Standard werden im Kommunikationsrepertoire einer Führungskraft. So können gerade «schwierige» Kunden als Leistungstreiber nach innen genutzt werden.

Unternehmen müssen täglich neu lernen, was die Kunden

wirklich wollen, um in Rekordgeschwindigkeit auf Marktveränderungen zu reagieren. «Erfolge kommen immer dann, wenn man wahrnimmt, was der Markt wirklich will», hat Götz Werner, Chef der dm-Drogeriemärkte einmal gesagt.

Ein Negativbeispiel gefällig? Kundenkarten! Alle sind nach dem gleichen Prinzip aufgebaut: Das Unternehmen definiert nach eigenem Gusto, mit welchen Merkmalen die Karte ausgestattet ist, welche Leistungsbestandteile sie hat und mit wem sie kooperiert. Solche Funktionsbündel, im Fachjargon «Features» genannt, sind nicht nur unüberschaubar, sondern vielfach auch unbrauchbar. Sie werden auf rein finanzielle Aspekte reduziert, emotionale Aspekte wie etwa Zugehörigkeit bleiben außen vor. Das, was sich Karteninhaber neben Rabatten und Boni am meisten wünschen, nämlich freundlich und bevorzugt behandelt zu werden, konnten nach einer Studie von OgilvyBrains noch nicht einmal 10 Prozent der Befragten feststellen. Hingegen stimmten 50 Prozent der Aussage zu, dass man durch Kundenkarten viele unerwünschte Zusendungen bekommt. So kann man sich heute keine Freunde mehr machen!

Das Wissen über Kundenwünsche und -probleme muss systematisch in alle Abteilungen getragen werden, um zu immer wieder neuen faszinierenden Lösungen zu kommen. Ich unterscheide dabei wie folgt:

- die scheinbare, oberflächliche, selbstzentrierte Problemlösung: Hierbei wird um ein bestehendes Produkt herum nach eigenem Gusto ein bisschen Service gepackt, als Lösung umschrieben und dann in den Markt gedrückt. Das ist der alte Weg.
- die echte, tiefgründige, kundenfokussierte Problemlösung. Hierbei beschäftigt man sich intensiv mit den Problemen des Kunden und erarbeitet mit ihm gemeinsam eine einzigartige, differenzierende und möglichst unkopierbare Lösung. Das ist der neue Weg.

Wer echte, tiefe, kundenfokussierte Problemlösungen verkauft, verabschiedet sich von seiner selbstzentrierten Sichtweise und taucht tief ein in die Kundenwelt. «Was ist Ihr brennendstes Problem?», wird er fragen und: «Wovon träumen Sie?», und sich selbst: «Welche Lösungen bieten nur wir diesem Kunden – und was können wir deutlich nachvollziehbar besser als andere?»

Dort, wo die größten Kundenprobleme sind, schlummert die höchste Rendite. Das Ziel lautet also: bester Problemlöser für seine Kunden werden. Und weil ein solcher Lösungsanbieter als langfristig wertvoller Partner gesehen wird und nicht als austauschbarer Lieferant, fördert ein solcher Lösungsverkauf auch die Kundenloyalität.

Dazu müssen die Mitarbeiter des Anbieter-Unternehmens mit denen des Kunden partnerschaftlich zusammenkommen. Hierzu können etwa die Werksleiter, Techniker und Ingenieure ihre Zelte beim Kunden aufschlagen oder sich sogar vom Kunden anstellen lassen und mitarbeiten, um tiefgründig zu verstehen, was Sache ist. Ferner können Kunden in die Forschungs- und Entwicklungslabors des Anbieters eingeladen werden, um Hinweise zu geben und Anliegen zu äußern. Oder Leute aus dem Vertrieb, dem Kundendienst und dem internen Call Center treffen sich regelmäßig mit ihren Kollegen aus der Produktion und der Verwaltung bei einem ausgiebigen Frühstück, um sich darüber auszutauschen, wie es den Kunden geht. Die Kunden können auch virtuell in die Büros und Fertigungshallen kommen: So kann der Datensatz das Gesicht des Kunden zeigen. Am Montageband kann das zu produzierende Teil einen «Steckbrief» tragen. Darauf steht, für welches Unternehmen und für welchen Kundenzweck das Gerät gebaut wird. Oder umgekehrt: An dem Werkstück stehen die Namen der Mitarbeiter, die es gebaut haben.

«Bei uns ist es seit Jahren eingeführt, dass bei der Rückkehr der Monteure die aufgetretenen Schwierigkeiten an den Maschinen dem Konstrukteur und mir erzählt werden müssen, und zwar, welche Mängel auftraten, was geändert werden müsste, wie die Maschine verbessert werden kann ... Ich bin grundsätzlich bei solchen Besprechungen mit dabei, denn sonst würde der Monteur rücksichtslos an die Wand gedrückt. Der Konstrukteur hat eine wesentlich stärkere Stellung und ist in der Regel auch viel redegewandter. Nicht selten zieht der Monteur dann ab, ohne das zu sagen, was er eigentlich sagen wollte», erzählt Hermann Kronseder, Gründer von Krones, Hersteller und Weltmarktführer von Flaschenabfüllanlagen, in «Hidden Champions des 21. Jahrhunderts». Und weiter: «Dieser Punkt ist in vielen Betrieben ein Manko. Die Monteure haben kaum Gelegenheit, den Konstrukteuren mal von ihren Erfahrungen beim Kunden zu berichten.»

In den Fahrradläden der US-Firma Zane's Cycles gibt es in der Mitte des Ladens eine riesige Coffee-Bar. Die Monteure nehmen dort die Mittagspause ein und können dabei mit den Kunden plaudern. Vertrautheit schafft Vertrauen – und damit Kaufbereitschaft. Mangelnde Nähe hingegen sorgt für Unwissenheit, sowohl im Verhältnis zu Vorgesetzten als auch im Verhältnis zu Kunden. Unwissenheit führt zu Unsicherheit und schließlich zu Ängsten. Diese werden per Flurfunk in Form von Gerüchten, Spekulationen und Diffamierungen aufgebauscht und weiter verbreitet. Ist der Mangel an Vertrautheit übergroß, schlägt dies oft in Aggression um (was auch immer wieder bei Ausschreitungen gegen Ausländer deutlich wird). Die beste Möglichkeit, um den Teufelskreis der Eskalation zu durchbrechen, heißt: Nähe, Vertrautheit und vertrauensvolle Kommunikation.

Schon jede x-beliebige Studie, die sich mit Kundenbedürfnissen beschäftigt, gibt wertvolle Hinweise über das, was Kunden wünschen. So kam die Mercer-Studie «Customer Excellence im Festnetz» zu dem Schluss, dass Festnetzanbieter die Kundenbedürfnisse grundlegend falsch einschätzen. Aus Sicht der 110 befragten Manager ist der Preis mit 44 Prozent der wichtigste Treiber für die Zufriedenheit der Kunden, gefolgt von den Produkten mit 36 Prozent und der Servicequalität mit 20 Prozent. Dagegen brachte die Umfrage unter 2000 europäischen Festnetzkunden zutage, dass die Servicequalität mit 55 Prozent den größten Einfluss auf ihre Zufriedenheit hat. Der Preis folgt mit 31 Prozent, die Produkte machen nur 14 Prozent aus.

«Die Festnetzanbieter missverstehen ihre Kunden und stellen daher die falschen Weichen», so Mercer-Berater Uli Prommer, und weiter: «Sie vergeuden viel Geld für Preissenkungsaktionen und die Entwicklung immer komplizierterer Produkte. Aber die meisten Kunden möchten einen besseren Service, und sie wollen, dass ihre Probleme gelöst werden. Dafür sind sie auch bereit, einen höheren Preis zu bezahlen.»

In der Telekommunikation, so die Studie, muss ein Callcenter-Agent im Schnitt rund 700 Produkte kennen und verkaufen. Gleichzeitig muss er etwa 20 unterschiedliche CRM- und IT-Vertriebssysteme bedienen können, in denen die Produkte technisch hinterlegt sind. «Eine solche Komplexität kann kein noch so gut geschulter Vertriebsmitarbeiter beherrschen», so Prommer. «Fehler bei der Auftragsannahme sind die Folge. Diese führen zu Folgefehlern in den nachgelagerten Prozessen wie dem technischen Service oder der Rechnungsstellung. Und diese wiederum zerstören das Kundenvertrauen und treiben den Kunden zum Wettbewerber.»

Das Problem hierbei ist: Die Konkurrenz macht's auch nicht besser! Womöglich beschäftigt die sogar Agenten, die wie früher die Drückerkolonnen über gutgläubige Kunden herfallen.

Eine Studie der Beratungsgesellschaft Booz Allen Hamilton offenbart: Die Top-Kunden deutscher Banken sind unzufrieden und bemängeln unangepasste Beratung, unverständliche Produkte und schlechte Verzahnung zwischen den einzelnen Kanälen. 60 Prozent der Befragten bevorzugen eine persönliche Betreuung in der Filiale, doch nur 30 Prozent der Befragten sind mit dieser wichtigen Schnittstelle zum Kunden auch zufrieden. Selbst die Call Center schneiden mit 48 Prozent da noch besser ab. Nur 7 Prozent vertrauen auf das als anonym empfundene Online-Banking. Und nicht einmal ein Drittel glaubt, dass sich die Bankberater vor Ort wirklich gut mit den Produkten auskennen. Ergebnis: das resignative Abwandern von Kunden.

Und wie reagieren die Banken darauf? Mit mehr vom Falschen: Filialen werden geschlossen, wir Kunden werden zu den Automaten getrieben und sollen uns an Null-Euro-Null-Service-Gehaltskonten erfreuen. Die gute alte «Beratung hinterm Gummibaum» ist Schnee von gestern. Anstatt sich Zeit für Kundenbedürfnisse und Produktkenntnisse zu nehmen, wird zwangsbürokratisiert. So haben etwa die Berater einer süddeutschen Großbank jeden Morgen einen Forecast zu schreiben und jeden Abend ihren Status abzugeben. Leichen in Form verprellter und falsch beratener Kunden pflastern ihren Weg. Egal! Denn der Vorstand will nur eins: Zahlen sehen.

Auf eine Gefahr sei abschließend hingewiesen: Dort, wo durch Prämien und Incentives belohnte Kundenfokussierung im Mittelpunkt steht, muss der Vorgesetzte darauf achten, dass der Mitarbeiter nicht überzieht und hierdurch zwanghaft künstlich wirkt oder gar die Kunden zu sehr bedrängt und damit überfordert und abschreckt. Kundenfokussierung braucht also ein *Tuning*, um jederzeit im grünen Bereich zu sein.

Die kundenfokussierte Unternehmensorganisation

Man braucht kein Detektiv zu sein, um in jedem x-beliebig gewählten Unternehmen kundenfeindliche Prozesse, Strukturen, Sprach- und Verhaltensweisen aufzuspüren. Punktuell gibt es überall Highlights, aber irgendwo – und das meist beim schwächsten Glied – reißt die interne Leistungskette. Schuld daran ist zweierlei: selbstorientiertes Denken und Handeln sowie mangelndes Verständnis dafür, was den Kunden wirklich bewegt. So kommt es dann zu Flopraten von über 90 Prozent.

Egal, ob Kleinbetrieb oder Weltkonzern: Der Kunde beurteilt eine Firma immer als Einheit. Wenn der Siemens-Staubsauger nicht mehr funktioniert, war Siemens schuld. Der Kunde will von jedem Mitarbeiter eine Spitzenleistung, da unterscheidet er nicht zwischen Chef und Azubi oder Innen- und Außendienst. Jeder Mitarbeiter gibt dem Unternehmen Stimme und Gesicht, er *ist* das Unternehmen. Und wenn auch nur ein einziger Mitarbeiter patzt, war für den Kunden «der Laden» schuld.

Kundenfokussierung muss demnach zunächst nach innen gelebt werden. Das reibungslose Zusammenspiel der internen Leistungskette erfordert im Interesse guter Kundenbeziehungen, von Ressort-Denken, innerbetrieblicher Konkurrenz und Profit-Centern endlich Abschied zu nehmen. Denn all dies fördert nur den Abteilungsegoismus. Der Kunde merkt jedenfalls sehr schnell, wenn ein Unternehmen nicht wie aus einem Guss funktioniert. So ist vielen Verkäufern immer noch nicht ausreichend bewusst, dass der Kunde mit ihrem Unternehmen eine «lebenslange» Partnerschaft eingehen könnte und dies etwa im Investitionsgüterbereich tatsächlich auch tut. Sie erachten ihren Job als erledigt, wenn der Vertrag unterschrieben ist.

Für den Kunden hingegen beginnt nun erst die Zusammenarbeit. Alle hehren Verkäuferversprechen müssen nun eingelöst werden. Und zwar – ohne Zuständigkeitsterror – vollständig, reibungslos, flexibel und unbürokratisch. Um den heutigen Kundenanforderungen gerecht werden zu können, müssen sich viele Unternehmen allerdings erst noch massiv entbürokratisieren. Klassische Befehl-Gehorsam-Hierarchien und Kommunikationsstrukturen nur über den direkten Vorgesetzten sind viel zu schwerfällig, zu langsam und zu spröde. In flachen, flexiblen, dynamischen Hierarchie-Systemen und kleinen Einheiten lassen sich sehr viel schnellere Erfolge erzielen.

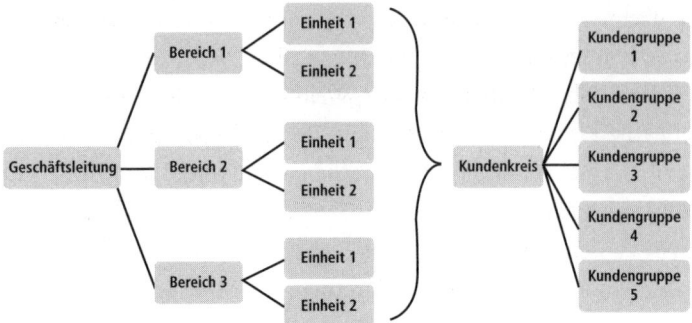

Abbildung 3: Beispiel eines Organigramms in kundenfokussierten Unternehmen. Die Kunden kommen darin vor. Integrierte Fotos machen es menschlicher.

Wer diesbezüglich an seinem Organigramm arbeiten möchte: Stellen Sie Ihres doch mal auf den Kopf: Die Unternehmensleitung unten, den Kunden oben. Und wer sich damit so gar nicht anfreunden will, kann es auch, beginnend beim Management, von links nach rechts versuchen. Eines ist in kundenfokussierten Unternehmen immer gegeben: Der Kunde kommt in diesen Organigrammen vor. Ein solcher Ansatz tritt (hoffentlich) dann auch die richtigen Fragen los: Was bedeutet das nun für uns? Was wollen und müssen wir ändern? Wie holen wir den Kunden in jedem Bereich und in jeder Abteilung ins Boot? Und wie können wir die Arbeit der Mitarbeiter noch wirkungsvoller auf den Kunden ausrichten?

Hierbei kann es auch nützlich sein, sich auf seine jeweiligen Kundenkreise ausgerichtet neu zu organisieren. So können statt der üblichen Abteilungen Unternehmenseinheiten und Bereiche gebildet werden, die alle notwenigen Positionen beinhalten: Produktentwicklung, Einkauf, Produktion, Logistik, Marketing, Innendienst, Außendienst, Kundendienst, Personalentwicklung, Buchhaltung, Controlling und so weiter für Kundengruppe 1, das Gleiche für Kundengruppe 2 und so fort. Hierdurch lassen sich die jeweils kundenspezifischen Gegebenheiten besser berücksichtigen, und alle in der Einheit teilen ein gemeinsames Ziel: exzellente Ergebnisse mit ihrer Kundengruppe zu erreichen.

Bei dieser Gelegenheit kann man sich dann auch vom Begriff Abteilung verabschieden. Abteilungen teilen ab, Einheiten hingegen versinnbildlichen Zusammenarbeit. Und in Bereich steckt, wenn vielleicht auch ein bisschen weit hergeholt, das Wort «reich».

In kundenfokussierten Unternehmen ziehen alle Bereiche am gleichen Ende des Stranges – sie arbeiten Hand in Hand. Aus Schnittstellen müssen Kittstellen werden, denn das Kunden glücklich Machen wird nur über Abteilungsgrenzen hinweg funktionieren. Strukturelle Abteilungsbarrieren existieren sowieso nur in den Köpfen der Mitarbeiter. Der Kunde honoriert ausnahmslos den reibungsfreien Ablauf des Ganzen. Wie gut fühlt man sich beispielsweise als Käufer, wenn man in einem Geschäft nicht achtlos von A nach B geschickt, sondern freundlich begleitet wird.

Nur: Zum Kundenbegleiten hat im Handel niemand mehr Zeit. Dort werden Unsummen ausgegeben, um etwa über Ladendesign, Logistik und Technologie die Kunden zu ködern. Wo am meisten gespart wird, ist beim Mitarbeiter. So gehen Kunden heutzutage nicht nur auf Schnäppchen-Jagd, sondern vor allem auf die Jagd nach der aussterbenden Rasse Verkäufer. Wer endlich einen ergattert hat, wird diesen gegen eine Horde lauernder Kunden verteidigen müssen: «Der gehört mir, den brauch ich jetzt 'ne Weile, nein, Sie können auch nicht mal nur 'ne kleine Frage stellen!» Einkaufen als verbale Kampfsportart – und das soll Kauflust wecken?

Die Lieblingsbeschäftigung eines deutschen Einzelhändlers heißt übrigens: Einkaufen! Nur sieben Prozent seiner Zeit verbringt er im Durchschnitt mit Kunden. In Supermärkten wird eher in die Fluktuation von Einkaufswagen investiert, als sich um verlorene Kunden zu kümmern. Für die Bäckerei wird lieber ein teures Videoüberwachungssystem gekauft, um die Mitarbeiter beim Diebstahl zu erwischen, anstatt mit ihnen von Mensch zu Mensch zu reden. Bei solch einem offenen Gespräch würde man womöglich erfahren, dass die junge Kassiererin von ihrem Mann gezwungen wird, zu klauen. Das Schlimmste dabei: Auch alle übrigen Verkäuferinnen werden zu potenziellen Dieben erklärt. Dies fördert weder deren Arbeitslust noch deren Engagement für die Kunden. Eines ist sicher: Gute Freunde bestiehlt man nicht. Und: Die paar wenigen wirklich schwarzen Schafe finden immer einen Weg.

In amerikanischen Kaufhäusern fragt die Dame an der Kasse ihre Kunden: «Haben Sie alles gefunden, was Sie gesucht haben?» Und dann hilft sie ihnen beim Noch-mehr-Kaufen. Der so wichtige letzte Eindruck muss mit einem freundlichen Abschied verbunden sein! Dies kann nicht durch Self-Scanning-Kassen erledigt werden.

Doch selbst wenn jemand an der Kasse sitzt, muss es hierzulande vor allem schnell gehen. Und wehe, der Kunde kommt mit dem Einpacken nicht nach. Oder er findet nicht unverzüglich sein Portemonnaie, um das Beste herauszuholen, was er zu geben hat: seine Stimmzettel. Als ich einmal die letzte Kundin am Abend war, sagte mir die Kassiererin wortwörtlich: «Sie waren meine letzte Schandtat für heute.» In so einen Laden gehe ich doch nie wieder hin!

Die Geschäftsprozesse am Kunden ausrichten

Alle Kundengeschäftsprozesse müssen auf den Prüfstand! Denn so manche Service-Handbücher sind ohne einen einzigen Abgleich mit den Kunden entstanden. Kundenfreundliche Unternehmen hingegen kooperieren mit ihren Kunden und binden sie in die Abläufe aktiv ein. Dort ist CRM keine Software, sondern das, was es ursprünglich einmal sein sollte, nämlich ein *Customer*

Relationship Management, das den Kunden in allen Phasen achtsam begleitet: von der Neuakquise über die Kundenbetreuung und Loyalisierung bis hin zur Kundenrückgewinnung.

Schon bald, so Jacquelyn Thomas, Professorin für integrierte Marketingkommunikation an der US-amerikanischen Northwestern University, werden wir wohl nicht mehr von CRM, sondern von CMR, also von *Customer Managed Relationship* sprechen. Die Kunden werden die Beziehung führen.

Kunden sind keine Daten und wollen auch nicht verwaltet werden. In kundenfokussierten Unternehmen orientieren sich interne Strukturen entlang der Kundenbedürfnisse – und nicht an Abteilungsegoismen oder dem vordergründigen Aktionismus erfolgssüchtiger Jung-Manager. Als «Chaos-Phase» bezeichnet etwa Karl Haeusgen, Geschäftsführer der Münchner Hawe Hydraulik, in einem Interview mit der «Financial Times Deutschland» das, was die Banken in den letzten zehn Jahren geboten haben: «Die Generationenabfolge bei Banksachbearbeitern war in etwa gleichläufig zu den Quartalsberichten der Bank.» Eine vernünftige Zusammenarbeit sei in dieser Zeit kaum möglich gewesen. Das klingt logisch.

In vielen Unternehmen wird allerdings auch heute noch bei jedem Führungswechsel das Löwe-Spiel gespielt: Beiß erst mal alle fort, die nicht aus deinem Lager kommen. So sind Firmenkunden oft nichts anderes als Spielmasse im Hierarchie-Gerangel um Spitzenplätze auf der Karriereleiter. Dort, wo durch strukturelle Veränderungen ständig der Ansprechpartner wechselt, bleibt das Kundenvertrauen auf der Strecke. «Der Neue», so denkt der erboste Kunde, «mag zwar ein Spezi vom Chef sein – von meinem Geschäft hat er jedenfalls keine Ahnung!» Mit dem kann er nicht und mit dem will er nicht. Basta! Nur: Welcher Organisationsentwickler macht sich schon solche Zusammenhänge klar?

Manager, die Menschen wie Ware hin und her schieben, denen die Launen der Börse wichtiger sind als das Wohl ihrer Mit-

arbeiter und Kunden, werden zwangsläufig die Quittung bekommen – und zwar auf der Umsatzseite. Nur eben erst über-
morgen – und da sind die meisten schon wieder weg. Die durch-
schnittliche «Amtszeit» der Führungselite hat sich in manchen
Branchen ja bereits auf unter zwei Jahre verkürzt. Ist doch klar,
dass Manager in diesem Fall vor allem an kurzfristige Erfolge und
ihre eigene Karriere denken.

Im Übrigen verbringen Vertriebsmitarbeiter, so sagen internationale Vertriebseffizienzstudien der Unternehmensberatung
Proudfoot aus dem Jahr 2006, im Schnitt nur 20 Prozent ihrer
Arbeitszeit mit aktivem Verkauf. 49 Prozent des gesamten Tages
wird hingegen mit Administration verbracht, der Rest fällt auf
Reisetätigkeiten und Leerzeiten. Krankenhausärzte verwenden
bereits über 50 Prozent ihrer Zeit mit administrativen Aufgaben,
anstatt ihrer Berufung, dem Heilen von Menschen, zu folgen.
«Vor lauter Administration», so sagte mir kürzlich ein Pfarrer,
«fehlt mir fast völlig die Zeit für Seelsorge, also den Dienst an
meinen Kunden.»

Wie es dazu kommt? «Nur was man messen kann, kann man
auch steuern», so lautet eine Managerweisheit aus dem Lehrbuch.
Controlling ist bis zu einem gewissen Punkt ja richtig, nur: Man
kann's auch kräftig übertreiben. Statistiken, Kennzahlen und
fette Kuchendiagramme sind ein prima Beschäftigungspro-
gramm für Angsthasen und mutlose Entscheider. Ein ausufern-
des Berichtswesen gibt leider den Mitarbeitern gute Gründe, sich
vom Kunden abzuwenden, frei nach dem Motto: «Würde nicht
so viel Zeit mit dem EDV-Programm draufgehen, hätte ich mehr
Zeit zum Verkaufen.» Man stelle sich nur einmal vor, um wie viel
besser die Ergebnisse dort sind, wo Verkäufer den Kunden 40
oder 60 Prozent ihrer Zeit schenken können.

Das Schlimmste bei all dem: Worauf es wirklich ankommt,
wird meistens nicht gemessen. Gute Kundenbeziehungen, freiwillige Treue und emotional unterlegte Mund-zu-Mund-Propa-

ganda lassen sich eben nicht so einfach als Messgrößen definieren und in Zahlenkolonnen verpacken. Sogenannte weiche Faktoren sind in ihrer Bestimmung per se einfach schwammig. Und weil sie sich nicht knallhart rechnen lassen, kommen sie dann in Aktionsprogrammen auch nicht vor. Heißt: Man macht lieber das Falsche, Hauptsache, es kann gemessen werden.

Zu den wichtigsten betrieblichen Kennzahlen gehören aus meiner Sicht

- die Wiederkaufrate,
- die Empfehlungsrate und
- die Kundenfluktuationsrate.

Diese drei Werte entscheiden über Leben und Sterben eines Unternehmens. Wer etwa heute nicht mehr empfehlenswert ist, ist vielleicht schon morgen nicht mehr kaufenswert.

«Im Grunde genommen», so Peter Felixberger, Publizist und Gründer des Wirtschaftsdienstes «ChangeX», «ist die derzeit in neun von zehn Unternehmen stattfindende Budgetierungspraxis der verzweifelte Versuch, die Zukunft in die Gegenwart zu holen und sie damit in den Griff zu bekommen.» Und so fallen jeden Herbst, wenn die Natur sich für die Winterstarre rüstet, die Unternehmen in eine wochenlange Budgetstarre. Dies kostet nicht nur unendlich viel Kraft, sondern öffnet auch Tür und Tor fürs Manipulieren. Treffsichere Vorhersagen werden wichtiger als tatsächlich erzielbare Resultate. Geplante Sollvorgaben setzen an der falschen Stelle unter Druck. Oder man hält die Werte absichtlich schön niedrig. Und Kundenbelange bleiben auf der Strecke.

Die Zahlenhörigkeit in vielen Führungsgremien ist geradezu absurd. Der Bekanntheitsgrad der Marke sinkt? Eine mittlere Katastrophe! Wie man verlorene Kunden zurückgewinnt? Oder Mitarbeiter mit Herz und gesundem Menschenverstand führt? Keine Ahnung! Mit «Management by Budget» kann man Mitarbeiter zwar disziplinieren, aber nicht faszinieren. Erzwungene

Leistungsvereinbarungen vernichten Fantasie, zerstören Kreativität und erzeugen allenfalls Mittelmaß. Innovative Höchstleistungen können auf Dauer nur in Möglichkeitsräumen entstehen. Und Herausforderungen brauchen Leidenschaft.

Doch immer dann, wenn der Erfolg auf sich warten lässt und alles sich um die Kunden kümmern müsste, werden hastig neue Reportings eingeführt. Oder es wird unreflektiert übernommen, was gerade Managementmode ist. Das gibt linkshemisphärisch orientierten Managerhirnen scheinbar Sicherheit und macht sich gut in Präsentationen. Ob der Forecast (= Hochrechnung) realistisch ist? Wen kümmert das? Hauptsache, er gefällt dem Chef. Nur zu dumm: Die Kunden kennen die Forecasts nicht und halten sich auch nicht daran. Planungssicherheit ist ein Widerspruch in sich! Und so ist dann jeden Freitag Märchenstunde: Der Wochenbericht muss geschrieben werden.

«Die Forderung etwa, auf Knopfdruck von jedem Außendienstler zu sehen, wie viele Besuche er gestern gemacht hat, macht deutlich, dass hier noch die Vertriebssteuerung der 70er-Jahre im Vordergrund steht und nicht der Kunde», meint der CRM-Experte Wolfgang Schwetz. «Würden sich die Chefs aber von Aufpassern zu Coachs entwickeln, die ihren Mitarbeitern keine Ziele aufs Auge drücken, sondern gemeinsame Ziele vereinbaren und etwaige Soll-Ist-Abweichungen auf konstruktive Weise angehen, wäre die Angst der Verkäufer weg und sie könnten endlich die Wahrheit in ihren Besuchsberichten schreiben. Das würde die Qualität einer Kundendatenbank deutlich aufwerten.»

Bekommt etwa der Chef sechs Besuchsberichte, auch wenn nur vier Kunden besucht wurden, macht das Marketing auf dieser Basis eine Kampagne, und alle wundern sich, warum diese ein Flop wird. Dem altgedienten Vertriebler – schuldenfreies Häuschen, Mercedes vor der Tür – reicht der Umsatz aus seinen 70 Stammkunden. Dass inzwischen in seinem Gebiet weitere

300 potenzielle Kunden schlummern, juckt ihn wenig. Oder er weiß es, behält aber sein Wissen für sich.

Die kundenfreundliche Vertriebsorganisation

Emotionen managen: Das ist eine der anspruchvollsten Aufgaben eines Vertriebsmitarbeiters. Sein größtes Hindernis ist eine vom Controller verordnete Optimierung der Verkaufsprozesse, die Zeit für Gefühle als unnötig wegrationalisiert. Wer als Kunde allerdings seinem Verkäufer emotional und dauerhaft verbunden ist, der wird diese Loyalität auch auf das Produkt übertragen. Und dort, wo Produkte nicht länger faszinieren, können es wenigstens die Menschen tun.

Unterschiedliche Kundenpersönlichkeiten haben völlig unterschiedliche Betreuungs- und Serviceerwartungen. Sie wünschen sich nicht nur fachliches Know-how, sondern darüber hinaus von ihren Ansprechpartnern auch Kommunikationsvermögen, Feingefühl und Empathie. Soziale Kompetenz und emotionale Intelligenz sind Haupterfolgsfaktoren im Kundenkontakt. Sie können sogar fachliche Defizite ausgleichen. Andersherum funktioniert es allerdings nie: Von einem Unsympathen kauft man nichts! Die hartnäckigen Beziehungspflege-Versuche von Menschen, die man nicht mag, sind dabei ganz besonders lästig – und führen nie zum Ziel. Sympathie hingegen schafft Zuneigung – und damit Kaufbereitschaft. Eine gute Passung zwischen Betreuer und Kunde ist also höchst erstrebenswert. Und umsatzfördernd.

Harmonieren hingegen Verkäufer und Kunde nicht, wird dies nicht selten zum Ende der Geschäftsbeziehung führen.

Speziell im Vertrieb erfordert also die ernsthafte Hinwendung zu wahrer Kundenfokussierung Prozesse, die auf den Kunden ausgerichtet sind. Und Strukturen, die nicht nur auf Kompetenz, sondern auch auf Sympathie beruhen. Produktorientierte oder auch regional organisierte Verkaufsformationen sind nicht länger zielführend. Sie müssen durch loyalitätsorientierte Strukturen ersetzt werden. Der lokale Firmensitz des Kunden oder seine Branchenzugehörigkeit kann ja wohl nicht das entscheidende Kriterium dafür sein, welcher Key-Accounter beziehungsweise Sales-Mitarbeiter der hauptsächlich aktive Kontakter ist. Der Kunde entscheidet künftig, wer die Betreuungsfunktion bei ihm ausfüllen *darf.*

Will heißen: Der Kunde bekommt den Verkäufer, den er haben will. Organisation folgt Emotion. Die zwischenmenschliche Beziehung entscheidet! Das ist hier so leicht geschrieben und abnickbar. Für manche Verkäufer, gerade für die hochdekorierten und starallürigen unter ihnen, wird dies eine riesige Herausforderung sein. Denn nun wird so einer offen sagen müssen, dass er mit einem Kunden nicht «kann», und *dem* Kollegen den Vortritt lassen, bei dem die Wellenlänge stimmt.

Utopisch im Tagesgeschäft? Die sehr erfolgreiche 200 Personen starke Steuerberatungskanzlei Hübner & Hübner aus Wien macht es vor: Einem neuen Mandanten werden noch vor Beginn der Zusammenarbeit mehrere Berater vorgestellt, die alle fachlich perfekt passen. Der Klient kann sich genau den Mitarbeiter auswählen, der ihm am besten liegt. Muss er dies explizit sagen? Nicht nötig! Wenn alle am runden Tisch sitzen, reicht ganz simples Beobachten. Mit wem der Kunde am meisten spricht und wer den wohlwollendsten Blickkontakt erhält, das ist der Auserwählte.

Im BtoB-Bereich bedeutet all dies: In letzter Konsequenz bestimmt dort der Kunde den Umfang und die Zusammensetzung des gesamten Selling-Teams, also all seiner Ansprechpartner im anbietenden Unternehmen. Dieses kann nur Angebote machen, das heißt dem Buying-Team einen adäquaten Kreis von Ansprechpartnern präsentieren, den dieses akzeptiert und emotional annimmt – oder auch nicht. Jedes Mitglied des Teams steht dabei zur Disposition und muss notfalls ausgetauscht werden.

Kundenfokussierter Vertrieb: eine Revolution für viele Vertriebsstrukturen, ein Segen für die Umsätze des Unternehmens. Wenn man dies nur mal endlich messen würde! Unverträglichkeit zwischen Betreuer und Kunde wird ja leider nicht budgetiert. Und in Kundenabwanderungsstatistiken kommt dieser Punkt niemals vor.

Wie sich Controller in Kunden «verlieben»

Was dem Vertrieb die Preise, das sind dem Manager die Kosten. Die Kreativität scheint dabei nicht selten nur in eine Richtung zu gehen: nach unten. Der Controller ist ihr Helfershelfer. Kosteneffizienz heißt seine Mission, selbst wenn die Qualität darunter leidet. Der Kunde? Egal! Sein Blick ist starr auf Einsparpotenziale gerichtet, vor allem dann, wenn seine Jahresprämie daran hängt. In vielen Unternehmen ist er ein reiner Statistiker. Investitionen in Maschinen erscheinen ihm werthaltiger als Investitionen in Menschen. Und Innovationen sind ihm eher suspekt.

Allerdings sollten Manager für Aufbau und nicht für Abbau bezahlt werden. Damit der Controller vom reinen Kostenknecht zum kundenfokussierten Wertschöpfungscontroller wird, braucht auch er die nötige Kundennähe. Hierzu gibt Dietmar Pascher, Partner und Trainer der Controller Akademie in Gauting bei München, folgende Tipps:

- Richten Sie Ihre Controlling-Organisation entsprechend Ihren an Kunden und Märkten orientierten Vertriebsorganisationen aus. Das Controlling folgt also nicht der Aufbauorganisation des Rechnungswesens, sondern der Aufbauorganisation der marktbearbeitenden Abteilungen.

- Formen Sie aus Controllern und Vertriebsmitarbeitern (Außen-, Innen- und Kundendienst) gemeinsame Kundenteams. Jobrotation und gegenseitige Vertretung fördern das gemeinsame Verständnis.

- Richten Sie die Kundenteams und Controller an gemeinsamen Markt- und Kundenzielen aus.

- Lassen Sie das Team gemeinsam am Kundenerfolg partizipieren. Führen Sie zum Beispiel Teamprämien bei Zielerreichung für alle Team-Mitglieder inklusive Controller ein.
- Controller sollten zumindest einige Arbeitstage mit dem Vertrieb «draußen» beim Kunden verbringen (Controllers Hausbesuch). Bei Jahresgesprächen beim Kunden sitzen Sie mit am Tisch.
- Beteiligen Sie Vertriebsmitarbeiter am Aufbau Ihres Vertriebsinformationssystems.
- Integrieren Sie wichtige Kundeninformationen, Marktdaten und zukünftige Potenziale in die Controller-Berichte.
- Beurteilen Sie Kostenbudgets immer unter Berücksichtigung der praktischen Hintergründe. So können hohe Telefonkosten ein Indiz für intensive Kundenkontakte sein.

Folgende Botschaft gibt Pascher den Controllern mit auf den Weg: «Zur Sicherung der Wettbewerbsfähigkeit muss der Innovationsprozess gezielt gefördert werden. Es gilt vor allem, in Produkt- und Serviceeigenschaften zu investieren, die einen nachhaltig verteidigbaren Wettbewerbsvorteil darstellen. Dazu braucht es im besonderen Maße kundenorientierte und kreative sowie kompetente und engagierte Mitarbeiter. Wettbewerbsvorteile, die auf Mitarbeiterverhalten beruhen, sind deutlich schwerer zu kopieren als das Produkt bzw. die Dienstleistung.» Ich ergänze: Der Veränderungsdruck kommt heute von den Kunden und nicht mehr vom Wettbewerb.

Personalentwicklung kundennah gestalten

Nomen est omen. In einer Personalverwaltung wird, wie der Name schon sagt, verwaltet. Und so ist es dann auch: Wenn ich mich mit Human-Ressources-Verantwortlichen unterhalte, erfahre ich viel über Standards, Strukturen und die Tücken des Arbeitsrecht. Kunden kennen die meisten nur vom Hörensagen. In

HR-Zeitschriften bleiben sie außen vor. Ich habe aber auch Personaler getroffen, die im LKW mit zum Kunden fahren, durch die Werkshallen laufen und auch mal mit am Beratungstisch sitzen. Nur HR-Verantwortliche mit solchen Erfahrungen können wirklich ein Gespür dafür entwickeln, was Mitarbeiter draufhaben müssen, um die Kundschaft des Unternehmens immer wieder neu zu begeistern und glücklich zu machen.

Die entscheidende Frage des Personalmanagements muss lauten: Welche Kompetenzen brauchen wir für unsere Kunden von heute und morgen? Die Mitarbeiterentwicklung muss konsequent vom Markt, sprich vom Kunden her gestaltet werden. Aber dann ist es ein Handicap, wenn Recruiting & Development, wie in den meisten Unternehmen üblich, an der Verwaltung hängt oder gar bei Finanzen und Controlling angedockt ist. Die Folgen sind offensichtlich: Verwaltung ist immer vergangenheitsorientiert, sie neigt zum Sparen, zu Administration und zu überbordender Bürokratie. Bürokratie will gleichmachen, also auch Mitarbeiter gleichmachen. Und genau das ist tödlich für die Zukunftsfähigkeit eines Unternehmens.

Zukunft nährt sich aus Innovation. Innovation und Wachstum hängen eng miteinander zusammen. Mitarbeiter und Kunden sind, vor allem dann, wenn sie konstruktiv zusammengeführt werden, die stärksten Innovationstreiber. Umsatz- und Mitarbeiterwachstum korrelieren – nach oben und unten! So muss die Personalentwicklung nicht nur zum Interessenvertreter der Mitarbeiter, sondern auch zum Interessenvertreter der Kunden avancieren. Weil ein Unternehmen nur dann überleben kann, wenn die Kunden kaufen, sei also empfohlen, Marketing, Sales und Human Ressources zu einer Einheit zusammenzuführen und in die Geschäftsleitung beziehungsweise an den Vorstandstisch zu setzen. So kann dann endlich ein Marketing entwickelt werden, das die Mitarbeiter einbezieht. Und so kann dann schließlich die Personalentwicklung im Einklang mit den

Unternehmens- und Marketingzielen strategisch ausgerichtet werden.

Bei dieser Gelegenheit können dann auch gleich die Vertriebsdirektoren, Werbeleiter und Produktmanager abgeschafft werden – zumindest dem Namen nach. Werber kümmern sich ihrem Titel zufolge um Werbung und nicht um Kunden. Produktmanager sind in ihre Produkte, nicht aber zwingend in die Kunden verliebt. Vertriebsleiter sorgen sich um Absatzkanäle und Vertriebssteuerung, anstatt ums Kundenfaszinieren.

Wie schon gesagt: So wie es in Unternehmen den Finanzleiter beziehungsweise Chief Financial Officer (CFO) gibt, der sich um die Finanzen kümmert, so sollte es auch jemanden geben, der sich um die Kunden kümmert: den Chief *Customer* Officer (CCO). Er ist die Geschäftsleitung in Person oder zumindest deren rechte Hand. Er ist bei jeder Entscheidung, die die Unternehmensstrategie betrifft, zwingend zu hören. Seine Fragen klingen wie folgt: «Hilft das, was wir da vorhaben, unsere Kundenziele zu erreichen?» Und: «Werden unsere Kunden uns dafür hassen oder lieben?» Und: «Hilft es uns, dauerhafte Kundentreue und positive Mund-zu-Mund-Werbung zu erhalten?»

Gibt es einen CCO, dann kann endlich auch der leidige Machtkampf zwischen Sales und Marketing um den Lead beigelegt werden. Der CCO ist der «Advokat des Kunden», der dessen Interessen mit Leidenschaft vertritt. Denn es sind die Kunden, die über das Leben oder Sterben eines Unternehmens entscheiden.

Und siehe da: Eine erste Studie zeigt, dass mit wachsender Marktorientierung auch die Börsen-Performance steigt. Die BBDO Consulting untersuchte zusammen mit dem Lehrstuhl für innovatives Markenmanagement der Universität Bremen 254 börsennotierte Unternehmen und fand heraus, dass die marktorientiertesten 20 Prozent innerhalb von fünf Jahren einen um 46 Prozent höheren *Total Shareholder Return* (Kurssteigerungen und Dividende) erzielt hatten als die restlichen 80 Prozent.

Die «Consumer-driven-Company»

Kundengeschehen findet nicht nur in der realen Welt, sondern zunehmend auch im Internet statt. Das World Wide Web bietet unter dem von Tim O'Reilly gerägten Begriff Web 2.0 alle möglichen Applikationen, mit deren Hilfe selbst Laien auf einfachste Weise zu Gestaltern des virtuellen Raums werden können.

So wurde das Web zum Mitmach-Web. Es verwandelt passive Konsumenten in aktive Produzenten. Es hat, so der Mundpropaganda-Experte Martin Oetting, «den Kunden eine Stimme gegeben, die inzwischen oft lauter ist als die der großen Konzerne». Das Vertrauen in Hersteller und Händler nimmt ab, das Vertrauen in die eigenen Netzwerke wächst. Wer konsumieren oder investieren will, glaubt eher dem subjektiven Erfahrungsbericht eines ihm unbekannten Dritten als den aufwändigen Hochglanzbroschüren der Anbieter am Markt. Logisch: Was andere über einen sagen, ist wertvoller als das, was man über sich selber sagt.

Einseitige Information war gestern. Zu dieser Zeit lag die Macht noch beim Anbieter. Und Werbung war ein Monolog: Marken sandten Botschaften, Kunden hörten zu und kauften dann. So einfach war das. Heute nennen wir solches Vorgehen Spam. Und das nicht nur im Internet. Ungewollte Werbe-Anrufe: TelefonSpam. Penetrante Funk- und Fernsehspots: Wohnzimmer-Spam. Grellbunte Massenmailings: Briefkasten-Spam. Mit teuren Werbegeldern Erkauftes landet im Papierkorb oder wird einfach weggezappt.

Wenn Betriebswirtschaftler, Techniker und Kostenrechner über Neuerungen brüten, kommen dabei Lösungen für Betriebswirtschaftler, Techniker und Kostenrechner heraus. Erst wenn Kunden mit am Tisch sitzen, kommt dabei etwas Passendes für

Kunden heraus. Das Verhältnis zum Kunden sollte also besser dialogisch geprägt werden – und interaktiv. Unternehmen fragen und hören zu, Kunden senden Botschaften und Wünsche, und wenn sie an den Antworten Geschmack finden respektive ein gutes Gefühl dabei haben, dann zücken sie ihre Geldbeutel und kaufen sie auch.

Das neue Mitmach-Marketing

Aus Mitarbeitern Beteiligte zu machen, sie aus der passiven Erdulder-Rolle («Sie machen das jetzt so!») in eine aktive («Wie könnte es denn gehen?») Mitgestalter-Rolle zu bringen, ist in der modernen Personalführung heute eine Selbstverständlichkeit. Nun werden auch die Kunden als «Mitarbeiter» eingebunden. Und wenn dies die Unternehmen, wie etwa Ikea («Können, nichts müssen» hieß eine Ikea-Kampagne), richtig zu gestalten verstehen, machen die Kunden freiwillig und freudig mit.

Progressive Firmen haben schon längst damit begonnen, ihren Kunden eine Bühne für deren Selbstdarstellung zu bieten, sie zu involvieren, zu integrieren und zu kostenfreien Promotern der Unternehmensleistungen zu machen. So beginnen Kunden beispielsweise, Marketingprozesse selbst in die Hand zu nehmen: Sie produzieren Anzeigen, sie drehen Werbefilme und kreieren neue Produkte. Die Reaktion der Community ist umso positiver, je mehr die Unternehmen als Ermöglicher passende Plattformen bereitstellen und die Leute dann einfach machen lassen. Der Output wandert als elektronische Mundpropaganda um die ganze Welt – und macht aus Marken Kult.

Das Outsourcing klassischer Unternehmensleistungen an den Kunden ist in zahlreichen Varianten möglich: Umfragen und Abstimmungen, User-Ratings, Prognosebörsen, Diskussionsforen und Feedback-Systeme im Internet, Innovationsworkshops mit Kunden, Focus-Groups, Corporate Blogs, Firmen-Wikis, Mitmach-Brandlands … Jedes Unternehmen kann auf seine

Weise Ansatzpunkte finden, um Kunden mitentscheiden zu lassen, wo es in Zukunft langgeht. «Früher hatten wir eine Karte, die haben wir aber abgeschafft, weil sowieso alle das Überraschungsmenü bestellt haben», sagt etwa der Starkoch und Gastronom Tim Mälzer, und weiter: «Heute fragen wir, was die Leute mögen und was nicht. Ich drehe meine Runden und rede mit den Gästen. So entsteht dann das Überraschungsmenü.»

Die modernen Kunden-Communities unterscheiden sich wohltuend von den Kundenclubs alten Schlags, die ihre Mitglieder zu passiven Leistungsempfängern, aber nicht zu aktiven Schöpfern machten. Anstatt sie einseitig zu berieseln, gehen progressive Unternehmen mit ihren Kunden heute eine Beziehung ein, in der diese das Sagen haben. So sorgen sie nicht nur für einen «Kick im Kopf», sondern vor allem für einen «Kick im Herzen». Denn eines ist sicher: Wer als Kunde in die Produkt- und Serviceentwicklung aktiv eingebunden wird und Marketingprozesse maßgeblich mitgestalten kann, hängt an diesem Unternehmen, spricht beherzt über seinen Anbieter und wird dessen Wohl und Wehe rührig begleiten. Er wird «seinem» Unternehmen, «seinem» Ansprechpartner und «seiner» Marke die Treue halten.

Ferner stehen die Chancen gut, dass solchermaßen emotional eingebundene Kunden sich begeistert als aktive Empfehler betätigen – kostenlos, aus eigenem Antrieb und gerne. Das ist Consumer-to-Consumer-Marketing (CtoC). Es findet ganz ohne die Unternehmen statt – und es boomt. Denn Empfehler geben dem Markt Orientierung und reduzieren auf diese Weise Komplexität, Unsicherheit und Fehlentscheidungen. Heute bittet man seine Kunden nicht mehr um eine Empfehlungsadresse, sondern um eine gute Bewertung auf dem entsprechenden Branchen-Bewertungsportal. Die Währung der Zukunft heißt: vertrauenswürdige Beziehungen. Dabei helfen die Kunden den guten Unternehmen und schaden den schlechten. Und das geht im Netz virusartig rasend schnell.

Das Ende der Lügenbarone

Unternehmen benehmen sich besser ordentlich und behandeln ihre Kunden gut, denn in der Web-2.0-Welt kommt alles heraus. «Das Unternehmen ist nackt, und wer keine Kleider trägt, sollte besser gut in Form sein», hat der kanadische Business-Stratege Don Tapscott gesagt. Wer schlechte Leistungen erbringt, verheimlicht, verschleiert, lügt, betrügt und den Kunden über den Tisch ziehen will, hat ein echtes Problem.

Untaugliche Produktdetails, unkorrekte Geschäftspraktiken und inkompetente Ansprechpartner können sich die Firmen immer weniger leisten. Denn dies wird Sekunden später vor der ganzen Welt an den Pranger gestellt – und ist nie mehr zu löschen. Online geäußerte Mund-zu-Mund-Kommunikation ist ein imposantes Ausdrucksmittel von Verbrauchermacht – im positiven wie im negativen Sinn. Auch wenn subjektiv gefärbt, so steht sie doch für Wahrhaftigkeit.

Unternehmen brauchen heutzutage also vor allem Menschen, die ihre Produkte, Services und Marken aktiv ins Gespräch bringen. Nicht mehr durch klassische Werbekampagnen, sondern vor allem durch sich selbst organisierende User-Schwärme werden Marken und neue Trends gemacht. Nicht länger die Presseabteilungen, sondern meinungsstarke und gut vernetzte Expertenkunden, die sogenannten *Market Mavens,* sichern in Zukunft als Referenzgeber die Reputation eines Unternehmens. Alles, was sie brauchen, ist positiver Gesprächsstoff. Eine ausgesprochene Empfehlung ist letztlich der sichtbare und geldwerte Beweis für die Loyalität eines Kunden. Und: Das Neukunden-Gewinnen ist leicht, wenn man viele Empfehler hat.

Anstatt noch länger in den Datenfriedhöfen ihrer CRM-Programme nach Erfolgsrezepten zu suchen, nehmen Unternehmen also besser Blogs und Forumbeiträge auf den Monitor. Dort findet die nahe Zukunft statt. Die wichtigsten Impulsgeber für das Innovieren und Fortbestehen sind nicht Marktforschung und

Benchmarking, sondern Mitarbeiter und Kunden. Also: Stellen Sie ausgewählten Kunden öfter mal ein paar kluge Fragen, zum Beispiel so: «Nur mal angenommen, Sie wären bei uns Marketingleiter, was würden Sie schleunigst ändern?» Oder: «Nur mal angenommen, Sie hätten bei uns Vertriebsverantwortung, was würden Sie als Erstes verbessern?»

Die Kunden, und gerade die unzufriedenen unter ihnen, können am besten sagen, wie sich ein Unternehmen weiterentwickeln lässt. In welcher Form sie dies allerdings tun, darüber entscheiden sie selbst. Einer meiner Trainer-Kollegen hatte sich in seinem Newsletter einmal über die Deutsche Bahn ausgelassen. Als Reaktion darauf bekam er folgendes Statement: «Ihre höchst emotionale Beschimpfung unseres Konzerns wäre zielführender gewesen, wenn Sie diese direkt an unsere Reklamationsabteilung gerichtet hätten, statt an einen willkürlich gewählten Adressverteiler.» Das war im September 2007. Daran ist zu sehen: Für manche Unternehmen ist der Weg noch weit.

Die «Weisheit der Vielen»

Laut einer IBM-Studie aus dem Jahr 2006 kommen dort bereits 39 Prozent aller Ideen von Kunden und Partnern, 41 Prozent kommen von den Mitarbeitern. Bei Kunden schlummert das bislang am wenigsten genutzte Kreativpotenzial. Wer die Kunden aktiv in seine Innovationsprozesse einbindet, erhält automatisch bessere Lösungen. Er nutzt sozusagen kollektive Intelligenz – so wie dies bei «Wer wird Millionär?» die Kandidaten beim Zuschauer-Joker tun.

Durch kollektive Intelligenz, also die «Weisheit der Vielen» (James Surowiecki), wurde etwa Wikipedia, die web-basierte und größte Enzyklopädie der Welt, geschaffen. In Don Tapscotts Buch «Wikinomics» kann man weitere Wiki-Erfolgsgeschichten nachlesen (Wiki heißt auf Hawaiianisch schnell). Kunden und selbst unbeteiligte Dritte verhelfen mit freiwillig und mehr oder weniger kostenlos zugesteuerten Ideen den Unternehmen zum Erfolg. So kann man auf der Webseite www.brainr.de mit welcher Frage auch immer zum Brainstorming einladen. Konzerne wie Procter & Gamble verlagern bereits ganze Teile ihrer Forschung & Entwicklung ins Netz. 50 Prozent aller Innovationen sollen, so P&G-CEO Alen G. Lafley, von außerhalb des Unternehmens kommen. Das ist «customer driven innovation».

Wenn dies alles funktioniert, dann stellt sich jedem Verantwortlichen im Unternehmen die Aufgabe, kollektive Intelligenz in seinen Bereich einfließen zu lassen – ob er will oder nicht. So lässt sich der Kunde entlang der gesamten Wertschöpfungskette mehr oder weniger aktiv in Arbeits- und Gestaltungsprozesse einbeziehen; er initiiert, beschleunigt, bereichert, verändert oder stoppt. Über Abstimmungen, Verbesserungsvorschläge und Kritiken liefert er wichtige Indikatoren, wie unternehmerische Leistungen kundenspezifisch weiterentwickelt werden können und sollen.

Eines allerdings wird nicht funktionieren: den Kunden zum Knecht zu machen. Einseitiges und damit ausbeuterisches Outsourcing von Arbeit an den Kunden wird dieser sehr schnell als solches erkennen und schließlich bestrafen. Win-win ist angesagt! Wenn es dem Unternehmen dabei um Kostenvorteile geht, muss es auch für den Kunden sichtbar billiger sein. Sonst geht der Schuss nach hinten los. Das heutige Mitmach-Marketing ist nicht vorrangig auf Einsparpotenziale ausgerichtet, sondern vielmehr nützlich, lustvoll und emotionsbehaftet. Und es hat eine Sinn-Komponente. Dazu gibt es bereits Beispiele zuhauf:

* *In der Online-Marktforschung:* Kunden tippen ihre Daten selbst ein, sie sorgen auf diese Weise nicht nur für eine bessere Datenqualität, sondern geben auch eine Menge von sich preis. Sie machen bei Befragungen mit, sie teilen ihr Wissen mit anderen und bringen gelebte Erfahrungen ein. Sie geben ihre Meinung ab, bewerten einander oder empfehlen gleich

weiter – freiwillig und ohne jede Bezahlung. Unternehmen beobachten all das, ohne es zu beeinflussen, und erfahren so eine Menge darüber, was die Menschen sich wünschen, was sie vermissen und was sie wirklich bewegt.

- *In der Produktentwicklung:* Ausgewählte Kunden sind exklusiv als Pre-Tester aktiv, sie weisen die Entwickler auf Fehler hin und optimieren das Produkt gleich weiter. So schickt Microsoft kostenlose Beta-Versionen in den Markt, auch bekannt als «Green-banana-Policy»: reift beim Kunden. Der US-Hersteller Kettle Foods ließ seine Kunden im Rahmen einer «People's Choice»-Kampagne Geschmacksrichtungen für neue Chips-Sorten vorschlagen und auswählen – mit durchschlagendem Erfolg. «Designed by Lego Fans» steht auf Lego-Packungen, wenn ein neues Produkt aus der Schmiede eines Lego-Enthusiasten kommt. Das Hotel Haus Hirt im österreichischen Bad Gastein beteiligt Gäste an der gestalterischen Weiterentwicklung des Betriebs.

- *Im Service-Design:* Kunden erbringen hochwertige Organisationsleistungen wie Selfbanking und Flugbuchungen inzwischen selbst. Sie drucken ihre Rechnungen aus, sie checken an Automaten ein, sie sind in selbstorganisierten Nutzergruppen aktiv, sie spielen Helpdesk und Kümmerer. Und das in einer Schnelligkeit, die die Unternehmen nie hinbekämen. In der Elektronik-Branche verlagert sich ein Großteil des technischen Supports in die Foren, in denen Nutzer Nutzern helfen. So hat SAP beispielsweise mit der DSAG-Community eine Non-Profit-Organisation geschaffen, die Usern und SAP-Partnern einen freien Austausch von Rat und Hilfe ermöglicht.

- *In der Werbung:* Kunden werden zu Logo-Werbeträgern, sie drehen Werbefilme, gestalten Anzeigen und komponieren Klingeltöne. So rief der Autovermieter Sixt seine Kunden auf, neue Anzeigenmotive zu entwickeln. Über die 36 besten Entwürfe konnte man im Internet abstimmen. Dem Sieger winkten Cabrio-Wochenenden. Die Automarke Mini bat ihre Fans in Zusammenhang mit dem Launch neuer Modelle zu einem «Webclip-Contest». Die Gewinnerfilme wurden auf allen Mini-Events gezeigt. Unter dem Motto «Say something ketchuppy» konnten Kunden bei Heinz Ketchup Texte für die Etiketten der Flaschen einsenden. Acht Gewinnersprüche wurden prämiert und gedruckt. Einer hieß beispielsweise: «Suche einen Job in Ihrer Küche.»

- *Im Vertrieb:* Kunden werden zu Star-Verkäufern. Sie bringen als freiwillige Mund-zu-Mund-Propagandisten neue Produkte in den Markt. Agenturen wie Trnd haben inzwischen zigtausend sogenannte *Buzzer* (to buzz = summen) in ihrer Datenbank, die vorgegebene Produkte zwar gezielt, aber dennoch zwanglos in ihrem Umfeld ins Gespräch bringen. Die ausgewählten «Agenten» bekommen Produktmuster und Anleitungen für die Kundenansprache. Sie arbeiten unentgeltlich und unterliegen keinem Zwang. Sie tun und sagen, was sie wollen. «Buzzen» ist für sie eine Chance, Spaß zu haben, an einen Informationsvorsprung zu kommen, ihr Geltungsbedürfnis zu nähren, anderen zu helfen oder Einfluss zu nehmen.

- *In der Pressearbeit:* Leser werden zu Hobbyreportern, sie senden Leserfotos ein und sind als «Bürgerjournalisten» beziehungsweise «Streetchecker» unterwegs. In Foren und Blogs machen sich mehr oder weniger professionell agierende Amateur-Berichterstatter breit. So hat sich ein eigenständiges journalistisches Format entwickelt. Immer mehr Journalisten frequentieren regelmäßig die Blogging-Szene, weil sie von dort die heißesten Tipps bekommen.

- *Im Personalrecruiting:* Ein Mittelständler schrieb seinen Kunden, dass er Ausbildungsplätze bevorzugt an Personen aus seinem Kundenkreis vergeben wolle – und wurde schnell fündig. Bei der amerikanischen Franchisekette Build-a-Bear, die auch einige Standorte in Europa hat, können Kunden nicht nur knuffige Plüsch-Teddybären nach eigenen Wünschen zusammenbauen, sie werden auch gezielt angesprochen, ob sie nicht im Laden arbeiten wollen. In einem dreiwöchigen Kurs werden sie zum «Master Bear Builder» geschult. Auch bei Globetrotter, einem Outdoor-Ausrüster, arbeiten viele ehemalige Kunden. Wer sich unter www.legofactory.com registrieren lässt, erhält sogar einen virtuellen Mitarbeiterausweis.

Verschiedene Untersuchungen haben gezeigt, dass Innovationen erfolgreicher sind, wenn die Kunden eingebunden wurden. Dies senkt nicht nur das unternehmerische Risiko, sondern baut zusätzlich Eintrittsbarrieren für den Wettbewerb auf. Denn jedes Involvieren schafft Verbundenheit.

Kunden lieben und loben Produkte umso mehr, je intensiver sie beim Entwicklungsprozess mitreden dürfen. Hierdurch entsteht Vertrauen – und ein Stück weit auch ein «Mein Baby»-Gefühl. Und wer lässt schon gerne sein Baby im Stich?

Marktforscher kennen den Effekt seit langem: Wenn man Menschen zeigt, dass man sich für ihre Meinung interessiert, verändert sich deren Haltung zum Unternehmen und seinen Angeboten und Services positiv. Das partnerschaftliche Einbinden der Kunden ist in jedem Fall erfolgversprechender als der mühsame Aufbau von Wechselbarrieren. Wechselbarrieren richten sich gegen den Kunden, sie sind aggressiv und damit letztlich kontraproduktiv.

So hat beispielsweise die Ferrero-Gruppe ihr früher hartes Vorgehen gegen Nutella-Fans, die ohne vorherige Erlaubnis etwa das Nutella-Logo in ihren Blogs verwendeten, völlig aufgegeben. Heute stehen unter www.mynutella.com der Community alle möglichen Tools zur Verfügung, um völlig unkontrolliert «Personal Sites» anzulegen, Fanclubs zu gründen, Nutella-Partys zu organisieren und auf diese Weise gemeinsam ihre Lieblingsmarke zu feiern. Ganz klar, dass hieraus auch eine Menge Empfehlungsgeschäft entsteht. Kooperation ist eben besser als Konfrontation. In eine offene Hand passt mehr als in eine geschlossene Faust.

Die Musikindustrie glaubte, man könne sich mit rechtlichen Schritten dagegen wehren, dass Songs illegal aus dem Internet heruntergeladen werden. Und dann kam Apple mit iTunes. Und der Kunde hat entschieden. Dies tat er auch bei DocMorris, der Online-Apotheke aus den Niederlanden. Die Interessenvertreter der Apotheken bekämpften den vermeintlichen Rivalen, anstatt die Kundenbedürfnisse ins Blickfeld zu nehmen. Sie erspähten die Risiken, nicht aber die Chancen. Zwischenzeitlich wurde DocMorris Europas größte Versandapotheke – und stationäre Apotheken sterben.

Menschenversteher sein

Wer kundenfokussiert führen und an Kunden verkaufen will, muss Menschenversteher werden. Nur leider: Im Menschenverstehen sind wir alle mehr oder weniger Laien, das haben wir nicht auf der Schule, nicht in der Lehre und nicht an der Uni gelernt. Das stand auf keinem Lehrplan. Da konnten wir bisher nur unseren gesunden Menschenverstand konsultieren. Oder nach Erklärungen aus unseren Tagen als Steinzeit-Mensch suchen.

Doch neuerdings kommen uns die Gehirnforscher zu Hilfe. Sie haben eine Vielfalt von Verfahren entwickelt, um die Bau- und Funktionsweise unseres Gehirns zu entschlüsseln und immer besser verstehen zu lernen. Viele dieser Erkenntnisse wurden in den letzten Jahren einem breiten Publikum bekanntgemacht. Personalentwickler, Marketer und insbesondere Führungskräfte können eine Menge daraus lernen.

Machiavelli war gestern

«Was tun Sie, um einen Maulwurf im Garten aus seinen Gängen zu vertreiben?», frage ich manchmal mein Auditorium. Ausräuchern sagen die einen, ködern die anderen. Hier prallen zwei Weltanschauungen aufeinander. Doch welcher gehört die Zukunft? Miteinander oder gegeneinander, die Schöne oder das Biest? Die Wirtschaft ein Schlachtfeld – oder ein Ort prosperierender Partnerschaft? Der Manager ein Leittier oder ein Werwolf? Erfolg über Hardselling oder Emotionsverkauf? Kampfrhetorik oder Dialog? Druck- oder Sogmarketing, Push oder Pull?

Betrachten wir anschauungshalber eine der größten Erfolgsgeschichten der Gegenwart: den iPod von Apple. Anstatt mit aggressivem Push-Marketing die Konkurrenz auszuhebeln, hat die Marke einen gewaltigen Haben-wollen-Sog erzeugt. Sie weckt Wünsche. Und das ist das Beste, was eine Marke machen kann. Denn das Wünschen hört nie auf. «Kaum ist ein Wunsch erfüllt, kommt schon der nächste angekrochen», hat Wilhelm Busch einmal gesagt. Apple hat seine Kunden die Kommunikationsarbeit machen lassen: Die weißen Stöpsel im Ohr wurden zum Stammeszeichen der iPod-Community. Und anstatt mit immer neuen Varianten den Markt zu überschwemmen, ermöglichte Apple über 2000 Lizenznehmern weltweit, diverses Zubehör für den iPod zu entwickeln. So erhielt der User die vielfältigsten Möglichkeiten, iPod & Co. in sein Leben zu integrieren und damit zum aktiven Mitgestalter des iPod-Kults zu werden. Apple kämpft nicht vordergründig um Marktanteile, sondern versteht sich als «System zur Optimierung des nomadischen Lebensstils» seiner Nutzer. Apple ist ein Kundenversteher. Und ein Loyalisierer. Denn Apple bedient gleich drei Loyalitäten: die zum Unternehmen Apple selbst, die zu seinen Marken (Mac, iPod, iPhone) und die zu den Menschen des Unternehmens, symbolisiert durch Steve Jobs, der von seinen Fans wie ein Guru verehrt wird.

Steve Jobs sagt, dass Apple die Kunden liebt. Und wir glauben ihm aufs Wort. Die Apple Stores sind derzeit die am stärksten wachsende Computer-Retail-Kette in den USA. Anstatt aber zu versuchen, dort so viel wie möglich zu verkaufen, setzen die Läden alles daran, ihre Besucher so intensiv wie möglich über die Apple-Produkte aufzuklären, eine «Brand Experience» zu gestalten und eine Markenpräferenz zu erzeugen. «Wir haben uns vorgenommen, nur das zu produzieren, was wir mit gutem Gewissen auch unseren Freunden empfehlen können», erläutert Steve Jobs. Und genau das schafft Apple offensichtlich immer wieder.

Das iPhone war bereits sechs Monate vor dem eigentlichen Verkaufsstart in aller Munde. Dieser Hype wurde aber nicht durch riesige Werbebudgets ausgelöst, sondern ausschließlich durch geschickt gesteuerte Pressearbeit und Viral Marketing. Eine von «USA Today» veröffentlichte Mini-Umfrage unter 200 iPhone-Käufern ergab folgendes Ergebnis: 90 Prozent sind (sehr) zufrieden mit dem iPhone, und 85 Prozent werden es (wahrscheinlich) weiter empfehlen.

In den letzten Jahren kommen immer mehr Untersuchungen zutage, die das stark ausgeprägte, wenn nicht sogar vorherrschend altruistische Wesen in uns sehen. In der internationalen neurobiologischen Forschung ist zunehmend vom «social brain» die Rede. Im Jahr 2003 gab es hierzu eine erste internationale wissenschaftliche Konferenz im schwedischen Göteborg. Die Summe der Erkenntnisse lautet: Wir sind nicht primär auf Egoismus und Konkurrenz ausgerichtet, sondern auf Zuwendung und gelingende zwischenmenschliche Beziehungen. Erst wenn diese enttäuscht werden, reagieren wir mit Aggression – gegen uns selbst oder gegen andere. Gemeinsames Siegen ist wirkungsvoller als konfrontatives Besiegen. Respektvolles Miteinander funktioniert besser als mächtiges Gegeneinander.

Unternehmen müssen zu Beziehungsarchitekten werden.

Von einer kooperativen Atmosphäre profitieren alle Beteiligten, von einer aggressiven hingegen nur wenige. Wir brauchen Freunde und nicht Feinde in einer sich zunehmend vernetzenden Welt. Die mit mehreren Wirtschaftsnobelpreisen ausgezeichneten spieltheoretischen Untersuchungen zeigen im Übrigen, dass am erfolgreichsten mit anderen zusammenarbeitet, wer zunächst vertrauensvoll in eine solche Beziehung investiert – und sich danach immer so verhält wie das Gegenüber. Diese als «Tit-for-Tat» bekannt gewordene Strategie entspringt einer Position der Stärke und belohnt Vertrauensbereitschaft. Sie sichert Zugewinne, ohne sich ausnutzen zu lassen.

Auf der Suche nach dem Happy End

Unser Hirn liebt freundliche Gesichter und bevorzugt positive Beziehungen. Und es will das Happy End. Das wissen begnadete Filmemacher, erfolgreiche Romanschriftsteller – und gute Führungskräfte wissen es auch. Das weiß vor allem unsere Intuition.

«Das ultimative Ziel des Menschen ist das Glück», hat schon Thomas von Aquin gesagt. Und die moderne Hirnforschung gibt ihm Recht: Wir kaufen lieber Glück als Angst. Das gilt für kaufende Kunden genauso wie für Mitarbeiter, die die Ideen ihrer Chefs kaufen (sollen). Menschliches Verhalten wird grundsätzlich bestimmt vom Streben nach Belohnung und Vermeiden von Bestrafung. Und vom Gemeinschaftssinn.

«Kern aller menschlichen Motivation ist es, zwischenmenschliche Anerkennung, Wertschätzung, Zuwendung oder Zuneigung zu finden und zu geben», meint der Psychoneuroimmunologe Joachim Bauer in seinem Buch «Prinzip Menschlichkeit». Ausgehend von neuesten neurowissenschaftlichen Befunden postuliert er darin das Bild eines auf Kooperation ausgerichteten Menschen und widerspricht unter anderem den Thesen von Richard Dawkins (Das egoistische Gen). «Die Motivationssysteme schalten ab, wenn keine Chance auf soziale Zuwendung besteht, und sie springen an, wenn das Gegenteil der Fall ist, wenn also Anerkennung oder Liebe im Spiel ist», schreibt er weiter.

Der maßgebliche Treiber dieser Prozesse ist ein Glücksbotenstoff aus dem celebralen Belohnungssystem. Sein Name: Dopamin. Dopamin im Blut heißt: Wir fühlen uns gut, sind in freudiger Erwartung, hegen Zuversicht in unser Leistungsvermögen und glauben an die Aussicht auf Erfolg. So arbeitet es sich leicht und beschwingt. Und alles geht uns locker von der Hand. Sogar das Geld sitzt dann ein wenig lockerer. Das kennen wir alle vom Urlaub.

Zuckerbrot oder Peitsche?

Über Angst oder Druck und Unbehagen zu verkaufen ist genauso falsch wie über Angst und Schrecken zu führen. Beides mag zwar zu kurzfristigen Ergebnissen führen, auf Dauer ist es aber zerstörerisch. Die, die in der Härte den vermeintlichen Erfolg sehen, denen fehlt vor allem eins: die Feinfühligkeit, zu spüren, wie ihr Verhalten beim Gegenüber bereits Trotz und aufschäumende Wut, Angststarre oder eisiges Desinteresse erzeugt.

Von der immer noch populären Zuckerbrot-und-Peitsche-Methode kann daher nur abgeraten werden. Unberechenbares Verhalten sorgt immer für Ängste. Wer mal Zuckerbrot und mal Peitsche erwartet und nie weiß, welche Reaktion wann erfolgt, erwartet im Zweifel immer das Schlimmste – und tut dann lieber gar nichts mehr. Wie die Skizze auf Seite 68 zeigt, reagiert Person B, die auf ein Verhalten X mit der «Peitsche» bedroht wird, zwar sofort und leitet eine notwendige Verhaltensänderung ein, mehr aber auch nicht. Sobald die Bedrohung nachlässt, geht sie wieder zu normalem, weniger engagiertem oder sogar destruktivem Verhalten zurück. «Ist die Katze aus dem Haus, tanzen die Mäuse», sagt dazu der Volksmund. Es gehört schon eine Menge Verblendung dazu, dies nicht zu erkennen.

Die Leute spielen Theater, wenn der Peitschenschwinger in

der Nähe ist. Sie zerbrechen sich höchstens den Kopf über das, was er hören will. Sie vertuschen Fehler. Sie kooperieren, um seinem Zorn zu entgehen, anstatt von sich aus das zu tun, was für das Unternehmen das Beste ist. So entsteht allenfalls Mittelmaß. Mittelmaß ist austauschbar wie ein x-beliebiges Produkt im Regal. Und wer als Anbieter austauschbar ist, wird ausgetauscht. Punkt.

Es gibt sicher Momente, wo eine sofortige und notfalls auch harsche Reaktion die richtige ist. Aber das ist nur ausnahmsweise der Fall, nämlich in Situationen, wo es auf jede Sekunde ankommt, bei der Feuerwehr etwa oder im Flughafentower. In der Küche, damit nichts anbrennt. Oder im Krankenhaus, wo es um Leben und Tod geht.

Im Regelfall aber gilt: Nur bei Masochisten und denen, die es nie anders gewohnt waren, funktioniert die «Peitsche». Bei allen anderen gilt: Zuckerbrot funktioniert besser. Wer Zuckerbrot in Form von Lob und Anerkennung erhält, wird vielleicht ein wenig länger brauchen, um zu einem optimalen Verhalten zu finden, doch dieses wird sich dann kontinuierlich verbessern. Denn innere Einsicht ist am Werk und nicht äußere Bedrohung.

Was man sich selbst erarbeitet hat, sitzt einfach besser, und man setzt es auch lieber um. Die Freude, über sich hinauszuwachsen, kann jede Menge freiwilliges Potenzial aktivieren und einen gewaltigen Schub nach vorne auslösen. Die Strategie der Lust wird auf Dauer erfolgreicher sein. Dies wird in der Skizze auf Seite 68 symbolisiert durch die Kurve von Person A.

Lust schlägt Frust. Umso erstaunlicher, wie oft Erfolgsrezepte immer noch in sogenannten Hardliner-Büchern oder bei Hardliner-Trainern gesucht werden. Diesen ewig Gestrigen kann man nur raten, sich ein wenig mit den neueren Erkenntnissen der Hirnforschung zu befassen.

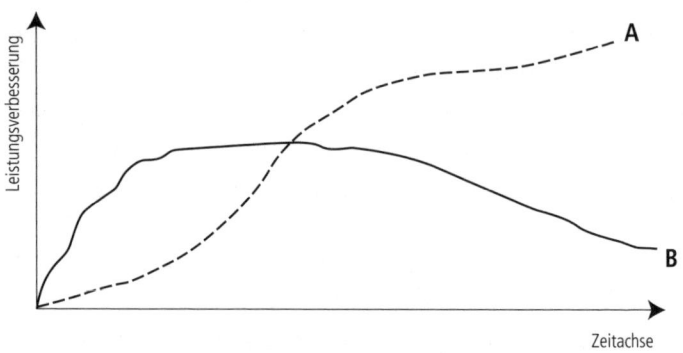

Abbildung 4: Die Leistungskurven im Zeitverlauf bei der «Zucker-brot»-(A) beziehungsweise der «Peitsche»-Methode (B).

Gerade den Faktenmenschen, die mit dem «Psychologen-Ge-döns» der Verhaltensforscher nichts anzufangen wissen, bietet die Neuro-Wissenschaft wertvolle Einblicke. Sie kann uns helfen, Mensch Kunde und Mensch Mitarbeiter besser zu verstehen, um im Sinne einer kundenfokussierten Mitarbeiterführung manch veraltetes Denken und Handeln über Bord zu werfen. Schauen wir also ein wenig genauer hin.

Der Blick ins Gehirn

Das Gehirn ist ganz schön in Mode gekommen. Hirnforscher liefern uns anhand bunter Gehirn-Landkarten immer mehr Einsichten darüber, was im Oberstübchen des Menschen vorgeht, wenn er an seinen Lieblingsmitmenschen denkt oder Kaufentscheidungen vorbereitet. Zumindest erkennen wir, per Hirnscanner gefahrlos sichtbar gemacht, in welch unterschiedlichen Hirnarealen gedacht, verarbeitet und schließlich entschieden wird, und wie sich das alles verknüpft. Hier zunächst in der Zusammenfassung einige Aspekte, die unser Hirn betreffen und die für das Beziehungsdreieck von Führungskraft, Mitarbeiter und

Kunde – also für den weiteren Verlauf des Buches – bedeutsam sind:

- Jedes Hirn ist einzigartig, das heißt, es ist verschieden gebaut und arbeitet verschieden. Jeder denkt, fühlt und handelt auf unterschiedliche Weise – und keiner macht es wie Sie.
- Unser Hirn ist eine lebenslange Baustelle. Nervenzellen und deren neuronale «Verdrahtungen» entstehen und vergehen, das heißt, wir lernen immer und vergessen ständig. Durch ausreichendes Wiederholen und Üben entstehen Automatismen, die vom Bewussten ins Unterbewusste wandern. Hierdurch werden Abläufe schneller und effizienter.
- Die Wirklichkeit ist ein Hirngespinst. Eine objektive Realität gibt es nicht. Bietet man beispielsweise Kindern absolut identisches Essen in neutralen Verpackungen oder in McDonalds-Tüten an, so finden die meisten das Zweite leckerer. Im Blindtest können die meisten Raucher ihre eigene Marke nicht von anderen unterscheiden – und haben dennoch eindeutige Präferenzen für ihre Lieblingsmarke.
- Unser ganzes Gehirn ist emotional, das heißt: Wir fühlen immer. Jede Entscheidung wird emotional bewertet. Ohne Emotionen kommt keine einzige Entscheidung zustande. Reine Vernunftentscheidungen gibt es nicht.
- Jede gemachte Erfahrung wird emotional markiert, bevor sie im episodischen Gedächtnis abgelegt wird. Stark positiv markierte Erfahrungen haben im Entscheidungsprozess Vorrang.
- Unser Hirn denkt vorrangig in Bildern und Geschichten. Sie erzeugen – im Gegensatz zu Abstraktem – eine höhere neuronale Aktivität und damit eine höhere Entscheidungs- beziehungsweise Aktionsbereitschaft.
- Unser Hirn ist auf Ökonomie getrimmt. Ein Vorurteil ist somit nichts anderes als Komplexitätsreduktion. Denn unser Hirn mag es einfach.
- Unser Hirn ist die meiste Zeit mit sich selbst beschäftigt.

Mehr als 99 Prozent aller Außenreize werden unbewusst verarbeitet, also mit bereits Gelerntem verglichen und dementsprechend aktualisiert, sortiert, kategorisiert, neu verknüpft – und schließlich verschubladet.

- Unser Sprachzentrum ist ein Spätentwickler, wir sprechen erst seit etwa 100 000 Jahren miteinander. Der evolutionsgeschichtlich viel älteren Körpersprache kommt daher die vorrangige und weit größere Bedeutung zu. Im Zweifel folgen wir der Körpersprache.
- Das männliche und das weibliche Gehirn und deren jeweilige Neurochemie sind verschieden angelegt. Die Hirnforscher kennen bereits über 200 signifikante Unterschiede.

Schon aus dieser bei weitem nicht vollständigen Aufstellung ergeben sich bei einigem Nachdenken für Manager zahlreiche Ansatzpunkte, ihr derzeitiges Verhalten zu hinterfragen. Lassen Sie uns deshalb einzelne Punkte ein wenig genauer beleuchten.

Denn sie wissen nicht, was sie tun

Die meisten Entscheidungen, sagen uns die Hirnforscher, hat unser Gehirn schon getroffen, bevor wir uns dessen bewusst sind (was den Wert einer guten Entscheidung nicht mindert). Kein Wunder, dass wir manchmal Dinge tun und gar nicht wissen, warum. Oder uns entschuldigen müssen für ein Wort, das uns so rausgerutscht ist – und selbst nicht verstehen, was uns gerade «reitet». Auch wenn das jetzt ernüchternd klingt: Oft sind wir nur noch der rationalisierende Ausführer, der sich selbst und seinem Umfeld plausibel klingende Erklärungen liefert, weshalb eine Entscheidung genau so und nicht anders ausgefallen ist. Wir alle suchen und (er)finden ständig scheinbar gute Gründe, weshalb wir etwas tun – und anderes hassen wie die Pest. Wobei uns manches geradezu aus der Luft gegriffen erscheint.

Oft können wir keine Auskunft über die wahren Gründe für

unser Verhalten geben – oder wir machen uns selbst etwas vor. Denn vieles, was im Unterbewussten passiert, ist dem Verstand nicht zugänglich. So sind die Ergebnisse der klassischen Markt- und Meinungsforschung mit großer Vorsicht zu genießen, egal, ob diese telefonisch, schriftlich oder persönlich abgefragt wurden. Umfragen können eben nur ermitteln, was dem Kunden bewusst ist und was er dementsprechend auch verbalisieren kann. Und das hat mit den wahren Beweggründen oft wenig gemein.

Wer etwa in eine Fokusgruppe eingeladen wird, um über einen Werbespot oder eine Produkt-Neueinführung zu debattieren, agiert immer unter dem Einfluss der einzelnen Diskutanten. Dem einen widerspreche ich, weil er mir unsympathisch ist. Dem charmanten Diskussionsleiter möchte ich mit sozial akzeptablen Antworten gefallen. Durch die selbstsicher vorgetragenen Eindrücke des Meinungsführers wird die Sichtweise jedes einzelnen Teilnehmers verzerrt. Von all dem wird einem nicht das Geringste bewusst. In der Zusammenfassung kommt man dann zu völlig falschen Ergebnissen.

Insbesondere die viel zu strapazierte linke Hirnhälfte neigt zum Rationalisieren, Systematisieren, Typisieren – und liegt schnell ziemlich falsch dabei. Denn sie interpretiert vieles so um, wie es ihr gerade in den Kram passt. Dies ist im Übrigen die größte Gefahr bei jeder Art von Statistik, an die die meisten Manager so gerne glauben: Objektive Daten sind nur ganz schwer zu bekommen. Statistische Zahlenwerke haben allerdings einen ganz großen Vorteil: Sie geben uns vermeintlich Sicherheit – und im Misserfolgsfall eine gute Begründung beim Vorstand.

Manager wissen nur allzu gut, wie es einem den Angstschweiß aus den Poren treiben kann, wenn man sich zu einer Entscheidung durchringen muss, deren Risiken man nicht wirklich abschätzen kann. Im beruflichen Alltag kann eine falsche Entscheidung schließlich den Job kosten. Die Aussage: «Das Produkt läuft nicht!» könnte beispielsweise eine reine Befürchtung sein. Selbst eine scheinbar so sachliche Aussage wie «Ich habe das Angebot A gewählt, weil es das billigste war» ist in eine Fülle emotionaler Wertungen eingebettet.

Denn Kaufentscheidungen sind nichts anderes als eine emotional gesteuerte Nutzenrechnung, die das limbische Gehirn den Denkzellen vorgibt.

Im BtoB-Geschäft sei das alles ganz anders, meinen Sie? Das wage ich zu bezweifeln, denn das Hirn arbeitet am Ende immer auf die gleiche Weise. So haben auch Businness-Leute positive und negative Erfahrungen gemacht, sie bringen gute oder schlechte Laune mit an den Verhandlungstisch, auch bei ihnen schwingt das Hoch und Tief der Emotionen. Sie sind weit weniger intellekt-gesteuert, als es zunächst den Anschein hat. Auch wenn sie das noch so verbergen wollen. Wir alle wissen, wie leicht es ist, sich ganz bewusst und gezielt der Meinung eines anderen zu verschließen und ihn ins Leere laufen zu lassen. Und wir erinnern uns, wie wir um unser wahres Motiv manchmal ein Tarnmäntelchen hängen, das beispielsweise folgendermaßen heißt: «Ich muss es mir noch einmal überlegen.» Oder: «Ich muss zuerst noch meinen Chef/Partner/Kollegen fragen.» Oder: «Der Entscheider war dagegen.»

Wir können auch nachvollziehen, wie die diffuse Angst, etwas Falsches zu tun, einen Menschen geradezu immobilisiert oder wie die Sorge, unser Gesicht zu verlieren, uns zögern lässt. Und wir können heimlich zugeben, wie oft wir Dinge leugnen, verdrängen, beschönigen oder verharmlosen, nur um unsere wahren Absichten zu verschleiern.

Manchmal wollen wir jemanden schnellstmöglich abwimmeln. Und bisweilen wollen wir auch ganz einfach niemanden verletzen. Beachten wir ferner, wie schwer es uns fällt, unsere Komfortzone zu verlassen, guten alten Gewohnheiten abzuschwören, etwas Liebgewonnenes aufzugeben, Glaubenssätze über Bord zu werfen und die Abenteuer des Neulandes zu wählen. Wir wissen, wie hartnäckig wir bisweilen uns selbst und andere davon zu überzeugen versuchen, dass unser bisheriger Standpunkt goldrichtig war. Nur um nichts verändern zu müssen: lieber ein bekanntes Elend als eine unbekannte Freude.

Alles unter Kontrolle?

Wenn wir auch noch so stolz auf unser Denkhirn sind: Eine rein sachliche Entscheidung gibt es nicht. Und: Emotionen haben in unserem Hirn immer Vorfahrt. Emotionen sind, wie die Gehirnforschung immer mehr verdeutlicht, nicht nur in allen Entscheidungen vorhanden, sie sind sogar deren treibende Kraft. Die Art von Emotionen, die uns schließlich zu unserer Entscheidung bewegen, mögen je nach Menschen-Typ, Geschlecht und Alter unterschiedlich sein, doch ohne Emotionen kommt keine einzige Entscheidung zustande. Mehr noch: Ohne Gefühle ist kein vernünftiges Handeln möglich.

Für das, was hinter den mehr oder weniger verschlossenen Türen des Unterbewusstseins blitzschnell und ohne unser Zutun passiert, suchen wir erst im Nachklang eine Begründung, die uns selbst und anderen plausibel erscheint. Der Mensch entscheidet sich emotional – und begründet diese Entscheidungen rational.

Das wahre Machtzentrum in unserem Oberstübchen ist nämlich das limbische System. Diese ältere und tiefer im Hirn liegende Struktur hat wesentlich größeren Einfluss auf unser Verhalten als unser Groß- oder Denkhirn, der Neokortex.

Zum limbischen System gehören unterschiedliche Strukturen im Zwischen-, Mittel- und Endhirn. Sie sind Orte des Entstehens von Affekten und positiven oder negativen Gefühlen, der Aufmerksamkeits- und Bewusstseinssteuerung und der Kontrolle vegetativer Funktionen. Bei der Darbietung eines Reizes werden zuallererst entsprechende Hirnaktivitäten im limbischen System gemessen, erst nach einer kleinen zeitlichen Verzögerung im «denkenden» Neokortex.

Das bedeutet: Das limbische System ist schnell, unser Denkhirn ist langsam. Entscheidungen werden im limbischen System
emotional markiert und quasi mit Impulsen wie «Nun sag mal
was vernünftig Klingendes dazu!» ans Denkhirn geschickt. Und:
Viele Arbeits-und Bewertungsschritte des limbischen Systems
sind unserem Bewusstsein und damit unserer Kontrolle völlig
entzogen.

In meinen Seminaren mache ich hierzu gerne eine Demons-
tration mithilfe eines Werbespots der Marke K-fee (www.k-
fee.com). Darin wird zunächst eine sehr schöne Situation gezeigt,
wie etwa eine Abendstimmung mit frisch verliebtem Paar am
Strand. Urplötzlich schiebt sich eine Gruselgestalt mit lautem
Geschrei vor die Szene. In Bruchteilen von Sekunden fährt der
Schrecken in die Teilnehmer.

Hierfür ist die Amygdala zuständig, ein mandelförmiger und
entwicklungsgeschichtlich sehr alter Teil des limbischen Systems.
Sie bereitet uns in Gefahrensituationen auf adäquates Verhalten
vor: Das Herz schlägt schneller, Blutdruck und Atemfrequenz
steigen, die Augen werden aufgerissen, und die Muskulatur
spannt sich an. Erst nach etwa einer halben Sekunde (Schreckse-
kunde!) wird das Denkhirn zu einer differenzierten Bewertung
zugeschaltet und erkennt in unserem Fall: keine reelle Gefahr.

Nun passieren interessante Dinge. Die Teilnehmer beginnen
zu lachen. Sie rutschen auf den Stühlen herum. Manche greifen
zum Wasserglas. So werden die Stresshormone wieder wegge-
spült. Frauen schauen sich erst mal um, in etwa nach dem Motto:
Leben noch alle? Männer finden sich plötzlich mit etwas Waf-
fenartigem in der Hand (Flaschenöffner, Kuli, Schlüsselbund)
und wissen nicht, wie dies dort hingekommen ist. Was nämlich
für einen Steinzeitjäger durchaus Sinn machte, wirkt im Sitzungszimmer oft peinlich. Hilft aber nichts, auch in unserer zivilisierten Welt reagiert unser Körper wie anno dazumal.

Täglich lebt unser Hirn den Spagat zwischen Neandertaler

und High-Tech. Computer, Handy und Co. sind die neuen Waffen des Mannes. Autos sind unsere Kampfgefährten, und auf unseren Schnellstrassen gehen wir wilde Tiere jagen.

Und wo ist der Ort, an dem sich solche Jagdinstinkte heute am besten ausleben lassen? Auf dem Schlachtfeld der Wirtschaft! Größe entscheidet (vermeintlich) über Sieg oder Niederlage: Mitarbeiterzahl, Marktanteil, Umsatzsteigerung. Wettbewerber zerstören ist wichtiger als Kunden betören. Und Fusionen sind nichts anderes als Beutezüge.

«Jeder will den längsten Balken haben», schreibt Bernd Röthlingshöfer in seinem Buch «Marketeasing» über solche Vorlieben der Manager. Alexander der Große schuf ein Reich, in dem die Sonne nicht unterging, heutige CEOs träumen von der Welt-AG. Im Götterhimmel der Businesswelt anzukommen ist ihr Ziel.

Gerade die so nüchtern wirkenden Führungsetagen sind ein Jahrmarkt der Eitelkeiten. An sich harmlose Kollegen werden plötzlich als schärfste Konkurrenten gesehen und verunglimpft. Jedes Meeting wird zum Showdown. Immer geht es um das Festigen von Macht – und um Imponiergehabe. Beste Beispiele: Das Mitarbeitergeschwader im Schlepptau eines Spitzenmanagers oder der Delegationstross, der einen Top-Politiker zu seinen Gesprächen begleitet. Schon im alten Rom galten *die* besonders viel, denen viele «Jünger» folgten; «Klienten» wurden sie genannt, jene, die von den Wohltaten ihres Idols abhängig waren.

Wie dem auch sei: Immer bewertet zunächst unser limbisches System die durch unsere unterschiedlichen Sinne aufgenommenen Wahrnehmungen und trifft völlig unbewusst, also ohne unser Zutun, existenzielle Vorentscheidungen: Gut für uns oder schlecht für uns. Gut für uns wird mit einem angenehmen, schlecht für uns mit einem unangenehmen Gefühl belohnt. Dies wird unter anderem verursacht durch Botenstoffe wie Serotonin, Dopamin, Oxytocin, Cortisol und Adrenalin. Deren Ausschüttung erfolgt zwar über das Gehirn, wir nehmen sie jedoch als körperliche Reaktionen wahr, beispielsweise im Bereich der inneren Organe. Das nennen wir dann Bauchgefühl. Die berühmten «Schmetterlinge im Bauch» sind nur ein Beispiel dafür.

Ein gutes Bauchgefühl ist letztlich nichts anderes als eine Veränderung neuronaler und chemischer Aktivitäten, die sich mit mehr oder weniger leiser Stimme in unserem Körper bemerkbar macht. Auf geradezu rätselhafte Weise manifestieren sich Stimmungen und geben uns ein besonders sensibles Gefühl für eine bestimmte Situation». Hierdurch wird schließlich ein Verhalten erzeugt, das wir als willentliche Entscheidung deuten und rational zu erklären versuchen.

So sind etwa Momente des Glücks nichts anderes als emotionale Kicks, die uns geradezu süchtig machen. Unser Gehirn ist nämlich mit einem Belohnungszentrum ausgestattet, dem Nucleus Accumbens. Dieser sogenannte Haben-wollen-Lustkern bedankt sich für positive Erfahrungen, für angenehme Kauferlebnisse, für freundliche Worte, für ein ehrliches Lächeln und für ein wertschätzendes Lob, indem er Glückshormone ausschüttet. Solche körpereigenen Opiate, den Drogen chemisch sehr ähnlich, geben uns ein wohliges Gefühl, sie machen uns – je nach Art und Dosierung – glücklich, euphorisch, ekstatisch. Und vor allem: Sie machen uns süchtig. Davon wollen wir mehr!

Ausdauernde Läufer kennen dieses Phänomen als «Runner's High». Der Körper belohnt uns für eine gelungene Flucht.

Untersuchungen haben übrigens ergeben, dass zum Beispiel Sportwagen den Nucleus Accumbens in besonderer Form stimulieren. Hierdurch werden Kauflustzentren aktiviert. Davon profitiert zum Beispiel Porsche, der kleinste und gleichzeitig profitabelste Autobauer der Welt. Porsche, so lässt sich sagen, ist Emotion pur. Und macht seit Jahren Milliardengewinne mit etwas, das die Welt nicht braucht. Ein grandioses Geschäftsmodell!

Intuition ist trainierte Erfahrung

Von Geburt an wird jede gemachte Erfahrung entsprechend ihrer Qualität emotional markiert und in unserem Erfahrungsgedächtnis abgelegt. Unsere Intuition ist demnach nichts anderes als ein prall gefüllter mentaler Erfahrungsspeicher, der uns die Möglichkeit gibt, in jeder erdenklichen Situation (hoffentlich) das Richtige zu sagen und das Richtige zu tun. Je größer das Repertoire an Erkenntnissen, Vorgehensweisen, Strategien, Mitteln und Wegen ist, aus dem unser Gehirn schöpfen kann, desto besser ist der Lösungsansatz, den es uns präsentiert.

Der Schweizer Urs Meier, seinerzeit einer der besten Schiedsrichter der Welt, erzählte mir einmal von jenem denkwürdigen Spiel Portugal gegen England während der Europameisterschaft 2004: «Es fiel ein Tor für die Engländer, doch mein ganzer Körper schrie: Gib es nicht! Obwohl ich nichts gesehen hatte, weil ich zu weit weg stand, folgte ich meiner Intuition. Erst beim Anschauen des Videos wurde klar, dass meine Entscheidung richtig war. Der Torwart der Portugiesen war von einem Gegenspieler heruntergedrückt worden und kam so nicht an den Ball. Im Weglaufen drehte sich dieser Spieler zu mir und nicht zum Tor. Er wollte sich anscheinend vergewissern, ob ich seine Aktion gesehen hatte. Und genau diese beiden Bilder hatte wohl mein Unterbewusstsein registriert und mit unzähligen anderen gespeicherten Bildern vergleichen, die es aufgrund langjähriger Erfahrungen gesammelt hatte. Und dessen Urteil lautete: Pfeif ab, denn etwas ist falsch.» Soll ich oder soll ich nicht? Jetzt oder später? Bleiben oder gehen?

Solche Entscheidungen sind meist schon getroffen, bevor sie sich in unserem Bewusstsein als «freier Wille» manifestieren. Dies hat der amerikanische Hirnforscher Antonio Damasio mit einem seiner bekanntesten Experimente eindrucksvoll belegt. In diesem Experiment ging es darum, so viel Geld wie möglich zusammenzubekommen. Dazu lagen auf einem Tisch vier Stapel mit Spielkarten. Bei den Stapeln A und B war der Gewinn groß, nämlich 100 Dollar. Bei den Stapeln C und D betrug der Gewinn nur 50 Dollar. Einen Haken gab es allerdings. Manchmal war das Ziehen einer Karte mit einer Geldstrafe verbunden. Bei den Stapeln A und B war diese hoch, bei den Stapeln C und D hielt sie sich in Grenzen. Jeder Mitspieler durfte jeweils eine Karte von einem Stapel seiner Wahl ziehen. Doch niemand wusste, welcher Stapel mit welchem Gewinn verbunden war.

Nun hatte Damasio das Spiel so konzipiert, dass man auf längere Sicht größere Gewinne erzielte, wenn man sich an die risikoärmeren Stapel C und D hielt.

Bevor das Spiel begann, wurden die Probanden an Elektroden angeschlossen, um ihren Hautwiderstand zu messen. Wenn wir nämlich nervös werden, beginnen wir zu schwitzen, und das kann gemessen werden – wie beim Lügendetektor. Weil niemand wusste, welcher Stapel den schnellen Reichtum brachte, zogen die Versuchspersonen zunächst wahllos.

Schon nach etwa zehn Zügen meldete sich der Lügendetektor und begann, bei Stapel A und B auszuschlagen. Hatten die Tester das Spiel schon durchschaut? Damasio fragte nach, doch keiner hatte auch nur den blassesten Schimmer, wie das Spiel funktionierte. Das limbische System, das die Haut zum Schwitzen brachte, hatte die Gefahr aber bereits richtig erkannt. Erst ab der fünfzigsten Karte zog der Verstand langsam nach, und die Spieler äußerten die Vermutung, die Stapel A und B seien irgendwie riskant. Erst nach der achtzigsten Karte hatten die meisten das Spiel klar durchschaut und zogen nunmehr nur noch Karten von den Stapeln C und D.

Intuition ist trainierte Erfahrung. Sie ist deutlich schneller als der Verstand. Gerade komplexe Entscheidungen werden, wie Studien zeigten, besser, wenn man nicht lange darüber nachdenkt, sondern seiner Intuition freien Raum lässt. Es macht also Sinn, die Schleusen zu seinen emotionalen Zentren weit offen zu halten. In einem gut funktionierenden Zusammenspiel zwischen sichtender Ratio und wertender Emotio liegen wohl die größten Chancen.

Der Stoff, aus dem Gefühle sind

Verkaufen und Führen – beides ist in erster Linie Emotionsmanagement: Gespür für die Wünsche, die oft unausgesprochenen Bedürfnisse, Gefühle, Sorgen, Ängste, Sehnsüchte, Hoffnungen und Träume der Menschen. Nur: Überall dort, wo der Verstand regiert, ist der Zugang zu den Emotionen recht beschwerlich. Jede Menge Feingefühl ist gefragt, denn wer möchte in seinen wahren Gefühlen schon gerne ertappt und entlarvt werden?

Auch wenn wir uns dessen nicht immer bewusst sind: Wir fühlen immer. Und ein Großteil dieser Gefühle ist öffentlich. Gefühle sind ja nichts anderes als der mehr oder weniger subtile Ausdruck eines bestimmten Körperzustandes, der uns ins Gesicht geschrieben steht.

Etwa 50 mimische Muskeln spiegeln unser Innenleben wider. Wer diese Sprache lesen kann, dem verraten sie so einiges über unseren ständigen Spannungsbogen zwischen Plus und Minus, Lust und Schmerz, Freude und Traurigkeit, Glück und Angst, Hass und Liebe. Wohlbefinden löst sichtbar angenehme Gefühle aus, und diese führen wiederum zu positivem Denken und damit zu positiven Entscheidungen.

In einem solchen Zustand zu sein hat weitere Vorteile. Wir werden offener und damit kreativer. Wir werden agiler und schreiten zur Tat. Und wir sehen die Welt ein wenig durch die rosarote Brille – so wie ein Verliebter, der nur die guten Seiten sieht und über kleine Schwächen milde hinwegschaut.

Negatives hingegen verdüstert die Stimmung, die Welt wirkt Grau in Grau. Angst lähmt und macht dumm. Die Erklärung dafür ist einfach: Bei Angst, Bedrohung und Stress sind die Verbindungsstellen zwischen den einzelnen Hirnzellen, die sogenannten synaptischen Spalten, blockiert. Dort können die Hirnströme nicht mehr ungehindert fließen, und wir können nicht mehr klar denken. Die Folge: ein Blackout. Unser Hirn schaltet auf Notfallprogramm. Im entscheidenden Moment fehlen genau die Worte, die uns später, wenn sich alles wieder beruhigt hat, so locker in den Sinn kommen.

Klar ist damit auch: Angst verhindert keine Fehler, sondern lässt weitere Fehler geschehen. Niemand kann mit Angst im Nacken geistige Spitzenleistungen vollbringen. Angst ist ein schlechter Ratgeber. Es ist vor allem die Angst, die aus den Unternehmen verschwinden muss. Sie ist der größte Leistungskiller.

Gefühle haben eine bestimmte «Temperatur» und eine bestimmte «Lautstärke». Dies ist je nach Situation und Mensch verschieden, denn jedes Hirn ist anders gebaut. Der eine kann seinem Entzücken lautstark Ausdruck verleihen, der andere wird seine stille Begeisterung in ein gedankliches Schatzkästlein packen, das nur ihm gehört. Neue Gefühle erleben wir länger und intensiver, Bekanntes erzeugt nurmehr schwache Impulse: Langeweile kommt auf, und das Leben rauscht an uns vorbei.

Kinder kennen das nicht. Für sie ist jeder Tag ein Abenteuer – und bis Weihnachten ist ewig. Doch später dann: Die Zeit scheint zu kriechen, wenn wir wollen, dass sie schnell vergeht, und sie rast an uns davon, wenn wir wünschen, der Moment möge nie vergehen. Die «Flüssigkeit des Denkens», also die gefühlte Zeit, verlangsamt sich bei Angst und Traurigkeit und beschleunigt sich im Zustand des Glücks. Was hier zunächst ein wenig paradox klingt, macht natürlich Sinn: In Stresssituationen verlangsamt unser Hirn die Wahrnehmung, versorgt sich also mit Zeit fürs Reagieren. Und in den schnellen Momenten des Hochgenusses soll wohl der Hunger nach dem nächsten Kick erhalten werden. Schön clever gemacht!

Gute Gefühle wecken

«Zu dem, der lächelt, kommt das Glück», sagt ein japanisches Sprichwort. All denen, die unerschütterlich an das Positive glauben, gibt die Gehirnforschung Recht. Immer dann, wenn wir etwas gedacht oder getan haben, das aus Sicht des Gehirns eine Belohnung verdient, werden Glückshormone ausgeschüttet. Diese Strategie der Natur hilft uns nicht nur zu überleben, sondern kann unsere Lebensqualität bemerkenswert verbessern. So tun Menschen am liebsten das, wofür eine Belohnung in Aussicht steht.

Ständig sind wir auf der Suche nach guten Gefühlen, zu Hause genauso wie in der Arbeit. Und auch in einer Kaufsituation entscheiden wir uns erst wirklich für oder gegen etwas, wenn wir «ein gutes Gefühl» dabei haben. Wer in positiven Gefühlen badet und gut gestimmt ist, kauft bestimmt. Dem Menschen hingegen, der in schlechter Stimmung ist, dem kann man nichts verkaufen – es sei denn, er will seinen Frust im Kaufrausch ertränken.

Die Überwindung negativer Gefühle – keine Angst oder Sorgen mehr haben zu müssen, weil das glückliche Ende naht – ist das ultimative Ziel. Unser Organismus sucht immer das gute Ergebnis, manchmal direkt über die Suche nach dem Glück und manchmal indirekt über das Vermeiden des Schlechten. Die Medien leben ganz gut von diesem Phänomen. «Only bad news are good news», heißt es dort. Die schlechte Nachricht verursacht – wenn Sie nicht uns selbst betrifft – den gleichen Nervenkitzel, den auch Schaulustige verspüren: Wir waren nahe dran, aber es ist uns nichts passiert. Wir sind noch mal davongekommen.

Alle gegensätzlichen Gefühle wie die Hassliebe, die Schadenfreude oder die Freudentränen haben eben auch eine positive Komponente: die kleine Freude, der großen Angst zu trotzen, oder die Seligkeit, dem Negativen (wieder einmal) entkommen zu sein. Selbst derjenige, der gern Horrorgeschichten erzählt, erzielt einen Nutzen: Er labt sich an dem Grausen, das seinem Gegenüber ins Gesicht geschrieben steht. Gott sei Dank wird allerdings den Jammerern und Nörglern immer weniger zugehört. Wer will sich schon gern von deren schlechter Energie anstecken lassen? Oder deren Gram-Päckchen auf den eigenen Buckel nehmen?

Hilfsorganisationen werben immer öfter mit den glücklichen Gesichtern von Menschen, denen geholfen wurde. Denn Gutes tun macht uns glücklich. «Helper's high» wird dieser Zustand genannt. So haben US-Wissenschaftler festgestellt, dass freiwilliges Spenden für einen guten Zweck die gleichen Hirnareale mobilisiert, die auch dann aktiv sind, wenn wir einen Zuwachs beim eigenen Vermögen erwarten.

Nicht umsonst werden viele Menschen, mit denen das Leben es gut gemeint hat, selbst zu Wohltätern. Sie kümmern sich persönlich um Notleidende oder gründen Stiftungen dafür. So spüren sie am eigenen Leib, dass rein altruistisches Verhalten mit Abstand die besten Gefühle verursacht. Und dorthin verlagern sie dann, wie etwa das Ehepaar Gates, ihre Aktivitäten. Unternehmen sollten sich also «Social responsability» nicht nur deshalb auf die Fahnen schreiben, weil es gerade in Mode ist, sondern vor allem deshalb, weil es den Mitarbeitern gut tut. Eines darf «Social responsability» aber niemals sein: eine reine Alibi-Veranstaltung.

Angst vermeiden

Haben wir Angst, so war die Amygdala, die wir ja bereits kennengelernt haben, in Aktion. Die Amygdala untersucht alle Ereignisse, die auf uns einwirken, höchst wachsam auf emotional wichtige Faktoren. Sie ist unser Frühwarnsystem, unser neuronales Radar unter anderem für bedrohliche Situationen und potenzielle Gefahren.

Sie registriert jede Bewegung und hört das schier unhörbare Rascheln im Gebüsch. Sie interpretiert die Bedeutung nonverbaler Mitteilungen und jede Veränderung in der Stimme. Sie lässt uns automatisch der Blickrichtung anderer Menschen folgen. Sie sucht nach freundlichen Gesten und finsteren Gestalten. Sie sondiert unaufhörlich die Mimik des Gegenübers und decodiert vermeintliche Absichten. Denn jede Stimmungsschwankung macht sich mehr oder weniger hauchzart im Muskelspiel unseres Gesichts bemerkbar. Dieses liest die Amygdala und versorgt uns ohne Unterlass mit einem Fluss von Informationen: «... das hat ihn interessiert, ... das hat ihn gelangweilt, ... das machte ihn nachdenklich, ... da begann er zu zögern, ... jetzt sieht es so aus, als ob er gleich ja sagen wird ...»

Wer sich mit der Amygdala seines Gesprächspartners anfreunden möchte, dem sei vor allem eines empfohlen: positive Authentizität. Ein Lügner beispielsweise reagiert mit seinem emotionalen Ausdruck um etwa zwei Zehntel Sekunden langsamer – er muss diesen ja zunächst noch «denken». Diese Verzögerung verrät die Absicht.

Aus dem gleichen Grund funktioniert auch die von manchen Trainern so heiß gepriesene bewusst herbeigeführte Imitation (Einnehmen der gleichen Sitzhaltung und so weiter) nicht wirklich. Eine gut trainierte Amygdala schöpft rechtzeitig Verdacht. Sie entlarvt Falschheit und Manipulation. Sie spürt kommende Bedrohungen und sorgt blitzschnell für die passende Reaktion: panikartige Flucht, dosierter Angriff oder atemloses Erstarren. All dies wird unterhalb der Wahrnehmungsschwelle unseres Bewusstseins mit Hilfe der Stresshormone Kortisol und Noradrenalin erledigt. Wir spüren nur das Ergebnis: Angst oder Furcht, Zorn oder Wut, Zögern und Zagen – je nachdem.

Angst kommt in vielen Schattierungen daher. Sie kann eine freundliche Warnerin sein, die uns schützt. Sie kann uns kurzzeitig aus der Reserve locken und zu Höchstleistungen führen. Doch sie paralysiert auch und zerstört. Dauerangst versetzt den Körper in permanente Alarmbereitschaft, sie mindert zudem seine Leistungskraft und ruiniert unsere Gesundheit. Andauernde Missstimmung sabotiert die Fähigkeit des Gehirns, sein Bestes zu geben. Autoritätsangst und «Heuschreckenalarm» lässt Mitarbeiter erstarren. Übellaunige, einschüchternde, herumkommandierende, machtbesessene pathologische Manager stellen eine permanente Bedrohung dar.

In solchen Situationen fährt die Amygdala den Denkapparat herunter und stellt auf ein primitives Notfallprogramm um. In den alten Zeiten der Industriegesellschaft führte dies bisweilen zum Erfolg, da dort die Arbeiter nicht denken, sondern nur spuren mussten. Untergebene allerdings, die wie einst Charlie Chaplin in seinem Film «Moderne Zeiten» immer an den gleichen Schrauben drehen, können Unternehmen heute kaum mehr gebrauchen. Simple Produktionsleistungen sind für immer an die Schwellenländer verloren. Hände sind in fast allen Ländern billiger zu bekommen.

Unsere Stärke ist das geistige Know-how. In wissensbasierten Dienstleistungsgesellschaften ist ein engagierter, situativer, kreativer, hochwertiger und ergebnisorientierter Output gefragt. Zwischen den Synapsen muss es also verstopfungsfrei fließen. Will heißen: Kopfarbeiter brauchen freundliche und inspirierende Chefs. Nur dann können und wollen sie ihr intellektuelles Potenzial dem Unternehmen zur Verfügung stellen.

Freundlichkeit als Führungstugend bewirkt weit mehr als Drohungen und Aggression. «Je größer die Angst, desto stärker ist die kognitive Leistungsfähigkeit des Gehirns in Mitleidenschaft gezogen. In diesem Zustand mentalen Elends nehmen ziellose Gedanken unsere Aufmerksamkeit in Beschlag», schreibt Daniel Goleman in seinem neuen Buch «Soziale Intelligenz».

Nichts ist furchtbarer, als seine eigene Fantasie damit zu beschäftigen, sich das Furchtbare auszumalen. So führt Angst am Arbeitsplatz zu Minderleistungen, zu destruktivem Handeln und schließlich in die Resignation. Dies drückt sich meist in der

Weise aus, dass die Mitarbeiter kaum bereit sind, offen ihre Meinung zu sagen, neue Ideen einzubringen, kooperativ zusammenzuarbeiten, neue Herausforderungen anzunehmen oder die Qualität ihrer Arbeit zu verbessern. Sie begeben sich zunächst in den Zustand des angepassten Ja-Sagens, dann in die freizeitorientierte Schonhaltung, dann in die innere Kündigung und schließlich in die Sabotage.

Wer Angst hat, reduziert seine Lernfähigkeit und macht Fehler. Eine übernervöse Amygdala beizeiten zu besänftigen, kann demnach sehr zielführend sein. Es scheint, dass schon das Benennen von Störungen (*Labeling* = etwas einen Namen geben) und das Reden über Probleme sie wieder beruhigt. Denn dies zeigt ihr, dass wir drohende Gefahren wahrgenommen haben. In einer Mitarbeiter-Chef-Beziehung bedeutet dies, wieder öfter miteinander von Angesicht zu Angesicht zu reden, vor allem dann, wenn es etwas zu klären gibt. Erst wenn wieder alles im Reinen ist, können wir zur Hochform zurückfinden. Die Amygdala lässt sich übrigens trainieren, so dass ihre Schreckhaftigkeit nachlässt.

Es wäre allerdings unklug, sich den schlechten Momenten ganz zu entziehen, denn schließlich müssen wir für den Ernstfall üben. Ein Verhältnis von sieben zu eins zwischen gut und ungut wäre wohl wünschenswert. In vielen Unternehmen ist es aber genau umgekehrt. Da kommt auf sieben Tadel – wenn überhaupt – ein einziges Lob. Verhaltensänderungen, wir sahen das schon, lassen sich auf zwei Weisen herbeiführen: Wird ein Verhalten belohnt, wiederholen wir es. Wird ein Verhalten bestraft, vermeiden wir es.

Harte Vorgesetzte setzen leider fast ausschließlich die zweite Form der Verstärkung ein: Sie suchen mit der Akribie eines Kammerjägers nach Fehlverhalten und ahnden es hart, um es auszumerzen. So wird der Mitarbeiter sein Verhalten gezwungenermaßen verändern, aber nur gerade so weit, um sich Leiden zu ersparen. Unternehmen erlangen auf diese Weise höchstens Mittelmäßigkeit. Und Mittelmäßigkeit ist vom Aussterben bedroht.

Mit mehr Anerkennung hingegen würden sich alle Beteiligten leichter tun. Die Leistungssteigerung geschieht aus Lust an der Verbesserung und spornt zum Höhenflug an. Zwar ist auch Wut ein Leistungssteigerer, aber Freude ist ein noch viel größerer. Wer also will, dass andere wirklich besser werden, muss loben können. Die hieraus entstehenden unternehmerischen Wettbewerbsvorteile werden immer noch weit unterschätzt.

Siegertypen bevorzugt

Vielleicht kennen Sie die Geschichte von dem alten Indianer, der den Kindern erzählt, in jedem von uns wohne ein böser und ein guter Wolf und beide streiten ständig miteinander.

«Und welcher Wolf wird gewinnen?», fragen die Kinder.

Die Antwort des Indianers: «Der, dem du Nahrung gibst!»

Welchen Wolf nähren Sie?

Erfolg entsteht zuerst im eigenen Kopf. Prüfen Sie also genau, mit welchen positiven und negativen Gefühlen Sie sich umgeben. Testen Sie auch einmal per Strichliste Ihre vornehmliche Wahrnehmungsrichtung. Und betreiben Sie Gedankenhygiene. Selbstmitleid, Schuldgefühle, Neid, Eifersucht, Trübsal und Grübeln sind gedachter Müll. Alles, was wir sagen, denken und tun, hinterlässt Spuren im Hirn. Denn Gedanken sind magnetisch! Negatives zieht Negatives an – und im Positiven funktioniert das genauso. Aber nicht nur das. Es wird sich auch materialisieren. Und es überträgt sich auf andere, wie wir gleich sehen werden.

Unser Gehirn konstruiert Zukunft. Jedes Wort und jeder Gedanke haben Einfluss auf das Energiesystem. Achten Sie also auf eine gesunde mentale Ernährung. Füttern Sie mit dem richtigen Input, damit der richtige Output kommt. «Ob du denkst, du kannst es oder du kannst es nicht: Du wirst in jedem Fall Recht behalten», hat schon Henry Ford gesagt. Bleiben Sie nicht bei

Menschen, die ständig schlecht drauf sind, meiden Sie Negativlinge! Umgeben Sie sich mit erfolgreichen, heiteren und positiven Menschen, die große Ziele haben, die überall Chancen sehen und so das Leben meistern.

Eine gute Stimmung kann man trainieren wie einen gut gebauten Muskel. Genauso wie wir täglich etwas für unsere Zahnpflege tun, die Balkonblumen gießen oder mit dem Hund Gassi gehen, so können wir uns auch um unsere Stimmung kümmern. Glückshormone machen uns schön und halten gesund, Stresshormone machen uns hässlich und krank. Ansehen hat nicht zuletzt auch etwas mit dem Aussehen, also der Optik zu tun, die wir ansehen.

Die Natur bevorzugt die prächtigeren Exemplare – auch bei der Spezies Mensch. Es ist erwiesen, dass attraktiven Menschen positivere Eigenschaften und größere Fähigkeiten zugesprochen werden, so dass sie eher Karriere machen und mehr verdienen. Logisch, denn sie erfreuen unser Gehirn. Wer glücklich ist, tut damit nicht nur sich selbst etwas Gutes, er kann auch Vorteile daraus ziehen, dass er auf andere anziehend, erfolgreich und sexy wirkt.

Und die Evolution? Sie bevorzugt Siegertypen. Mitarbeiter und Kunden übrigens auch. Der nach außen sichtbare und somit wahrgenommene Erfolg ist das wesentliche Entscheidungskriterium für ein gutes Image. Menschen kaufen nicht bei Verlierern, Langweilern und Unsympathen. Sieger kaufen am liebsten bei Siegern. Und Sieger arbeiten am liebsten mit Siegern zusammen. Hänge dich an die, die erfolgreich sind, denn damit steigen auch deine Überlebens-Chancen, so heißt das Prinzip der Natur. Viele große Dinge sind passiert, weil es jemanden gab, der darauf brannte, Sieger zu sein. So wurde das Wettrennen um den ersten Schritt auf dem Mond nicht durch Fakten, sondern durch eine hochemotionale Frage entschieden, die der clevere Wernher von Braun an John F. Kennedy stellte: «Wollen Sie, dass die Russen die Ersten sind?»

Gefühle sind ansteckend

Wenige Tage alte Baby beginnen zu weinen, wenn sie andere Babys weinen hören. Von hellem Kinderlachen fühlen wir uns wie magisch angezogen – und lachen gerne mit. Wir verziehen unser Gesicht, wenn wir sehen, wie sich ein anderer (beinahe) verletzt. Dieses Mitfühlen ist uns angeboren. Menschen übernehmen automatisch Gefühle voneinander, die Emotionen gleichen sich an. Und, welch gute Nachricht, die positiven Gefühle breiten sich dabei leichter aus! «Gute Laune ist ansteckend», sagt wissend der Volksmund. Immer dann, wenn wir Kontakt mit anderen Menschen haben, schalten sich unsere Hirne zusammen. Der gesunde Menschenverstand weiß dies schon lange und spricht von gleicher Wellenlänge.

Erst seit ein paar Jahren wissen wir, was dabei im Hirn passiert: Spiegelneurone werden aktiv. Im Jahr 1992 entdeckte ein Forschungsteam der Universität Parma unter Giacomo Rizzolatti bei Versuchen mit Affen eher zufällig dieses Phänomen. Später wurden Spiegelneurone in immer größerer Zahl auch bei Menschen entdeckt, sogar in unseren Schmerzzentren. Und so spüren wir den Schmerz der anderen in uns selbst. Wir leiden mit – und wollen helfen.

Spiegelneurone, so der Psychoneuroimmunologe Joachim Bauer, sind «Nervenzellen, die im eigenen Körper ein bestimmtes Programm realisieren können, die aber auch dann aktiv werden, wenn man beobachtet oder auf andere Weise miterlebt, wie ein anderes Individuum dieses Programm in die Tat umsetzt». Das heißt, wir erleben, was andere fühlen, in einer inneren Simulation. Wir sind so «verdrahtet», dass wir mit denen mitschwingen, die um uns herum sind. Dies führt oft zu emotionaler Ansteckung, zu spontaner Imitation, zum Gleichschritt und zur Kopie von Duktus und Habitus.

Solch eine Reaktion hat einen enormen Überlebenswert. Wenn andere Angst zeigen, kann es gute Gründe geben, selbst ebenfalls auf der Hut zu sein. So entwickeln wir, wenn wir ein ängstliches Gesicht sehen, in uns die gleiche Erregung, wenn auch weniger intensiv. Auf diese Weise entsteht übrigens Massenpanik. In der Serengeti setzen sich manchmal Tausende von Gnus in Bewegung, wenn ein einziges Tier zu galoppieren beginnt. Die Gehirne schalten auf Frequenz und beginnen, im gleichen Takt zu ticken. Auch bei Verliebten und langjährigen Freunden ist dies gut zu beobachten.

Spiegelphänomene machen alle erdenklichen Situationen vorhersehbar. Sie befördern uns innerlich in einen dem Beobachteten sehr ähnlichen Zustand, und wir ahnen, was passiert. Das Ergebnis nennen wir empathische Intuition. Sie kann uns Auskunft darüber geben, wie sich eine andere Person wahrscheinlich gerade fühlt und was sie als Nächstes tun wird. Sie schützt uns nicht vor Irrtümern, kommt aber der Realität oft sehr nahe. Spiegelzellen zu haben, die tatsächlich spiegeln, ist sowohl im Mitarbeiter- als auch im Kundenkontakt sehr hilfreich. Fehlendes Einfühlungsvermögen ist eine bedeutende Ursache für inkompetentes Führungsverhalten und schlechte Verkaufsergebnisse.

Von unseren Mitmenschen verstanden zu werden ist letztlich nichts anderes als das Ergebnis gut trainierter Spiegelneurone. Die Gefühle anderer nachempfinden und angemessen darauf reagieren zu können scheint eine Schlüsseleigenschaft beim Aufbau von Sympathie und Vertrauen zu sein. Wir empfinden ein Gespräch als gelungen, wenn unsere Gedanken in Einklang sind und im Gleichschritt tanzen. Selbst ein kontroverser Dialog wird als befriedigend erlebt, wenn er achtsam und respektvoll geführt wurde. Wer allerdings immer nur mit sich selbst und dem beschäftigt ist, was er sagen will, kann nicht auf andere eingehen und hinterlässt ein ungutes Gefühl. Für geglückte Spiegelungen hingegen werden wir von unserem eigenen Körper – und schließlich auch von unseren Mitmenschen – belohnt.

Nachdem also jede Art von Gefühlen ansteckend ist, sollten wir uns gut überlegen, von wem wir uns anstecken lassen (wollen). Dies betrifft den privaten Bereich genauso wie das Arbeitsumfeld. Spiegelneurone erklären wohl auch das Entstehen von Gruppenzwängen innerhalb einer Unternehmenskultur, in der bald alle fast wie geklont auf eine mehr oder weniger ähnliche Art und Weise agieren. Vorleben und Nachmachen spielen dabei, wie bei jedem Lernen, eine wichtige Rolle. Und die Vorbildfunktion der Oberen erscheint nun in einem ganz neuen Licht. Deren Tun färbt maßgeblich auf alle im Unternehmen ab. «Es dauert keine 14 Tage», hat der gute alte Sam Walton, Gründer von Wal-Mart, einmal gesagt, «dann behandeln die Mitarbeiter ihre Kunden genau so, wie sie selbst von ihrem Chef behandelt wurden.»

Der kleine Unterschied

Geschlechterspezifische Unterschiede ziehen sich durchs ganze Leben. Im Wesentlichen sind hormonelle Treiber, Neurotransmitter und Botenstoffe dafür verantwortlich. Sie beeinflussen das Denken, Fühlen und Handeln auf differenzierte Weise. Entsprechende neuro-chemische Gemenge-Situationen sorgen beim Mann für eine stärkere Leistungsmotivierung, bei der Frau hingegen stehen Sozialmotive eher im Vordergrund.

Während sich Männer im Allgemeinen verstärkt mit Instrumenten, Strukturen und Prozessen, also mit Macht und Kontrolle befassen, wollen Frauen vornehmlich wissen: Wie geht es den Menschen dabei? Auf Langstreckenflügen ist dies sehr gut zu beobachten. Bei freier Wahl im Bordkino schauen Frauen in aller Regel Beziehungsfilme, Männer schauen Martialisches.

Studien zeigen, dass Männer ihre Gefühle im Allgemeinen weniger wahrnehmen, als Frauen dies tun. «Mann» beschäftigt sich daher auch weniger mit ihnen. Männliche und weibliche Kommunikation sowie deren jeweilige Konfliktbewältigungs- und Problemlösungsinitiativen sind ebenfalls reichlich verschieden. Konkurrenzdenken, Wettbewerbsverhalten, Statusstreben, Durchsetzungskraft, Entscheidungsfreude, Risikobereitschaft und auch das Aggressionspotenzial sind bei Männern stärker ausgeprägt. Mitverantwortlich hierfür ist die Dosierung des kraftvollen «Porsche»-Hormons Testosteron.

Frauen sind in aller Regel schlechtere Selbstdarstellerinnen, und das kommt so: In bedrohlichen Situationen wird bei ihnen Cortisol ausgeschüttet, was ängstlich macht und daran hindert, dominant aufzutreten. Ferner sind bei Frauen die für Zweifel zuständigen Zentren im Hirn länger aktiv. So machen sie sich eher Sorgen, sehen Gefahren an jeder Ecke lauern – und ihre eigene Leistung überaus kritisch. Verstimmungen halten bei Frauen viel länger an als bei Männern. Sie suchen die Schuld bei sich, Männer suchen sie bei anderen.

Feindseligkeiten werden bei Männern offen, bei Frauen verdeckt ausgetragen. Frauen reden deutlich mehr – und vielfach durch die Blume. Männer reden vom «Ich», Frauen vom «Wir». Autismus ist bei Männern viermal stärker ausgeprägt als bei Frauen. Männer sind tendenziell eher der Sache, Frauen eher den Menschen zugewandt. Dies ist übrigens schon bei kleinen Babys zu beobachten. Zeigt man Säuglingen am zweiten Lebenstag ein Mobile und ein Gesicht, so fixieren Jungen das Mobile und Mädchen das Gesicht.

Was bedeuten nun diese Erkenntnisse für unser Thema? Um Resonanz auszulösen, müssen Frauen «weiblich» und Männer «männlich» angesprochen werden. Nun ist es aber so: Die Spielregeln jeder menschlichen Gemeinschaft werden von der Mehrheit bestimmt. In Mitteleuropa sind über 90 Prozent der Top-Führungspersönlichkeiten männlich. Das innerbetrieblich geregelte Zusammenspiel ist daher von männlicher Art: Mit ihm werden Mitarbeiter und Mitarbeiterinnen gleichermaßen geführt.

Und auf «männliche» Weise werden strategische Entscheidungen getroffen. Auch im Marketing. Werbung wird weitgehend von Männern gemacht. Und die meisten Produkte werden von Männern entwickelt. Hingegen werden immer mehr Absatzmärkte «weiblich». 80 Prozent aller Konsumentscheidungen werden inzwischen von Frauen getroffen. Unternehmen sollten sich also viel mehr dafür interessieren, was Frauen zu sagen haben.

Zur Illustration ein kleines Beispiel: In Einkaufscentern ist sicher mit 70 Prozent Frauen zu rechnen. Vielleicht sogar mehr. Können das die Architekten wissen? Ja. Und sollten sie das in ihren Plänen berücksichtigen? Ebenfalls ja. Der Praxistest beweist: Sie tun es nicht. So ist doch hinlänglich bekannt, dass Frauen zwecks «Biopause» oft Schlange stehen müssen. Naheliegend also, an öffentlichen Orten mit viel Frauenpräsenz mehr Damentoiletten zu bauen. Das passiert aber nicht. In dem Einkaufszentrum, in dem ich kürzlich die «Händewaschgelegenheit» aufsuchte, kamen zunächst die Herrentoiletten, dann die Behindertentoilette und schließlich am Ende des Gangs die Damentoiletten. So wird vermittelt: Herren sind 1. Klasse, und die Frauen kommen noch nach den Behinderten.

Das Trügerische dabei: Dergleichen wird in aller Regel absichtslos getan. Und wir machen uns die Konsequenzen nicht bewusst. Um solchen Gefahren zu entgehen, müssen Männer viel mehr darüber lernen, wie Frauen ticken – und umgekehrt. Wenn beide Geschlechter ihre spezifischen Stärken stärken und an ihren Schwächen arbeiten und wenn sie in der Folge ihr jeweils Bestes in das unternehmerische Tun einbringen können, ohne sich verbiegen zu müssen, dann lassen sich Spitzenergebnisse schaffen.

(Mehr) Frauen in Top-Positionen können den Unternehmen helfen, die Herausforderungen der Zukunft zu meistern. Das evolutionäre Trainingsprogramm hat ihre Intuition besser entwickelt, das Leben in der Gemeinschaft hat ihre soziale Kompetenz, ihre Kooperationsfähigkeit und ihre Kommunikationstalente geschult, dem beschleunigten Wandel begegnen sie mit höherer Flexibilität, der Zugang zu ihren Gefühlen ist nie verloren gegangen. Es sind die Frauen, die die Wirtschaft des 21. Jahrhunderts revolutionieren werden. Und die Zukunft hat schon begonnen.

Übrigens: Die ExBa-Studie 2006 (Excellence Barometer der deutschen Wirtschaft) des Mainzer Marktforschungsinstituts Forum brachte zutage, dass erfolgreiche Unternehmen mehr Frauen in Führungspositionen beschäftigen. So hatten 42 Prozent der befragten erfolgreichen Unternehmen, aber nur 34 Prozent der weniger erfolgreichen Unternehmen einen Anteil weiblicher Führungskräfte von mindestens 20 Prozent. Im Kampf um die besten Köpfe und damit die besten Ergebnisse werden Frauen also zunehmend strategisch relevant.

Oben und unten

Gemeinschaften brauchen Ordnungssysteme, Machtstrukturen und Hierarchien. Die Klärung der Rangordnung ist daher notwendig und genießt eine hohe Priorität. Treffen sich zwei Menschen, dann werden sie sich völlig unbewusst zunächst über ihren Status verständigen: Ist der andere mächtiger, attraktiver, einflussreicher, intelligenter und wohlhabender oder kleiner, dümmer und ärmer als ich? Ist er in der Lage, mir die Frau/den Mann wegzunehmen? Wie hoch ist sein gesellschaftliches Ansehen? Bedroht er meinen Arbeitsplatz?

Solches Abgleichen passiert bei Männern nicht selten über Wortgeplänkel und Wissensbrocken, die sie sich zu Beginn einer Begegnung zuwerfen. Frauen tun dies eher wortlos mit jenem abschätzenden Körperscan-Blick, der fragt: Wo hat sie denn ihre Problemzonen?

In den meisten Fällen geschieht der Abgleich jedoch auf eine sehr subtile Weise und ist nur für Kenner der Materie wahrnehmbar: die Form des Begrüßungsrituals, die Intensität des

Blickkontakts, das Ausladende in der Gestik, der Anteil an Redezeit, die Angleichung der Stimmlage. So passt sich der Unterlegene der Stimmlage des Überlegenen an, Letzterer gibt nun im wahrsten Sinne des Wortes den Ton an. Hohe Stimmlagen lassen eher auf Unterordnung schließen. Rangniedrige werden mit Blicken gebändigt – oder keines Blickes gewürdigt.

So leihen Topmanager ihren Mitarbeitern nurmehr ihr Ohr, sie überhören eine Frage oder schenken ihnen höchstens Bruchteile ihrer wertvollen Zeit. Sie benötigen Zeichen der Macht und ebenso Zeichen der Unterwerfung, um sich ihres Status ganz sicher zu sein: eine leisere Stimme, ein ausweichender Blick, ein seitlich geneigter Kopf, das sich Kleinmachen, ein unterwürfiges Lächeln, eine Entschuldigung. Solche Gesten erzeugen Beißhemmung.

Manche Mitarbeiter sind ganz groß darin, ihren Oberen auf diese Weise eine Bühne für deren Herrlichkeit zu bereiten. Studien haben übrigens gezeigt, dass beim Sieger eines Kampfes dessen Testosteronspiegel hoch bleibt, während er beim Unterlegenen sofort sinkt. Damit Gruppen handlungsfähig bleiben, gibt es diesen Unterwürfigkeits-Automatismus – auch heute noch. Erst wenn die Statusfrage geklärt ist, kehrt Ruhe ein.

Die Frage ist nun, welches Ausmaß an Machtgefälle für moderne Unternehmen und die Zusammenarbeit gesund ist. In einem Umfeld, in dem es um Wissen und geistige Territorien geht, in dem Intellekt mehr zählt als Muskelkraft, in dem Kriege um die (religiöse) Vorherrschaft im Kopf geführt werden, erzeugt natürliche Autorität mehr Loyalität als lautes Gebrüll und Imponiergehabe. Wo eine reibungslose Teamleistung den größten Erfolg verspricht, können Egomanen, die das Klima vergiften, nicht geduldet werden. Wer nach beruflicher Erfüllung strebt, wird lieber kündigen, als sich von einem Haudegen schlecht behandeln zu lassen. Die zunehmend wertvollen Powerfrauen im Business fragen sich übrigens noch viel eher als Männer, ob es das wert ist, ihr Potenzial zwischen Rumgegockel und albernen Machtspielchen aufzureiben. Solche Welten sind für sie zu klein.

Führungskräfte tun also gut daran, Hierarchiegehabe auf ein Minimum zu reduzieren, den sozialen Abstand zwischen sich und ihren Mitarbeitern zu verringern, um somit ein Ungleichgewicht so weit wie möglich zu nivellieren. Dies schaffen allerdings nur gefestigte Persönlichkeiten mit natürlicher Autorität und Charisma. Alle anderen kaschieren gerne ihre Verwundbarkeit mit formellen Statussymbolen, den Krücken der Macht. Sie tragen Titel ohne Mittel, Orden wie ein General und Westen unterm Anzug – wie einen Panzer. Sie definieren sich über Quadratmeter Bürofläche, Länge der Fensterfront und Anzahl der Blumentöpfe. Sie verbarrikadieren sich hinter Vorzimmern und lassen sich von «ihrer» Sekretärin bewachen. Sie bauen Aktentürme wie Trutzburgen auf. Sie benutzen Laserpointer und andere «Waffen» beim Vortrag und verschanzen sich hinter dem schützenden Rednerpult.

Solche vermeintlichen Zeichen der Stärke sind in Wahrheit ja Zeichen der Schwäche. Dahinter steckt die pure Angst, wieder abzustürzen. Und die Mitarbeiter spüren, wie es da jemand nötig hat. Rein vordergründig spielen sie mit, doch hinterrücks machen sie sich lustig. Für so jemanden reißt sich niemand ein Bein aus. Mitarbeiternahe, souveräne und integere Führungspersönlichkeiten hingegen werden von ihren Mitarbeitern verehrt – selbst wenn sie kleine Schwächen haben. Für sie geht man durchs Feuer.

«Die von ganz oben, die sehen wir hier nie», sagte mir ein Mitarbeiter, als ich mich auf einem internationalen Flughafen mal über schlechte Abläufe beklagte. Versteht sich die Führungselite als «wir da oben» gegen «die da unten», dann ist der Bruch vorprogrammiert. Interne Feindbilder werden aufgebaut und Grabenkriege eröffnet. Sand kommt ins Getriebe. Der Fokus geht nach innen. Und die Interessen des Kunden bleiben auf der

Strecke. Eine solche Kluft lässt sich nur auf eine einzige Weise schließen: durch freundschaftliche Nähe. In großen Organisationen brauchen Menschen diese noch viel stärker als in kleinen. Die Wirklichkeit sieht jedoch in aller Regel anders aus. Je größer die Organisation, desto entmenschlichter die Abläufe und desto weniger persönliche Gespräche werden geführt.

In jeder Führungsriege finden zwangsläufig Machtkämpfe statt. Das Thema hat bunte Facetten und kennt traurige Geschichten. So bekommt das beliebte Männer-Spiel «mein Auto, mein Haus, mein Boot» in den Zentren der Macht eine ganz neue Dimensionen und heißt: mein Lear-Jet, meine dritte Fusion, mein veröffentlichtes Jahresgehalt. Dabei wird Kapital in Milliardenhöhe vernichtet und dies ungeniert vor den Augen der verdutzen Allgemeinheit auch noch mit Millionenabfindungen belohnt.

Chefetagen sind oft nichts anderes als Abenteuer-Spielplätze, auf denen hoch bezahlte Jungs mit den Bauklötzchen der Macht spielen dürfen. Abgesehen von hinderlichen Intrigen und peinlichem Testosteron-Schaulaufen führt dies ja auch dazu, dass einer bereit ist, zu verlieren, nur damit der andere nicht gewinnt. Außer Kontrolle geratendes Machtkalkül lähmt, vermasselt Renditen, kostet Arbeitsplätze und treibt ganze Unternehmen in den Ruin. Während nämlich Streithähne mit sich selbst und ihrem Machterhalt beschäftigt sind («Mit dem rede ich bis zur Rente nicht mehr!» – «Den lasse ich am ausgestreckten Arm verhungern!»), erfindet die Konkurrenz neue Produkte, verbessert ihren Service, kreiert neue Schulungs- und Vertriebskonzepte – und macht so das Rennen.

Macht macht sexy, das ist bekannt. Macht macht aber auch süchtig. Privilegien werden schnell zur Selbstverständlichkeit und ständig müssen neue her. Oder der Mächtige glaubt, seine Position erhebe ihn über alle Regeln (« … weil ich der Chef bin!»). Sein Verhalten wird zusehends unkontrolliert und unberechenbar. Er droht, schüchtert ein, macht andere zum Gespött und beginnt, sich zu «bedienen». Wer nicht für ihn ist, ist gegen ihn. Der zunehmend sorglose Umgang mit Machtbefugnissen führt zur Selbstüberschätzung, zu gewissenlosem Machtmissbrauch, zu Größenwahn und womöglich in die Kriminalität. Die selbstkritische Einsicht versiegt, und niemand ist mehr da, der dem Einhalt gebieten könnte.

Diese Gefahr wird durch Autoritätsangst noch vergrößert. Viele Menschen neigen ja auch heute noch dazu, dem Träger einer höheren Position mit Ehrfurcht zu begegnen. So werden dem abgehobenen Chef nur noch solche Wahrheiten präsentiert, die dieser hören will. Schließlich kommt es zum Wilhelm-Tell-Syndrom. Es wird nurmehr «der Hut», also die Position gegrüßt und nicht mehr die Person.

«Macht an sich ist weder gut noch böse. Ob sie sich positiv oder negativ auswirkt, hängt davon ab, wie man mit ihr umgeht», schreibt Christine Bauer-Jelinek in ihrem Buch «Die geheimen Spielregeln der Macht». Es gibt also eine helle und eine dunkle Seite der Macht. Zwischen konstruktivem Umgang mit Machtbefugnissen und Machtmissbrauch liegen manchmal nur ein paar Zentimeter. Der Grad ist schmal und die Verlockungen sind riesig. «Dem ist sein neuer Job zu Kopf gestiegen», heißt es dann. «Macht verdirbt den Charakter», sagt der Volksmund. Wir seien Marionetten unseres Hormonhaushalts, so deuten es die Hirnforscher, und nennen es Machtrausch. Höllisch auf der Hut muss man sein, denn Macht verändert die Persönlichkeit.

Je weiter oben, desto tiefer der Fall. Es ist also stressig, an der Macht zu sein – wenn man an der Macht bleiben will. Denn Macht macht einsam – und geradezu paranoid. Stresshormone verursachen den berühmten Tunnelblick: Man verliert die Um- und Übersicht und kann nicht mehr zwischen Freund und Feind unterscheiden. Da heißt es, ständig auf der Hut zu sein, denn überall könnte jemand lauern, der einen vermeintlich vom Podest stoßen will. Da tut es not, sein Territorium hermetisch abzuriegeln und gegen Abteilungsfeinde zu schützen. Da gilt es, sein Wissen wie einen Schatz zu hüten, statt zu teilen. Da heißt es auch, sich unverwundbar zu zeigen und Schwachstellen zu maskieren, selbst wenn einem zum Kotzen ist.

Die Folge: Typische Managerkrankheiten stellen sich ein. Das ist der Preis für die Privilegien in Führungspositionen. «Schwer ruht das Haupt, das eine Krone drückt», schrieb schon Shakespeare dazu. Macht fordert einen hohen Tribut, Glück ist ohne diese Zuzahlung zu haben.

Freund oder Feind?

Die Amygdala überprüft automatisch alle Menschen, denen wir begegnen, auf ihre Vertrauenswürdigkeit. Treffen also zwei Menschen aufeinander, entscheidet sie ohne unser Zutun und in Bruchteilen von Sekunden: Freund oder Feind. Ohne dass wir recht wissen warum, finden wir jemanden sympathisch oder unsympathisch. In rasender Geschwindigkeit wird unser Vertrautheitsgedächtnis abgegrast, mit gespeicherten, emotional konditionierten, positiven oder negativen Vorerfahrungen abgeglichen und uns als Ergebnis präsentiert. Und das ist auch gut so. Denn in akuten Gefahrenmomenten springt ja unser Denkhirn viel zu langsam an, um den Körper in Alarmbereitschaft zu versetzen.

Mal angenommen, unser limbisches System votiert für Feind, dann kennt unser Körper – wie auch der eines Tieres – nur noch drei mögliche Reaktionen: draufhauen, abhauen, tot stellen. In Situationen, die mit Angst, Wut, Stress und Bedrohung verbunden sind, erfordert es unseren ganzen Willen, sich dem Reflex von Angriff oder Flucht zu entziehen. Denn unser Körper ist vollgepumpt mit Stresshormonen und bereit, die Keule zu schwingen.

Da wir nun nicht mehr im Urwald leben, packen wir zivilisierten Kopfarbeiter des 21. Jahrhunderts diese gern in verbaler

Form aus, und zwar je nach Situation und Adrenalin-Dosis auf mehr oder weniger subtile Art und Weise. Die zugefügten Verletzungen sind emotionaler Natur – und manchmal tiefer als eine körperliche Wunde. Und sie heilen oft schlechter.

Sympathie und Antipathie spielen im unternehmerischen Miteinander eine überragende Rolle, auch wenn dies nicht selten abgestritten wird. Wir mögen die Menschen, die uns mögen. Wie Studien bewiesen, arbeiten wir nicht nur lieber, sondern auch besser mit weniger kompetenten Sympathen als mit hochkompetenten Unsympathen zusammen. Der Unsympath bringt, weil vom Team gemieden, seine Kompetenz-PS nicht auf die Straße. Nur wenn die Beziehungsebene stimmt, ist auf der Sachebene Großes zu bewirken.

Sozialkompetenz kommt vor Fachkompetenz. Wir «kaufen» immer zunächst den Menschen und dann die Sache. Selbst wenn wir dies durch noch so neutrale Entscheidungskriterien verbergen wollen. Das sich in dem anderen Wiedererkennen spielt dabei eine große Rolle. Von Ähnlichkeit fühlen wir uns angezogen, denn Ähnlichkeit gibt uns Sicherheit. Ähnlichkeit bestätigt uns in unseren eigenen Werten. Ähnlichkeit sorgt für Sympathie und schafft Vertrauen. Das Fremde hingegen stellt möglicherweise eine Bedrohung dar. Wie treffend sprechen wir bei Menschen, die wir nicht kennen, von Wildfremden.

Jede Form erlebter positiver und damit gefahrloser zwischenmenschlicher Resonanz scheint unsere zerebralen Motivationssysteme zu erfreuen. Von allen emotionalen Signalen ist ein Lächeln das Ansteckendste. Fast so zuverlässig wie ein Echo kommt es zurück. Es baut Hemmschwellen ab und lässt Vertrauen entstehen. Es ist ein Friedensangebot und signalisiert: «Ich meine es gut! Ich bin dein Freund!» Ein Lächeln entmachtet Misstrauen und Angst. «Strahlende» Menschen haben es leichter im Leben, denn sie verschenken Lebensfreude und damit Glückshormone. Und wir vergelten es ihnen mit guter Mitarbeit oder mit Kaufen.

Am Ende des Tages ist es die Summe aller wohl durchdachten Details, die eine Führungskraft erfolgreich macht. Entscheidend dabei ist weniger, was sie sagt oder tut, sondern vielmehr, wie die Mitarbeiter und Kollegen dies subjektiv wahrnehmen – respektive wie es auf den Kunden und sein Kaufhirn wirkt. Dieses Kapitel gab Ihnen das nötige Hintergrundwissen zum Thema Menschenverstehen. Schauen wir nun, was es mit den Rahmenbedingungen für eine kundenfokussierte Mitarbeiterführung auf sich hat.

2 Rahmenbedingungen, die Kundenfokussierung ermöglichen

Es ist reine Zeitverschwendung, mittelmäßig zu sein. Immer-wieder-Kunden wollen Spitzenleistungen kaufen. Und nur Spitzenleistungen werden weiterempfohlen. Doch nur Spitzenleister erbringen Spitzenleistungen. Und nur unter optimalen Bedingungen können Spitzenergebnisse entstehen.

Wie Spitzenleistungen entstehen

Viele Menschen im Berufsleben arbeiten gar nicht – sie gehen ihrem Vergnügen nach! Denn wir Menschen, so Felix von Cube, ein anerkannter Verhaltensbiologe, sind nicht auf Schlaraffenland programmiert, sondern auf Leistung. Nur: Es muss sich subjektiv lohnen, sonst fällt unser Hirn sofort in den Energie-Sparmodus.

Der eine oder andere mag jetzt schmunzeln und an die Mitarbeiter denken, die von Leistung nicht allzu viel zu halten scheinen. Da wäre es doch gut, die Stellschrauben zu kennen, unter denen Lust auf Leistung und schließlich gute Ergebnisse entstehen können.

Drei Grundbedürfnisse sind stark verwurzelt in uns Menschen, und sie sind eng miteinander verknüpft:
- dem Leben einen Sinn geben
- positiv wahrgenommen werden
- zu einer Gemeinschaft gehören

Ein resultate-orientiertes Management wird danach streben, diese drei elementaren Aspekte zu fördern und miteinander zu verknüpfen. Dann werden Mitarbeiter ihre ganze Kraft nach außen lenken können, für die Kunden und das Unternehmen mitdenken, professionell, zeiteffizient, zuverlässig und sorgfältig agieren und dabei «so richtig gut drauf» sein. Die Kunden werden dies spüren und sich bedanken: mit Immer-wieder-Käufen, mit hoher Loyalität und mit aktiver Mund-zu-Mund-Propaganda.

Bei Kunden gelten übrigens diese Grundbedürfnisse gleichermaßen: Sage ihnen, welchen Sinn es macht, deine Angebote (Produkte, Marken, Services) zu kaufen, sage ihnen, wie gut es ist, wenn/dass sie diese kaufen, und lasse sie Teil deiner Community sein. Eine Community ist, um diesen Begriff auch einmal zu definieren, eine Gruppe Gleichgesinnter, die ähnliche Interessen verfolgen, ihr Wissen vertrauensvoll teilen, sich gegenseitig beeinflussen und eine gemeinsame Identität aufbauen. Es gibt sie online und offline.

Die Gewichtung der drei oben genannten Aspekte ist von Mensch zu Mensch verschieden. Um einen optimalen Mix für jeden Einzelnen zu erzielen, muss sein jeweiliges «limbisches Profil» berücksichtigt werden. Die «limbischen Typen» heißen: Balance, Dominanz und Stimulanz. Ich habe sie in meinem Buch «Erfolgreich verhandeln – erfolgreich verkaufen» bereits eingängig vorgestellt.

Zur Vertiefung empfehle ich die Bücher von Hans-Georg

Häusel im Literaturverzeichnis. Darin zeigt er das ganze Erfolgs-spektrum einer «limbischen» Ansprache von Mitarbeitern und Kunden und empfiehlt ferner ein «Limbic Management». Ein optimaler Zustand wird wohl dann am ehesten erreicht, wenn Unternehmensprofil, Aufgabenstellung und Rahmenbedingun-gen weitgehend mit dem jeweiligen limbischen Persönlichkeits-profil des Mitarbeiters harmonieren.

Sinn in der Arbeit

Wer Leistung fordert, muss Sinn bieten. Menschen arbeiten, um etwas zu bewirken. Sinn und das damit verbundene gute Gefühl entstehen, wenn befähigte Mitarbeiter möglichst konkrete Auf-gaben erledigen können, bei denen sie sich als wesentlich erleben.

Wir sind beseelt von dem Wunsch, einen Beitrag zu leisten, und verabscheuen den Gedanken, ein bedeutungsloses Leben ge-lebt zu haben. Es gibt Menschen Genugtuung, sich auf eine im Rahmen ihrer Fähigkeiten liegende Weise weiterentwickeln zu können. Hierzu benötigen Mitarbeiter immer wieder neue Aufga-ben – seien es andersartige oder schwierigere –, um sich diesen mit Kreativität, Konzentration und Hingabe eigenverantwortlich widmen zu können. Sie brauchen dabei mehr oder weniger hohe, vor allem aber sinnvolle Ziele (= Anreize) und eine Rückmeldung über die Qualität ihrer Arbeit. So macht man sich mit Neuland vertraut, aus Unbekanntem wird Bekanntes. Dies verschafft die Sicherheit, eine Situation zu beherrschen – und dies gibt wie-derum ein gutes Gefühl. Ein weiteres Plus: Woran man selber be-teiligt war/ist, das unterstützt man mit Engagement und Zielstre-bigkeit. Ohne sinnvolle Herausforderungen hätten wir keine Möglichkeit, uns zu bewähren, auf uns selber stolz zu sein und die so wertvolle wie notwendige Aufmerksamkeit und Anerkennung unserer Mitmenschen zu erlangen. Unsere Motivationssysteme werden erst hochgeschaltet, wenn wir uns um eine Sache verdient gemacht haben. Für das, was uns einfach so in den Schoß fällt, gibt es keine Glückshormone. Die Evolution belohnt uns vor allem dann, wenn wir uns als wertvolles Mitglied einer Gruppe zeigen, wenn wir Sinnvolles und Wertstiftendes tun und dabei unsere Sache möglichst immer noch ein wenig besser machen. Der kurzzeitig damit verbundene Stress hat keine negativen Auswirkungen, ganz im Gegenteil. Er bringt uns in Hochform. Der Lohn dafür ist eine mächtige Droge: die Glückseligkeit, über sich selbst hinausgewachsen zu sein. Sie ereilt nicht nur körperlich agierende Menschen, sondern insbesondere auch Kopfarbeiter: Geistesblitze werden mit Glückshormonen belohnt. Führungskräfte, die von ihren Mitarbeitern Großes wollen, versorgen sie also am besten mit solchen Kicks. Sie stellen ihre Mitarbeiter vor immer neue Herausforderungen. Sie delegieren auf richtige Weise und lassen die Mitarbeiter dann machen – ohne sie freilich alleine zu lassen. Sie fordern viel und bringen ihre Mitarbeiter dazu, sich selbst zu übertreffen. Es ist deutlich leichter, mit herausfordernden Zielen («Wenn es klappt …») zu führen, statt mit der Geißel des Scheiterns («Wenn es nicht klappt, dann …») zu drohen. Sklavenhändler sind schon lange ausgestorben. Visionäre sind gefragt. Die Menschen suchen danach, Fremdbestimmung zu minimieren. Wer sich überrollt oder in eine Statistenrolle gedrängt fühlt, reagiert darauf mit einem lähmenden Ohnmachtsgefühl.

Hingegen blühen Mitarbeiter auf und beginnen, eigenverantwortlich und unternehmerisch zu handeln, wenn man ihnen «Spiel-Raum» gibt. Spielräume sind Territorien zum beruflichen Überleben. Und jeder Mensch braucht – genau wie jedes Tier – ein mehr oder weniger großes Territorium. Die Arbeitswelt der Zukunft muss vor allem eins ermöglichen: durch Selbstbestimmung zu Selbstverwirklichung und zu Sinn zu gelangen.

Anerkennung für Leistung
Wertschätzung ist die beste Währung für Leistung. Aufrichtiges Loben, berufliche und persönliche Wertschätzung, gegenseitiger

Respekt und situative Anerkennung sind maßgebliche Treiber für Mitarbeiter-Spitzenleistungen. All dies verschafft nicht nur ein gutes Gefühl, sondern verhindert auch negative Formen von Aggression wie Mobbing und Verweigerung.

Mitarbeiter wollen als Mensch und als Fachkraft wahrgenommen werden. Und sie verstärken Verhalten, für das sie Anerkennung bekommen. Dies muss allerdings immer wieder aufs Neue erfolgen, sonst erlischt der Effekt. Anerkennung ist somit eine permanente Führungsaufgabe. Sie drückt sich auf vielfältige Weise aus: durch den freundlichen Augenkontakt, ein interessiertes Hinhören, ein wohlwollendes Kopfnicken, ein anteilnehmendes Lächeln, einen achtsamen Dank, eine wissbegierige Frage, ein immer wieder neues Verstehen. Übrigens ist der Wunsch Nummer eins der meisten Mitarbeiter an ihre Führungskraft: öfter mal ein ehrliches, wertschätzendes Lob zu bekommen.

Durch Tadel macht man die Menschen klein, durch Wertschätzung macht man sie groß. Selbst der Größte fühlt sich klein, wenn er nicht die Zuwendung anderer erhält. Staunende Beachtung, bewundernde Aufmerksamkeit und tobender Applaus sind wie reiner Sauerstoff. Sie lassen Leistungen katapultartig nach oben schnellen. Das Gegenteil von positiver Aufmerksamkeit? Einschüchterung, Entwürdigung und Missachtung oder – schlimmer noch – manipulative Lobhudelei und verbal oder nonverbal gezeigte Verachtung. All dies erstickt jedes Wollen im Keim.

Hinwendung und Akzeptanz sind biologische Grundbedürfnisse. In unseren Gefängnissen sitzen jede Menge Leute, die positive Anerkennung nie erhalten haben. Negative Aufmerksamkeit ist ihnen lieber als gar keine. Im Grunde wollen wir stolz sein können auf das, was wir im Rahmen unserer Möglichkeiten zu leisten in der Lage sind. Anerkennung ist gerade das, was stille, zurückhaltende und weniger talentierte Menschen bräuchten, um Mut zu fassen, endlich mal auf volle Leistung hochzufahren.

Denn ihre Eigenmotivation ist eher gering. Für den Chef, der ihre Leistungen würdigt, werden sie Großes vollbringen. Und für das Wohl der Kunden wachsen sie dann über sich selbst hinaus.

Wen wir am meisten schätzen, dessen Beachtung brauchen wir übrigens am dringendsten. Diese nicht zu bekommen, das tut besonders weh. So kann Bewunderung schließlich umschlagen in Hass. Oder wir rächen uns still und leise an denen, die uns die ersehnte Aufmerksamkeit verwehren: durch üble Nachrede zum Beispiel. Ist doch klar: Wer andere klein redet, macht sich selber groß. Und schon ist alles wieder im Lot. Jede Form von Wertschätzung ist übrigens ein Tauschgeschäft: Wir teilen Komplimente aus, in der Hoffnung, welche zu erhalten. Wer mir schmeichelt, den bediene ich bei nächstbester Gelegenheit mit einer kleinen Nettigkeit. Zum Beispiel mit einem Kauf. So sind wir dann wieder quitt.

Wertschätzung ist einer unserer stärksten Motivatoren. Nach Wertschätzung als Mensch und als Profi – und nicht nach Geld – lechzen die meisten Mitarbeiter, vor allem aber die einsamen Manager an der Spitze. High-Performer, also die, die einen reichen Talenteschatz und ein hohes Maß an Eigenmotivation mitbringen, heizen ihren Energiehaushalt durch Anerkennung von außen an. Warum sonst quälen sich Sportler, um vorderste Plätze zu belegen? Warum drängen Promis in die Medien und Machtmenschen auf die Chefsessel? Sie wollen beklatscht, umjubelt und verehrt werden. «Die Aufmerksamkeit anderer Menschen ist die unwiderstehlichste aller Drogen», schreibt der Philosoph Georg Franck. «Ihr Bezug sticht jedes andere Einkommen aus. Darum steht der Ruhm über der Macht, darum verblasst der Reichtum neben der Prominenz.»

Bewunderung macht süchtig. Von daher sind Trophäen, Prämien und Incentives als sichtbare Anerkennungszeichen für besondere Leistungen vielen wichtig. Klug gemachte Anreizsysteme fokussieren dabei in ihrer Wirkung voll und ganz auf den loyalen

Kunden. In Wertschätzung steckt Schatz. Zeigen Sie den Menschen, welchen Wert, ja welchen Schatz sie darstellen. Wertschätzung sich selbst und anderen gegenüber ist der Schlüssel zur Führung. Wer Wertschätzung erhält, verändert sich. Und wer Wertschätzung gibt, führt die Menschen überall hin. Wenn die Wertschätzung für Kunden und Mitarbeiter bei Ihnen ganz oben auf der Werte-Skala steht, haben Sie die Basis für den Erfolg schon in der Tasche.

Herstellung von Verbundenheit

Seitdem wir Menschen uns von den Bäumen herunterschwangen und aufrechten Gangs die Welt eroberten, dreht sich bei uns alles um das Leben in kleinen Gruppen. Wir sind Herdentiere und brauchen die Akzeptanz einer schützenden Gemeinschaft. Ausgestoßen zu werden ist das Schlimmste, was uns passieren kann. Allein in der Wüste: der sichere Tod. In vielen Kulturen wird eine Frau, die allein unterwegs ist, immer noch als Freiwild betrachtet. Genau aus diesem Grund verursacht Mobbing bei vielen Frauen so massive existenzielle Ängste. Frauen brauchen Schutzzonen.

Allein sind wir schwach, zusammen sind wir stark. Ein wertvolles und geachtetes Mitglied der Gruppe zu sein: Das gibt uns Sicherheit und Geborgenheit. Soziale Isolation ist eine der schlimmsten Strafen. Sie macht uns aggressiv – oder depressiv. Sie führt übrigens zu einem Absenken des Gelassenheitshormons Serotonin und schließlich zu einem Kollaps zerebraler Funktionen. Säuglinge sterben daran.

Verbundenheit entsteht durch Zuneigung (im wahrsten Sinne des Wortes) und durch gemeinsames Handeln. Damit geht auch ein Gefühl einher, das wir Vertrauen nennen. Begleitet werden diese Prozesse durch einen körpereigenen Botenstoff namens Oxytocin. Das auch gerne Kuschelhormon genannte Oxytocin erhöht unser Glücks-und Genusspotenzial. Es ist neurochemischer Balsam für unsere Seele. Es wirkt entspannend und gesundheitsfördernd – und lässt sogar Wunden schneller heilen. Es wird dann verstärkt hergestellt, wenn es zu einer Begegnung kommt, die feste Bindungen einleiten soll. Es erhöht die Bereitschaft, Vertrauen zu schenken. Gleichzeitig stabilisiert es Beziehungen, die zu seiner Ausschüttung geführt haben. Es belohnt also positive soziale Kontakte und Geselligkeit.

«Bewusst oder unbewusst tendieren wir dazu, unser Verhalten so zu organisieren, dass es in uns zu einer Ausschüttung dieser Substanz kommen möge», so Joachim Bauer, und weiter: «Personen, die durch ihre Zuwendung, durch ihre Anerkennung oder Liebe unsere Oxytocin-Produktion stimuliert haben, werden zusammen mit der Erinnerung an die mit ihnen erlebten guten Gefühle in den Emotionszentren unseres Gehirns abgespeichert.»

Deshalb freuen wir uns, wenn wir gute Freunde und angenehme Kollegen sehen – und diese freuen sich auf uns. Und deshalb gehen wir für geliebte Chefs durchs Feuer – und den ungeliebten laufen wir davon.

Menschen, die eine für sie wichtige Beziehung gefährdet sehen, die abgelehnt oder ausgeschlossen werden, reagieren darauf mit einem Anstieg von Aggressionshormonen. Dies lässt sich übrigens bei Männern verstärkt messen. Die Reaktion darauf ist offen oder verdeckt, gegen andere oder gegen sich selbst gerichtet: Kampf, Zorn, Zerstörung, Verleumdung, Trauer, Depression, je nachdem. Verbietet es sich, die Aggression gegen den eigentlichen Täter, also etwa den Chef zu wenden, dann muss eine dritte Person dafür herhalten: zum Beispiel der Kunde. So führt schlechte Mitarbeiterführung schließlich auch zu Kundenschwund.

Wir sind also lieber eingebettet in die Gemeinschaft eines gut geführten, renommierten Unternehmens als ständig «auf der Flucht». Klar, in uns allen steckt der Wunsch nach Abwechslung, vielfach gar der unbändige Drang, zu neuen Ufern aufzubrechen. Und die neue Arbeitswelt macht für viele das nomadische Jobben unumgänglich. Aber gleichzeitig teilen wir das tiefe Bedürfnis nach Zugehörigkeit zu einer Gruppe Gleichgesinnter. Die Massenattraktivität populärer Fußballclubs ist ein sichtbares Zeichen dafür.

Die Sippen und Stammesverbände von früher, das sind die Communities von heute und morgen. Netzwerke sind nichts anderes als moderne Formen des Herdentriebs. In Zeiten der Vereinzelung, der schleichenden Vereinsamung und des sozialen Autismus können Unternehmen und Teams die früheren Kollektive und auseinanderbrechenden Familienstrukturen ersetzen und den Menschen eine neue Heimat geben. Gerade die junge Generation, in der es erstmals so viele Schlüsselkinder gibt, sucht nach neuen Formen der Verbundenheit. Die Handy- und Internet-Sucht ist nur ein Zeichen dafür.

Führungskräfte tun also gut daran, Gemeinschaft und Zusammenhalt unternehmensweit zu fördern. Hierzu gibt es unendlich viele Möglichkeiten. Das zweite Frühstück zum Beispiel. Zwanglos am runden Tisch gemeinsam plaudernd wurden schon viele unternehmerische Probleme gelöst und geniale Ideen geboren. Bei Google treffen sich freitags um 16 Uhr die Mitarbeiter zum «Thank-God-its-Friday-Get-Together». So kann man die Woche nochmal Revue passieren lassen, Pläne für die Folgewoche machen, etwaig aufgestaute Probleme klären und mit einem Gläschen Prosecco Erfolge feiern.

«Alle Googler lieben den TGIF, weil es ein toller, gemeinschaftlicher Wochenabschluss ist und wir dann wirklich mit guter Laune ins Wochenende gehen», meint Andreas Kobilke, Account Manager bei Google in Hamburg.

Nähe sorgt für Verbundenheit. Wer oft miteinander zu tun hat, sollte daher nicht nur im gleichen Gebäude, sondern möglichst auch im gleichen Stockwerk arbeiten. Wir suchen unsere

Mitmenschen am ehesten auf gleicher Ebene auf. Dies ist wohl ein Relikt aus unserer Urzeit als Savannenbewohner. Zu achten ist ferner auf sinnvolle Laufwege, auf einladende offizielle wie informelle Kommunikationsinseln – und auch auf Plauschpausen. Und dort, wo Präsenzarbeitsplätze vom Aussterben bedroht sind, dort muss virtuelles Plauschen möglich sein: firmeninterne Foren, Blogs und Wikis schaffen das so notwendige Gefühl des Dazugehörens.

Verbundenheit entsteht am ehesten in kleinen Einheiten, Großorganisationen hingegen entfremden. Ein starkes Wir-Gefühl entwickelt sich vor allem aber durch gemeinsam erzielte Ergebnisse und durch Stolz auf die Firma. Dies trägt der Mitarbeiter durch positive Erzählungen schließlich nach draußen. So können sie zu Loyalitätsmachern im Kundenkreis werden. Mitarbeiter- und Kundenloyalität korrelieren. Wer keine loyalen Mitarbeiter hat, hat auch bald keine loyalen Kunden mehr. Denn Menschen pflegen Beziehungen zu Menschen und nicht zu Unternehmen.

Was Mitarbeiterloyalität heute bedeutet

Haben Sie schon einmal analysiert, wie viel Umsatz Sie verlieren, weil Ihre Mitarbeiter Sie verlassen? Unternehmen, die eine hohe (natürliche oder betrieblich verordnete) Mitarbeiterfluktuation haben, werden auch viele Kunden verlieren. Vor allem in den kundennahen Bereichen wirkt sich Mitarbeiterschwund gravierend aus. Zu manch austauschbarem Dienstleister gehen die Kunden ja nur wegen dieser einen freundlichen Person, die einen schon so lange kennt. Kunden sind also oft dem Mitarbeiter gegenüber treu und nicht dem Unternehmen. Und Verkäufer nehmen gerne ihre Kunden mit, wenn sie das Unternehmen wechseln.

Mit das auffälligste Erfolgskriterium bei den «Hidden Champions des 21. Jahrhunderts» sei deren extrem niedrige Mitarbeiterfluktuationsrate von durchschnittlich 2,7 Prozent, meint der Autor und Unternehmensberater Hermann Simon. In manchen Branchen liegt der jährliche Mitarbeiterschwund hingegen zwischen 25 und 50 Prozent. Wie will ein Unternehmen erfolgreich sein, wenn Jahr für Jahr die Hälfte seines wertvollsten Kapitals spurlos verschwindet? Neue Kunden wird man wohl schwerlich zu Stammkunden machen können, wenn diese immer nur auf Anfänger treffen. Langjährige, gut geschulte Mitarbeiter verstehen es viel besser, Kunden zu loyalisieren. Und Kunden, die immer wiederkommen, bestätigen dem Mitarbeiter, im richtigen Unternehmen zu arbeiten. Das macht stolz! Und loyal!

Wer loyale Kunden will, braucht loyale Mitarbeiter. Loyale Mitarbeiter sind, genau wie loyale Kunden, ihrem Unternehmen (wenn auch heute nicht mehr auf Lebzeiten) treu, sie spüren eine emotionale Verbundenheit. Sie machen sich Gedanken um das Wohl und Wehe ihres Unternehmens. Sie identifizieren sich mit ihrer Firma und machen die unternehmerischen Interessen zu ihren eigenen. Sie sprechen oft und gut, begeisternd und leidenschaftlich gern über ihre Firma – drinnen und draußen.

All dies bekommt ein Unternehmen freilich nicht geschenkt. Mitarbeiterloyalität muss man sich, genauso wie Kundenloyalität, immer wieder neu verdienen. Hierbei geht es natürlich nicht um den blinden Gehorsam und das selbstlose Pflichtgefühl früherer Zeiten, sondern vielmehr um eine mündige, zukunftsweisende Form der Loyalität – nennen wir sie doch ganz trendig Loyalität 2.0.

So sprechen wir auch nicht mehr von der guten alten Mitarbeiterbindung – weil das Wort Bindung versagt. Es hat so etwas Erzwungenes, fast möchte man an Fesseln denken. Selbst «goldene Handschellen» in Form von Boni, Optionen und Gratifikationen können am Ende keine Loyalität erzwingen. Loyalität funktioniert vielmehr wie eine Freundschaft: Man bekommt sie geschenkt.

Mitarbeiter-Loyalität bedeutet:
- freiwillige, anhaltende Treue
- hohes Engagement und Freude an der Arbeit
- Ambitionen und unternehmerisches Handeln
- Identifikation und emotionale Verbundenheit
- aktive positive Mundpropaganda

Solchermaßen loyale Mitarbeiter sind zweifellos die wertvollsten Mitarbeiter eines Unternehmens. Und sie sind die besten Kundenloyalisierer. Denn Käufer-und Mitarbeiterloyalität stehen in einem engen Zusammenhang. Sie verstärken sich gegenseitig – im Positiven wie im Negativen. Ganz erstaunlich ist, wie viele Parallelen es da auf Mitarbeiter-und Kundenseite gibt! Andererseits aber kein Wunder: Es sind die gleichen Menschen.

Um Missverständnissen gleich vorzubeugen: Hier und in der weiteren Folge des Buches sind *nicht* die Mitarbeiter gemeint, die, seit 20, 30 Jahren ein Unternehmen bevölkernd, nur noch auf die Rente warten, sich jedem Wandel verschließen und von Kundenwünschen keine Ahnung haben. Als in unserem Sinne loyale Mitarbeiter können wir nur solche ansehen, die alle Aspekte der oben genannten Definition erfüllen. Und wenn Sie solche Mitarbeiter haben: Analysieren Sie diese genau – denn von der Art wollen Sie mehr! Und Ihre Konkurrenz wünscht sich diese am meisten.

Eine Reihe von Indikatoren ermöglichen Rückschlüsse auf die Zufriedenheit und Motivation eines Mitarbeiters und damit auch auf seine Loyalität. Hierzu zählen beispielsweise: die Aktivität in Workshops und Diskussionsrunden, die Teilnahme an Projektgruppen und Fortbildungsmaßnahmen, der Wunsch nach Aufstiegsmöglichkeiten, das Interesse an Kundenbelangen, das Einreichen von Verbesserungsvorschlägen, die Bereitschaft zu Überstunden, die Fehlerquote, die Nörgelhäufigkeit sowie die

Anzahl der Kranktage. Ein weiterer Index: Mit welcher Freude tragen die Mitarbeiter sichtbare Zeichen der Zugehörigkeit wie etwa das Firmenlogo? Oder vermeiden sie dies, womöglich aus Angst vor Fragen wie: «Was, du arbeitest in so einem Unternehmen, du Ärmster?!»

Unengagierte, illoyale Mitarbeiter sind die größten Umsatzvernichter eines Unternehmens. Sie hemmen dessen Innovationsfähigkeit, das organische Wachstum und die betrieblichen Zukunftschancen. Denn (chronisch) unzufriedene Mitarbeiter sind nicht nur öfter krank, sondern vor allem auch destruktiv. Die so entstehenden Produktivitätseinbußen schätzt man auf 20 Prozent und mehr. Und weil solche Mitarbeiter durch ihr ständiges Gejammer einen Negativstrudel in ihrem Umfeld erzeugen, sinkt die Produktivität der Kollegen, die dies erdulden müssen, um geschätzte zehn Prozent.

Das vielzitierte Gallup-Institut hat errechnet, dass mangelndes Engagement der Arbeitnehmer die deutsche Wirtschaft jährlich rund 250 Milliarden Euro koste. Als Hauptgründe für das – etwa im Vergleich zu Österreich, der Schweiz und den USA – schlechte deutsche Abschneiden nannte Gallup-Deutschland-Chef Gerald Wood: Zu autoritäre Bosse, die zu wenig auf die Mitarbeiter hören, die zu wenig Lob und Anerkennung geben und die zu wenig beziehungsweise zu schlecht kommunizieren. Viel wichtiger allerdings, als den moralisierenden Zeigefinder zu heben, ist es, zu erläutern, wie man es besser machen kann. In diesem Buch finden Sie reichlich Antworten darauf.

Das 2007er Arbeitsklima-Barometer des IFAK-Instituts hat ermittelt, das nurmehr 15 Prozent der Befragten eine hohe Verbundenheit zu ihrem Unternehmen verspüren, wohingegen 22 Prozent keine Bindung bekunden, also innerlich bereits gekündigt haben. Geht es um die Bereitschaft, ihr Unternehmen als Arbeitgeber weiterzuempfehlen, so tun dies 72 Prozent der Gebundenen, aber nur 7 Prozent der Beschäftigten ohne Bindung.

Der Studie zufolge hat eine hohe Mitarbeiterbindung auch einen erheblichen Einfluss auf die positive Mundpropaganda: Lediglich 18 Prozent der «ausgeklinkten» Mitarbeiter sind gewillt, die Produkte oder Services ihres Arbeitgebers weiterzuempfehlen. Bei einer hohen Bindung tun dies stolze 84 Prozent.

Wenn man nun davon ausgeht, dass in manchen BtoC-Branchen nahezu jeder ein potenzieller Kunde ist, sind loyale Mitarbeiter in dreifacher Hinsicht Erfolgsmacher: indem sie erstens ihre ganze Leistungskraft ins Unternehmen einbringen sowie zweitens als Motivator nach innen und drittens als Botschafter nach außen agieren. Oder, wenn es keine guten Gründe dafür gibt, eben auch nicht.

Anstatt aber nun in die Passivität und damit in die innere Kündigung zu gehen, schlagen frustrierte Mitarbeiter heute aktiv zurück. Ihr Ziel: Vergeltung für (subjektiv) erlittene Ungerechtigkeit. Sie beginnen, ihre Chefs zu mobben: Sie lügen und betrügen, sie intrigieren und sabotieren und werden so zum Racheengel. Dazu brauchen sie keine Gewerkschaften und keinen Betriebsrat, «Mann gegen Mann» geht das viel wirkungsvoller. Oder sie benutzen, genauso wie Kunden das auch tun, Foren und Blogs, um sich über das unerträgliche Betriebsklima und die Machenschaften der Oberen mal so richtig auszulassen. Im Internet lassen sich die Mitarbeiter keinen Maulkorb umhängen. Gutes wie schlechtes Tun wird an den globalen Pranger gestellt.

Die Managementriege hat nur eine Chance, da herauszukommen, indem sie ernsthaft ihr Führungsverständnis überdenkt. Denn schließlich gilt: Nur wem es an Positivem mangelt, wer also statt Aufmerksamkeit, Anerkennung und Respekt vor allem Desinteresse, Demütigungen und Enttäuschungen erlebt und wer nichts mehr zu verlieren hat, der mutiert schließlich zur tickenden Zeitbombe. Die Gefahr ist übrigens dort am größten, wo es keine Fairness, keine Nähe und damit auch keine Bindungen gibt.

Haben Sie die Loyalität Ihrer Mitarbeiter verdient?

«Loyale Mitarbeiter? Das können Sie doch ein für allemal vergessen!», sagte mir kürzlich ein Konzernmanager. Richtig, Loyalität ist heute ein rares Gut. Dauerhafte Bindungen sind in unserer Gesellschaft ein Auslaufmodell. Längst ist der ständige Wechsel Normalität. So waren laut einer StepStone-Umfrage aus dem Jahr 2007 unter 21 000 deutschen Arbeitnehmern nur 18 Prozent zufrieden mit ihrer Stelle, 40 Prozent zogen einen Stellenwechsel in Betracht, und 42 Prozent wollten definitiv kündigen.

Die Ursachen für eine derart hohe Abwanderungsbereitschaft haben aber nicht nur mit verändertem Sozialverhalten zu tun – in den meisten Fällen sind sie hausgemacht. So haben viele Unternehmen die Loyalität ihrer Mitarbeiter systematisch verspielt. Und nun, da es der Wirtschaft wieder besser geht, bekommen sie die Quittung: Alte Rechnungen werden beglichen. Die Mitarbeiter wandern in Scharen ab. Denn Loyalität ist keine Einbahnstraße. Sie beginnt beim Management. Die größten Loyalitätszerstörer heißen:

- emotionale Kälte und Mangel an Menschlichkeit,
- Vertrauensschwund,
- ständige innerbetriebliche Umstrukturierungen und
- ein schlechtes Trennungsmanagement.

Wer nur allein an diesen Punkten ansetzt, kann die Mitarbeiterverbundenheit beträchtlich erhöhen und damit seine Fluktuationsraten deutlich senken. Bei genauerer Betrachtung ergeben sich übrigens drei Loyalitäten:

- die zum Unternehmen als solchem,
- die zur direkten Führungskraft und
- die zu den Kollegen und Ansprechpartnern.

Wenn Führungskräfte in schnellen Karriereschritten durchs Unternehmen gejagt werden und alle sechs Monate die Abteilung wechseln, wie soll da Loyalität entstehen? Wenn man Teams, die sich gerade erst zusammengerauft haben, zwangsweise wieder auseinanderreißt, wie soll da Verbundenheit wachsen? Die unaufhörlichen Strukturveränderungen, mit denen Mitarbeiter oft ohne jede Wahlmöglichkeit konfrontiert werden, sind Gift für den Vertrauensaufbau. Nach Phasen der Hektik muss also ausreichend Ruhe einkehren, damit die Leute sich finden können. Um eine Gruppe langfristig zusammenzuhalten, müssen deren Mitglieder ihre sozialen Beziehungen zueinander pflegen können. Und das braucht Zeit.

Das Bindemittel par excellence ist übrigens die zwischenmenschliche Kommunikation. Studien der Boston University haben gezeigt, dass dabei körperlich anwesende Personen tendenziell positiver beurteilt werden als virtuelle. Die höchste Qualität der dialogischen Kommunikation und damit die größte Emotionalisierungs- und Loyalisierungs-Chance hat demnach das direkte zwischenmenschliche Gespräch – wenn man es gut zu führen versteht. Die Erfolgshierarchie sieht also folgendermaßen aus:

1. Das persönliche Gespräch
2. Das telefonische Gespräch
3. Das schriftliche beziehungsweise elektronische Gespräch

Dies spricht für den persönlichen Dialog – und eher gegen Videokonferenzen und virtuelle Teambesprechungen. Auch eine 2007er Untersuchung der Zürcher Hochschule für angewandte Wissenschaften zum Thema CRM macht einen Trend zur Rückbesinnung auf den persönlichen Kontakt aus.

Loyalitätskiller

Es gibt Unternehmen, die pflegen ihre Büroräume besser als ihre Mitarbeiter. Ungefragt werden dort Menschen wie Ware von einem Bereich in den anderen verschoben, neu zusammengewürfelt oder einfach abserviert. Als Arbeitsplätze rar waren, hat man neue Mitarbeiter erst einmal als kostenlose Praktikanten eingestellt oder ihnen unfaire Zeitverträge angeboten. Heute, da gute Mitarbeiter knapp werden, laufen solchen Unternehmen die Leute in Scharen davon. Manche Mitarbeiter haben nämlich ein Elefantengedächtnis.

Gerade in den zurückliegenden Jahren haben viele Arbeitnehmer mit ansehen müssen oder am eigenen Leib erlebt: Loyalität lohnt sich nicht. Den Sachzwängen wurde die Menschlichkeit geopfert. Dass Mitarbeiterabbau vielfach unausbleiblich war, sei unbestritten. Nur: Die Art und Weise, wie dies bisweilen geschah, ist völlig inakzeptabel: Dringend notwendige Gespräche, um Schicksalsschläge aufzufangen oder Unumgänglichkeiten zu erklären, wurden kurz und bündig abgehakt oder fanden erst gar nicht statt. Mancher hat aus der Presse erfahren, was sein zukünftiges Schicksal ist. Im Intranet konnte man nachlesen, wer bleibt und wer geht.

Allzu oft hat man sich gerade von den Mitarbeitern, die für das Unternehmen von unersetzlichem Wert waren, ohne mit der Wimper zu zucken, getrennt. Vor allem die hoch engagierten Loyalen, die das Wohl des Unternehmens im Auge hatten und deshalb auch mal unangenehme Fragen stellten, wurden wie heiße Kartoffeln einfach fallen gelassen.

Personalabbau ist für alle Beteiligten eine sehr belastende Situation und von daher eine äußerst sensible Managementaufgabe. Jede Trennung hat Einfluss auf das Beziehungsgeflecht im Unternehmen. Immer wird sehr genau beobachtet, wie die Firmenleitung mit gekündigten oder freigesetzten Kollegen umgeht. Wird Wertschätzung ausgedrückt für das in der Vergangenheit gezeigte Engagement? Verhalten sich die Vorgesetzten souverän oder zeigen sie unterkühlte Sachlichkeit? Schieben sie fadenscheinige Gründe vor? Oder rechtfertigen sie gar die Trennungsmaßnahme durch unbegründete Kritik am scheidenden

Mitarbeiter? Werden Mitarbeiter, die von sich aus kündigen, in den Dreck gezogen oder zum Tabuthema erklärt? Fairness im Umgang mit Scheidenden sorgt automatisch für eine größere Loyalität der Bleibenden.

Nur: Wie sollen Mitarbeiter, die nicht (länger) daran glauben können, dass ihre Firma vollstes Engagement verdient, volles Engagement für die Kunden bringen? Können «kleine» Angestellte überhaupt Loyalität entwickeln, wenn sich zum Beispiel ihre Chefs in Positionskämpfen mehr oder weniger öffentlich demontieren? Wenn eigene Besitzstandswahrung vor das Wohl des Unternehmens gestellt wird? Wenn Aktienkurse wichtiger sind als Mitarbeiter und Kunden? Wenn der Boss lautstark und bissig über Kunde XY flucht? Oder der ganzen Welt erzählt, wie schlecht seine Leute sind? Und kann ein Mitarbeiter überhaupt noch Loyalität schenken, wenn er selbst schon einmal, zweimal, dreimal von seinen Chefs enttäuscht wurde?

Loyalität beginnt mit der Loyalität des Managements den Mitarbeitern, Kunden und Partnern gegenüber. Vorstände, die oben ihre Tantiemen erhöhen, während sie unten Massenentlassungen vornehmen, Bosse, die eine seelenlose Machtkultur schaffen, Vorgesetzte, die nur ihren persönlichen Ehrgeiz stillen, Spitzenmanager, die sich auf Firmenkosten persönliche Vorteile verschaffen, all die brauchen sich nicht zu wundern, wenn plötzlich auch das Personal nur noch den eigenen Vorteil sucht. Denn wenn Chefs in Hinterzimmern mauscheln, heißt das für die Mitarbeiter, sie können auch mal krumme Sachen machen.

Fehlende Loyalität des Arbeitgebers erzeugt automatisch fehlende Loyalität bei den Arbeitnehmern. Wer also Loyalität will, muss diese – beim Topmanagement beginnend – aktiv leben, fördern und fordern. Von dort muss der Loyalitätsfunke auf alle im Unternehmen überspringen. Denn alle Mitarbeiter im Unternehmen orientieren sich an der Führungsspitze. Wie oben so unten, wie innen so außen. «We are Ladies and Gentlemen serving

Ladies and Gentlemen», lautet dementsprechend das Credo der Nobel-Hotelmarke Ritz-Carlton.

Loyalität funktioniert wohl dann am besten, wenn die Werte eines Unternehmens und die persönlichen Werte seiner Mitarbeiter ein hohes Maß an Übereinstimmung zeigen. Sich voll und ganz mit einem Unternehmen identifizieren zu können heißt auch, sich selber treu zu sein.

Die Unternehmenskultur

Die Kultur eines Unternehmens bestimmt den Umgang untereinander und damit auch den Umgang mit den Kunden. Ein positives Miteinander, ein mobilisierendes Klima und hohe ethische Standards wirken sich ausgesprochen förderlich auf die unternehmerischen Leistungen aus. Nicht zuletzt wird das Image eines Unternehmens und seine ganz spezifische Unternehmenskultur immer mehr als Profilierungsmöglichkeit im Wettbewerb um die High Potentials erkannt. Und nur wer anziehend ist für Spitzenleister, wird schließlich auch Spitzenleistungen erbringen.

Eine Unternehmenskultur kann kaum beschrieben, sie muss erlebt werden. Als Kunde spüren wir sie bei jedem Kontakt mit dem Unternehmen. Sie ist zwischen den Zeilen des Mailings zu lesen, sie dringt durch die Ritzen des Besprechungszimmers, sie kommt uns durchs Telefon entgegengeraunt. Sie fühlt sich gut an – oder auch nicht. Sie legt sich wie eine dunkle Wolke aufs Gemüt – oder sie versorgt einen für Stunden mit Heiterkeit.

Die Art und Weise, wie jede noch so brillante Marketingstrategie sich umsetzen lässt, wird letztlich determiniert durch die Unternehmenskultur. So bietet eine auf das Kundenwohl ausgerichtete Unternehmenskultur, wie bereits eingangs erläutert, wohl heute den größten Kopierschutz.

Rein äußerlich ist die Firmenkultur in aller Regel in Form eines Leitbildes gefasst. Dieses beschreibt üblicherweise eine Vision, eine Mission und Werte. Während die Vision den Raum für eine große, wunderbare Zukunft öffnet, beinhaltet die Mission den Unternehmensauftrag. Eine Mission, oft auch «Mission Statement» genannt, kann umfassen:

- das Selbstverständnis des Unternehmens,
- den Kern dessen, was man für seine Kunden tun will,
- Hinweise zum Umgang mit Kunden, Partnern und der Gesellschaft.

Werte beschreiben die Grundsätze, nach denen ein Unternehmen, seine Führung und seine Mitarbeiter handeln, um die Unternehmensziele zu erreichen. Sie umschreiben, was akzeptabel und was inakzeptabel ist. Deren Umsetzung wird im Rahmen von Verhaltensnormen und Spielregeln, manchmal auch als Codex bezeichnet, fixiert. Und weil unser Hirn ja vorzugsweise bildhaft arbeitet, werden diese schriftlichen Regeln idealerweise begleitet von Symbolen und gemeinsamen Ritualen, die Verbundenheit und Commitment schaffen. In geeigneter Form wird all dies schließlich intern und extern publiziert.

Selbst das schickste Leitbild bewirkt allerdings nichts, wenn man es wie eine tibetanische Gebetsfahne irgendwo hinhängt, in der Hoffnung, dass es von alleine Gutes tut. Die Frage lautet vielmehr: Wie kommt das Leitbild vom Plakat an der Wand in die Herzen der Mitarbeiter und von dort zum Kunden? Und siehe da: Viele nobel formulierten Werte sind das Papier nicht wert, auf das sie gedruckt sind. Weil deren oft abstrakte und floskelhafte Bedeutung erstens von den Mitarbeitern nicht verstanden wird und zweitens – viel schlimmer noch – mit der tagtäglich erlebten Realität kollidiert.

Was nutzt es, dass die Mitarbeiter Kärtchen mit Begriffen wie Verantwortung, Vertrauen und Transparenz im Geldbeutel spazieren tragen, wenn an der Unternehmensspitze Diktatur, Intrigen, Mobbing und Bossing (Schikanen des Chefs) wüten? Leitbilder sind in solchen Fällen nichts weiter als ein Selbstbefriedigungsprogramm der Unternehmensspitze, aufgehübscht für den Geschäftsbericht und schick gemacht fürs Internet. Die Wirkung auf Außenstehende ist klar: unglaubwürdig, austauschbar, abgeschrieben, beliebig. Zwar schön anzuschauen, aber ohne Seele. Und damit gut für den Müll.

«Wir bekamen die Kärtchen mit den Leitlinien in die Hand gedrückt und wurden entsprechend belehrt», sagte mir ein Mitarbeiter auf die Frage, wie er denn mit dem Unternehmensleitbild vertraut gemacht wurde. Engagement ist da wohl eher weniger zu erwarten. Die Meinung im Unternehmen ist folgende: eine Sammlung von Plattitüden, die kein Mensch kennt, die kein Mensch versteht und an die sich kein Mensch hält. Wenn jeder neue Mitarbeiter eine Kopie des perfekt formulierten und in Gold gerahmten Leitbildes in die Hand gedrückt bekommt, ihm die Altgedienten aber ständig erzählen, dass in Wahrheit ohnehin alles ganz anders läuft, dann ist selbst das schönste Leitbild nichts als das «Blubb» einer schillernden Seifenblase.

«Unsere Werte müssen wir in diesem Fall einfach mal über Bord werfen», hörte ich neulich einen Jungmanager im ICE lautstark ins Handy sagen. So nicht! Egal, auf welcher Hierarchie-Stufe: *Jeder* wird sich fragen (lassen) müssen: Was bedeuten unsere Werte ganz konkret für mich in meiner täglichen Arbeit? Und wie kann/werde/will ich im Sinne unseres Leitbildes handeln? Dies betrifft vor allem die Führungskräfte. Damit der Geist des Leitbildes auf die Mitarbeiter überspringt, muss es ihnen bewusstgemacht und vorgelebt werden. Und jeder muss jeden an die Einhaltung der Spielregeln erinnern dürfen. Das Nicht-Einhalten muss Sanktionen auslösen. Genau wie bei einem Gesellschaftsspiel: Wer dort die Spielregeln nicht einhält und trickst, fliegt raus. Selbst wenn er Papa oder Mama heißt.

Noch schlechter als eine nicht verstandene Mission ist übrigens eine missverstandene. Darüber sollte in Meetings und Besprechungen regelmäßig diskutiert werden. So hat Ritz-Carlton neben dem Credo, das der Leser ja bereits kennengelernt hat, 20 Leitsätze für das Miteinander und den Umgang mit Gästen aufgestellt. Hier zur Ansicht die Nummern 10 bis 15:

10. Jeder Mitarbeiter hat Entscheidungskompetenz. Wenn zum Beispiel ein Gast ein Problem hat oder er etwas benötigt, soll der Mitarbeiter die eigentliche Arbeit unterbrechen, um sich den Bedürfnissen des Gastes sofort anzunehmen.

11. Für die kompromisslose Sauberkeit in unserem Hotel ist jeder Mitarbeiter verantwortlich.

12. Um unseren Gästen den besten und persönlichsten Service zu gewährleisten, liegt es in der Verantwortung eines jeden, die individuellen Vorlieben eines Gastes zu erkennen und zu dokumentieren.

13. Verlieren Sie niemals einen Gast. Die sofortige Zufriedenstellung eines Gastes liegt in der Verantwortung eines jeden Mitarbeiters. Jeder, an den eine Beschwerde herangetragen wird, ist Eigentümer dieser Beschwerde, löst sie zur Zufriedenheit des Gastes und dokumentiert den Vorfall.

14. «Lächeln Sie – wir stehen auf der Bühne.» Suchen Sie immer Augenkontakt. Verwenden Sie das entsprechende Vokabular im Umgang mit unseren Gästen und Ihren Kollegen. Benutzen Sie Ausdrücke wie «Guten Morgen» – Selbstverständlich» – «Es freut mich» – «Es ist mir ein Vergnügen».

15. Seien Sie ein Botschafter Ihres Hotels, am Arbeitsplatz und privat. Sprechen Sie immer positiv über Ihr Hotel. Besprechen Sie alle Anliegen mit der zuständigen Person.

Täglich wird einer der insgesamt 20 Punkte im Rahmen eines Kurzmeetings besprochen. Dies tut nicht der Chef, sondern in ständigem Wechsel ein Mitarbeiter. Er macht sich mit dem anstehenden Punkt vertraut, sucht tagesaktuell ein dazu passendes Beispiel und interpretiert es auf seine Weise. Sollte diesbezüglich im Hotel ein Fehler passiert sein, so wird gleich ein Minitraining drangehängt. Sind die 20 Leitsätze durch, beginnt es wieder von vorne. Und das nun schon seit Jahren.

Die Unternehmenskultur ist das Resultat eines kollektiven Lernprozesses, dessen Hege und Pflege nie nachlassen darf. Sie umfasst das Sichtbare und das Unsichtbare, also auch Tabus und geheime Regeln. Sie determiniert,

- wie die Menschen im Unternehmen miteinander umgehen,
- wie das Verhältnis zu Kunden und Partnern ist,
- wer eingestellt und wer wie befördert wird,
- in welchem Umfeld die Mitarbeiter arbeiten,
- wie Entscheidungsprozesse ablaufen (Entscheidungskultur),
- wie Probleme angepackt werden (Problemlösekultur),
- wie man mit Fehlern umgeht (Fehler-Lernkultur),
- was man aus Ideen macht (Innovationskultur),
- wie Konflikte und Krisen gemeistert werden,
- was wie kontrolliert wird (Vertrauenskultur),
- nach welchen Leistungsmaßstäben man beurteilt wird und schließlich
- wie Erfolge gefeiert werden.

Entscheidend hierbei ist, wie die Unternehmensleitung und der unmittelbare Vorgesetzte sich verhalten. Die Mitarbeiter nehmen sehr sensibel wahr, worauf die Führungskräfte abfahren und worauf nicht, was sie schätzen, fördern und belohnen und wie sie mit kritischen Situationen umgehen. Emotionale Reaktionen prägen dabei die Unternehmenskultur besonders nachhaltig. Spitzenmanager, die in Krisensituationen vor allem auf die mediale Außenwirkung bedacht sind, unterschätzen oft, welch katastrophale Folgen eine unbedachte Bemerkung nach innen haben kann. Manchen allerdings ist das auch egal.

In Erzählungen tritt all dies am ehesten zutage. So lässt sich die Frage, wie wünschenswerte Aspekte einer Unternehmenskultur am ehesten aussehen könnten, am besten über Bilder, Beispiele und Geschichten vermitteln. Geschichten übersetzen Informationen in Emotion. Abstraktes wird schnell vergessen, eine gute Geschichte hingegen nie. Wenn beispielsweise immer wieder erzählt wird, wie der *Big Boss* sich an eine Maschine setzte und vom Azubi lernen wollte, wie diese funktioniert, dann hat dies eine starke Signalwirkung – und tut dem Betriebsklima gut.

Das Betriebsklima ist Ausdruck der gelebten Unternehmenskultur. Es umschreibt die von den Mitarbeitern subjektiv empfundene Atmosphäre am Arbeitsplatz. Es ist anlassbedingt kurzfristigen Schwankungen unterworfen, die Unternehmenskultur hingegen ist auf Dauer ausgerichtet und relativ stabil.

Das Leitbild muss regelmäßig überprüft und gegebenenfalls angepasst werden, vor allem dann, wenn größere Veränderungen wie beispielsweise eine Übernahme anstehen. Fusionen scheitern ja vor allem deshalb, weil im Machtrausch der Manager zu selten an die Menschen gedacht wird, die damit leben müssen. Was in Strategiepapieren schlüssig klingt, rechnet sich meist nur theoretisch. Denn jede Fusion erzeugt Gewinner und Verlierer.

Wer will schon gerne aufs Abstellgleis? So versuchen alle, sich in eine gute Position zu bringen oder zumindest knapp über Wasser zu halten. Das Interesse an Kundenbelangen leidet nach Akquisitionen, Ausgliederungen, Übernahmen und Restrukturierungen erheblich, weil zu viel Aufmerksamkeit nach innen gelenkt und jede Menge Energie zur Lösung von Integrationsproblemen gebunden wird.

Die betroffenen Mitarbeiter verharren in Stillstand und warten erst mal ab. Gestandene Manager verfallen in apathische Lethargie, aus Angst etwas Falsches zu tun. Lieferanten werden hingehalten, und komplette Vertriebsmannschaften sitzen wochenlang da und tun rein gar nichts mehr. Die Kunden suchen derweil genervt das Weite.

Vergiftete Unternehmen

In vergifteten Organisationen (ein Begriff, den Daniel Goleman geprägt hat) werden in großem Stil menschliche Ressourcen und Talente verschwendet. Dort herrschen Intrigen und Machtkämpfe, da toben Neid und Missgunst.

Mitarbeiter, die diese destruktiven Spiele durchschauen oder selbst zum Spielball werden, sind emotional stark belastet und jeder Motivation beraubt. Wem es schlecht geht, der denkt und handelt langsamer und ist für vieles blockiert. Dies führt zwangsläufig zu Misstrauen und Leistungsabfall, zu Unfreundlichkeiten und häufigen Fehlern, zu angepasster Mittelmäßigkeit, zu lähmender Angst, zu Frust und Fluktuation. «Wenn wir Angst haben, raschelt es überall», hat schon Sophokles gesagt.

Wer Angst hat, steht mit dem Rücken zur Wand. Er läuft weg oder schlägt zu, zumindest verbal. Verängstigte Mitarbeiter sind mürrisch, verletzlich, aggressiv. Sie schieben Frust und gehen in die Opfer-Haltung. Doch sie brauchen nicht mal zu streiken, wenn ihnen das Klima im Unternehmen nicht passt. Sie machen einfach Dienst nach Vorschrift und schalten ein, zwei Gänge zurück. Das bleibt lange unbemerkt, aber die Lustlosigkeit steht ihnen ins Gesicht geschrieben. Und so gehen sie dann die Kunden besuchen.

Angst, Neid und Missgunst sind die größten Feinde einer Erfolgskultur. Sie sind vor allem dort verbreitet, wo ein starkes Konkurrenzdenken kultiviert wird. Das Jeder-gegen-jeden-Prinzip produziert zwar möglicherweise imposante Einzelerfolge, entmutigt hingegen die Masse der Mitspieler. Unternehmerische Topleistungen sind heutzutage meist komplexe, informell vernetzte Teamleistungen, wobei jeder sein Bestes nur dann gibt, wenn der gemeinsame Erfolg gefördert, gelobt und gefeiert wird.

Herrscht hingegen schlechte Stimmung, wird selten eine gute Dienstleistung daraus. Mitarbeiter sind ja keine Zauberer.

Es ist schier unmöglich, eine negative Stimmung im Unternehmen in eine gute Stimmung beim Kunden zu verwandeln. Wo die Mitarbeiter verkümmern, werden kaum Kunden sein. Denn dicke Luft kann man spüren. Wo man sich unwohl fühlt, da geht man nie wieder hin, da kauft man nichts. So kommt dann langsam, aber sicher eine Todesspirale in Gang – ein Vergiftungsprozess im wahrsten Sinne des Wortes.

Je größer eine Organisation, desto größer auch die Gefahr, zu einem vergifteten Unternehmen zu werden. Traditionelle Konzerne mit zentralistischen Strukturen und/oder einem industriellen Hintergrund sind hiervon am meisten betroffen. Sie werden, wenn sie die Kurve nicht kriegen, wie einst die Dinosaurier wohl aussterben.

Vergiftete Unternehmen sterben langsam, aber sicher

Vergiftete Unternehmen verfolgen Verliererstrategien. Dort findet sich eine beklemmende Atmosphäre mit strengen Vorschriften und scharfen Kontrollen, mit bohrenden Fragen und beißender Kritik. Da werden etwa Außendienstler per GPS überwacht. So werden Menschen gekränkt und erniedrigt. Kränkungen, das Wort sagt es deutlich, machen krank – physisch und psychisch. Dort wird viel Energie für Reibereien verschwendet. Dort werden Opportunisten gezüchtet. Dort regieren Chefs nach Gutsherren-Manier selbstherrlich von oben herab.

Wer harsch diktiert, produziert initiativlose Befehlsempfänger, die auf Sparflamme arbeiten, verschlossen sind und ihre Fehler vertuschen. Solche Mitarbeiter rächen sich täglich für die «Nettigkeiten» ihrer Chefs, bewusst oder unbewusst, auf mehr oder weniger subtile Weise – und meist am Kunden. Mitarbeiter werden dies so lange tun, bis sie glauben, quitt zu sein. Und: Führungskräfte können dieses Spiel nicht wirklich gewinnen. Die Mitarbeiterschaft sitzt immer am längeren Hebel.

In vergifteten Unternehmen wird die Energie in aggressive

Bahnen fehlgeleitet: Intrigen, Boykott von Anweisungen, Verhinderung von Wandel und Innovation. Egoistische Ziele werden verfolgt. Jeder misstraut jedem. Man ist vor allem mit sich selbst beschäftigt, für den Kunden ist da weder Platz noch Zeit. Der Fokus ist nach innen gerichtet. So verbringen in manchen Unternehmen Mitarbeiter bis zu einer Stunde pro Arbeitstag damit, gemeinsam über ihren Chef herzuziehen. Und der Chef bekommt nichts davon mit, weil ihm seine Leute heile Welt vorspielen (müssen).

Nur: Opportunismus führt in die Sackgasse. Wer für angepasstes Verhalten «geliebt» wird, wird ganz schnell nur noch angepasstes Verhalten zeigen. Wer hingegen in einem offenen, wertschätzenden Klima arbeitet, wird über sich hinauswachsen. Er wird im Unternehmen gut und gerne das Wertvollste einbringen, das er zu bieten hat: seine Zeit, seine Intelligenz, sein Wissen, sein ganzes Engagement – und seine Loyalität. Er wird sogar dann noch motiviert sein, wenn es einmal Durststrecken zu überwinden gilt.

Das Denken gegen die Regel gehört zu den entscheidendsten Erfolgsfaktoren, um sich vom Einheitsbrei des Mittelmaßes abzuheben. So werden mehr denn je Mitarbeiter gebraucht, die kreativ denken, neue Impulse setzen, den Wandel meistern und auch mal gegen den internen Strom anschwimmen.

«Ihre wichtigsten Mitarbeiter sind diejenigen, die Ihnen ganz offen widersprechen, die also den Mut haben, sich mit Ihnen anzulegen», hat dazu der Management-Vordenker Tom Peters einmal gesagt. Konstruktive Querdenker sind also gefragt. Jedes Team sollte sich einen leisten. Aus der Reihe tanzen heißt, sein Repertoire zu erweitern. Denn wie bitte soll Außergewöhnliches, Einzigartiges entstehen, wenn stromlinienförmige, nach einer scheinbaren Idealform geklonte Mitarbeiter ein Unternehmen bevölkern? So züchtet sich das Topmanagement Kadaver-Gehorsam, Wendehälse und eine maultote Meute von Mitläufern.

«Wenn ich morgens in die Firma komme, hänge ich mit meinem Mantel gleich mein Hirn an die Garderobe. Es ist besser, unwidersprochen einfach zu tun, was unser Chef will», erzählt mir ein leitender Angestellter, und weiter: «Also heißt es, alles schönzureden, denn Hiobsbotschaften sind tödlich. Womit man allerdings immer glänzen kann, sind Kosteneinsparungen. Da versucht jeder, die anderen zu übertrumpfen. Wie schwachsinnig das für die Firma auf Dauer ist, merkt zwar jeder Blinde, aber keiner spricht es aus. Viel zu riskant.»

Die Mitarbeiterin eines Call Centers berichtet: «Ich überlege mir inzwischen dreimal, ob ich überhaupt noch was sage. Eine Kollegin, sehr beliebt bei den Kunden und schon lange im Unternehmen, hat wohl kürzlich den Mund zu weit aufgemacht. Plötzlich war sie von heute auf morgen weg. Über sie zu reden ist verboten.»

«Bei uns ist es noch viel schlimmer», erzählt eine andere. «Mit ‹Jeder ist hier ersetzbar› tobt unser Chef mindestens einmal pro Woche durchs Großraumbüro. Seitdem tun alle mit eingezogenem Kopf ihre Arbeit. Jeder hat nur noch Angst. Und die Krankheitsquote ist riesig.»

Solche Vorfälle belasten das Arbeitsklima auf Dauer. Der Vertrauensverlust ist nahezu irreparabel. Doch viele Personalverantwortliche schauen einfach weg bei solch gefährlichem Treiben. Letztlich geht es ja auch um ihren eigenen Kopf. So sieht man tatenlos zu, wie Rabauken in den Chefetagen Kotzbrocken spielen. Da werden Mitarbeiter «zum Abschuss freigegeben». Die Betroffenen werden gründlich fertig gemacht. Und alle spielen mit – froh, nicht selber Opfer zu sein. Talentierte High-Performer aber ziehen so schnell wie möglich von dannen.

Mitarbeiter-Gerede ist ein tödliches Gift

Wer Mitarbeiter schlecht behandelt, bekommt immer einen Denkzettel verpasst – auf die eine oder andere Weise. Mitarbeiter, die Dienst nach Vorschrift tun, sind für ein Unternehmen schon schlimm genug. Schlimmer noch ist, wenn Mitarbeiter draußen schlecht über die Firma reden und so Vertrauens- und damit schließlich Kundenschwund auslösen.

Wissen Sie eigentlich, was Ihre Mitarbeiter nach Feierabend so alles ausplaudern? Welche Anekdoten sie über die Arbeit beim Essen mit Freunden, beim Sport oder im Verein zum Besten geben? Nur Mitarbeiter, denen es im Unternehmen gut geht, werden ganz sicher positive Geschichten erzählen. Der gute oder schlechte Ruf eines Unternehmens am Markt wird ja nicht nur durch die Kunden, sondern ganz maßgeblich auch durch die Mund-zu-Mund-Kommunikation der Mitarbeiter geprägt.

Wer etwa im Flugzeug oder der Bahn nur ein klein wenig die Ohren spitzt, erfährt vieles über Unternehmen, das er besser nicht erfahren sollte. In allen Einzelheiten werden dort pikante Interna breitgetreten und Firmengeheimnisse ausgeplaudert. Wahlweise wird über Chefs, Mitarbeiter und Kunden kräftig hergezogen: «Kein Wunder, dass es kracht, die von der Entwicklung hören ja nicht auf uns. Und der Kundendienst ist wie immer völlig unterbesetzt. Und unser Außendienst macht sowieso nur hohle Versprechungen!»

Für Verkäufer sollte indessen eine Grundregel gelten: Immer – auch wenn einmal nicht alles klappt – ist er vor dem Kunden loyal seinen Kollegen und seinem Unternehmen gegenüber. Nie macht er sich in der Form zum Verbündeten seiner Kunden, dass er gemeinsam mit ihnen über seine Produkte oder die Performance einzelner Bereiche herzieht.

Ein Pflichtprogramm, das Beschäftigte dazu bringen könnte, gut über ihren Arbeitgeber zu reden, gibt es allerdings nicht. Wer Frust schiebt, wird nicht anders können, als sich draußen Luft zu verschaffen. Ein durch und durch loyaler Mitarbeiter hingegen wird Konflikte und Reibereien immer innerhalb des Unternehmens regeln – wenn die Unternehmenskultur eine «lachende» ist.

Und die Mitarbeiter, die selbst eine «lachende» Unternehmenskultur vergiften, weil sie alles in den Dreck ziehen, ständig rummeckern, über andere böse herziehen, jedem die Laune vermiesen, kurz, die Mitarbeiter, die ein ernstes Persönlichkeitsproblem haben, von denen trennt man sich, nachdem man ihnen ergebnislos eine zweite Chance gegeben hat, am besten sofort. Die sollen anderer Leute Business ruinieren.

Das versteht sich von selbst, sagen Sie? Weit gefehlt – begleiten Sie einmal Verkäufer zu ihren Terminen! Manche verbrüdern sich geradezu mit ihren Kunden – gegen die eigene Firma. Spätestens bei Reklamationen schlagen sich viele auf die Seite des Kunden («Wenn Sie wüssten, was bei uns sonst noch so alles …»). Sie schwärzen Kollegen und andere Abteilungen an – nur um selbst ohne Schuld dazustehen. Wie soll aber ein Kunde Vertrauen zum Unternehmen fassen, wie soll er begeistert sein, wenn das nicht mal der Mitarbeiter ist? Illoyalität von Kundenbetreuern ist das tödlichste Gift für ein Unternehmen.

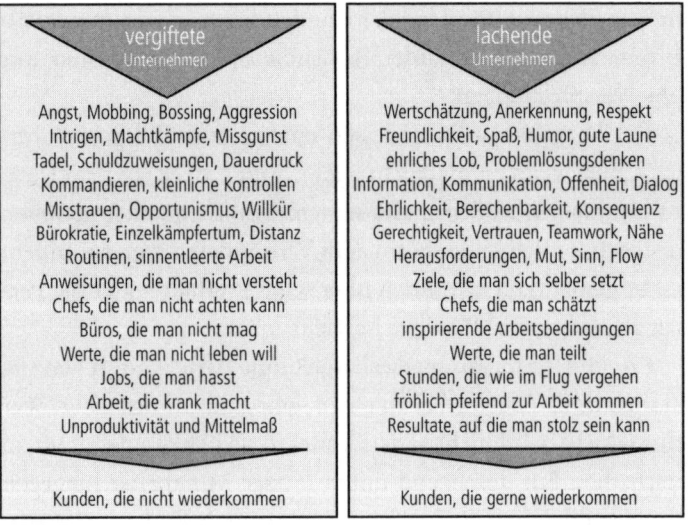

vergiftete Unternehmen	lachende Unternehmen
Angst, Mobbing, Bossing, Aggression	Wertschätzung, Anerkennung, Respekt
Intrigen, Machtkämpfe, Missgunst	Freundlichkeit, Spaß, Humor, gute Laune
Tadel, Schuldzuweisungen, Dauerdruck	ehrliches Lob, Problemlösungsdenken
Kommandieren, kleinliche Kontrollen	Information, Kommunikation, Offenheit, Dialog
Misstrauen, Opportunismus, Willkür	Ehrlichkeit, Berechenbarkeit, Konsequenz
Bürokratie, Einzelkämpfertum, Distanz	Gerechtigkeit, Vertrauen, Teamwork, Nähe
Routinen, sinnentleerte Arbeit	Herausforderungen, Mut, Sinn, Flow
Anweisungen, die man nicht versteht	Ziele, die man sich selber setzt
Chefs, die man nicht achten kann	Chefs, die man schätzt
Büros, die man nicht mag	inspirierende Arbeitsbedingungen
Werte, die man nicht leben will	Werte, die man teilt
Jobs, die man hasst	Stunden, die wie im Flug vergehen
Arbeit, die krank macht	fröhlich pfeifend zur Arbeit kommen
Unproduktivität und Mittelmaß	Resultate, auf die man stolz sein kann
Kunden, die nicht wiederkommen	Kunden, die gerne wiederkommen

Abbildung 5: Kennzeichen vergifteter und lachender Unternehmen

Lachende Unternehmen

Lachende Unternehmen verfolgen Gewinnerstrategien. Sie sind quicklebendig und schwingen wunderbar positiv; ihre Mitarbeiter sind kerngesund und bereit, sich für die Firma mächtig ins Zeug zu legen. Sie sprudeln vor Energie und haben Freude an Spitzenleistungen. Und das belohnen die Kunden. Wenn die Stimmung stimmt, dann stimmen am Ende auch die Ergebnisse. Dort, wo Spiel und Spaß zugelassen werden, entstehen Wettbewerbsvorteile. Eine «lachende» Unternehmenskultur entspringt somit keinem sozialromantischen Kuschelkurs, sondern einem unverkennbaren betriebswirtschaftlichen Kalkül.

Southwest Airlines gilt als eines der Vorzeigeunternehmen, die für Spaß bei der Arbeit stehen. Die Firma stelle nur Leute mit Sinn für Humor ein, alles andere könne man ihnen beibringen, sagt Herb Kelleher, Co-Gründer der seit 1980 profitabelsten US-amerikanischen Fluglinie. «Im Jahr 2005 kamen bei Southwest bemerkenswerte 260 000 Bewerbungen auf 2766 offene Stellen. Ein System der Mitarbeiterbeteiligung macht alle Angestellten der Firma zu Aktionären – gemeinsam halten sie derzeit über zehn Prozent der Aktien des Unternehmens. Southwest gilt in den USA als einer der besten ‹Corporate Citizens›, nicht zuletzt deshalb, weil die Firma in ihrer gesamten Geschichte niemals, wie unter den Wettbewerbern üblich, Entlassungen im größeren Stil praktiziert hat – auch wenn dieses Prinzip mitunter zu Lasten kurzfristiger Gewinnmaximierung ging», schreibt Niels Pfläging in «Führen mit flexiblen Zielen».

Obwohl ein sogenannter «No-frills»-Anbieter (das heißt ohne Schnickschnack), belegt Southwest regelmäßig Spitzenplätze bei unabhängigen Kundenzufriedenheitsbewertungen. Das Unternehmen steht für seine Liebe zu Mitarbeitern und Kunden. Das Kürzel der Airline an der amerikanischen Börse lautet sinnigerweise: LUV.

Es ist ein uraltes Vorurteil und ein gefährlicher Irrtum zu glauben, dass Spaß und Arbeit nicht zusammenpassen, dass Gefühle im Konferenzzimmer nichts zu suchen haben und Gegacker am Verhandlungstisch unseriös sei.

Man braucht keine Studien, um zu verstehen, dass einem bei guter Laune die Arbeit leichter von der Hand geht, das sagt uns schon der gesunde Menschenverstand. Aus der Glücksforschung ist bekannt, dass Menschen mit Glücksgefühlen über sich hinauswachsen und ihre Leistungsfähigkeit um bis zu 100 Prozent steigern können. Umgekehrt sinkt die Performance von Menschen unter Dauerdruck auf unter 50 Prozent. Nur wem es so richtig gut geht, kann also Außergewöhnliches vollbringen. In wenigen Jahren, so prognostiziert Matthias Horx in seinem Trendreport 2007, werden Glücks-Indices nicht nur für Länder, sondern auch für Unternehmen erhoben. In welchem Zustand sind also Ihre Mitarbeiter? In engen Köpfen können keine weiten Gedanken entstehen. Mit verängstigten, angepassten Mitarbeitern können keine großen Würfe gelingen.

Betreiben Sie Zustandsmanagement! Nur wenn alle «Organe» eines Unternehmens gesund sind, ist es auch der ganze Organismus. Einer der besten Hinweise darauf, wie gesund ein Team beziehungsweise eine Firma ist, liefert das dort herrschende Maß an Humor: das gemeinsame Lachen mit dem Chef, in Meetings, auf den Gängen und in der Kaffeeküche. Denn nur wem es gut geht, der hat auch was zu lachen. In etliche Firmen hat das Lachen inzwischen offiziell Einzug gehalten. Mehr und mehr Manager beginnen die Vorteile eines humorvollen Betriebsklimas zu schätzen, weil hierdurch die Motivation, der Leistungswille und die Freude an der Arbeit wachsen.

Lachseminare und Lachyogas kann man buchen. Denn auch das Lachen und damit das Gut-drauf-Sein lässt sich trainieren. Leben und Lachen in der Firma schafft Sympathie. Und gegenseitige Zuneigung begünstigt Erfolge. Was uns Spaß macht, dafür setzen wir uns ein, das fällt uns leicht, das machen wir gerne und damit auch richtig gut.

Menschen mit unzerstörbar guter Laune sind ein Glücksfall in jedem Team. Denn gute Laune ist ansteckend. «Ein Tag ohne Lachen ist ein verlorener Tag», hat schon Charlie Chaplin gesagt. Lachen überwindet Angst und schafft Vertrauen. Ein «entwaffnendes» Lachen baut Aggressionen ab. Lachen aktiviert das Gehirn und macht kreativ. Die dabei ausgeschütteten Endorphine lassen uns optimistisch und voller Tatendrang in die Zukunft schauen.

Lachende Unternehmen haben die Nase vorn

Nur in einem positiven Klima gedeihen Lust auf Leistung, Engagement, Verantwortungsbereitschaft und kreative Power. Deshalb haben lachende Unternehmen die Nase vorn. Lachende Unternehmen machen zunächst ihre Mitarbeiter und dann ihre Kunden süchtig – nach Momenten des Glücks. Denn lachende Mitarbeiter machen ihren Kunden Lust (in Lust steckt lustig), zu kaufen. Wer die Herzen gewinnt, so stand es schon in meinem Poesiealbum, hat mit den Köpfen leichtes Spiel. Und ich ergänze: auch mit dem Portemonnaie seiner Kunden. «Alle Lust will Ewigkeit», hat Friedrich Nietzsche einmal gesagt.

Gerade für kundennahe Mitarbeiter ist es wichtig, in einem lachenden Unternehmen zu arbeiten, denn sie tragen die Unternehmenskultur zu Markte. Sie geben ihrem Unternehmen eine Stimme und ein Gesicht. Bewusst oder unbewusst prägen sie maßgeblich das Image ihrer Firma bei den Kunden. Umso wichtiger, bereits im Einstellungsgespräch Ausschau nach Optimisten zu halten und nicht nur das Können, sondern auch das Wollen abzuklopfen. Dies erkennen Sie unter anderem an folgender Frage: «Wer ist eigentlich verantwortlich dafür, dass Sie Freude an der Arbeit haben?»

In lachenden Unternehmen ist das Aktivitätsniveau hoch.

Die zur Verfügung stehende Energie wird konstruktiv und nicht destruktiv verwendet. Sie fokussiert auf Miteinander statt Gegeneinander. Der Blick der gesamten Organisation ist nach außen und auf den Kunden gelenkt, denn aus dem Unternehmensinneren droht nichts Böses. Entwicklungen im Markt werden feinfühlig wahrgenommen. Die Innovationsbereitschaft ist hoch. Veränderungen werden als Chance und nicht als Gefahr gedeutet. Über Abteilungs- und Unternehmensgrenzen hinweg entsteht eine Mitmach-Bereitschaft auf hohem Niveau, so dass Ideen, Wissen und Einsichten neu kombiniert werden können. Die sich dabei entfaltende Kreativität führt zu ständig neuen herausragenden Lösungen und damit raus aus der Kopierfalle. «Produktivität in der Wissensökonomie ist gleich Kreativität», sagt Zukunftsforscher Horx.

Intellektuelles Kapital und kreatives Denken sind die Schlüsselressourcen der Zukunft. Kreativität braucht allerdings Freiraum. Und sie kann nur in heiteren Hirnen entstehen. Unter Druck werden höchstens Allerweltslösungen erzeugt. Spielerisch gehen wir komplexe Problemstellungen auf unkonventionelle und innovative Weise an. Eine freudige Stimmung des Zulassens beflügelt kreative Denkprozesse. Unsere Intuition erwacht und Querdenk-Potenzial wird aktiviert, um mutig neue Wege zu gehen. Kreativität kann nur in angstfreien Zonen entstehen. Wissensarbeiter entfalten sich also am ehesten in lachenden Unternehmen.

Gute Stimmung fördert die Gesamtproduktivität, die Innovationskraft und den Leistungswillen der Mitarbeiter. Die Krankheitstage sinken und die Fehlerhäufigkeit lässt nach. Die Mitarbeiter bleiben dem Betrieb länger treu, so dass weniger Kosten für die Suche und Einarbeitung der «Neuen» entstehen. Das Wissen bleibt im Unternehmen, Know-how-Schwund findet nicht statt. Und schließlich machen begeisterte Mitarbeiter positive Mund-zu-Mund-Werbung. Das stärkt den guten Ruf einer

Firma. Und zeigt Stolz auf Resultate. Weil Kunden all das zu schätzen wissen, kaufen sie gerne immer wieder. Dies wiederum gibt dem Unternehmen «was zu lachen» – eine Ping-Pong-Erfolgsspirale, die sich immer weiter nach oben dreht.

Es gibt inzwischen eine ganze Reihe von Untersuchungen, die zeigen, dass Geschäftserfolg und eine von Werten getragene positive Unternehmenskultur korrelieren. Eine groß angelegte Studie der Universität St. Gallen in Zusammenarbeit mit der Unternehmensberatung Deep White aus dem Jahr 2004 ergab: Visionär auf die Zukunft ausgerichtete Enthusiasten sind Treiber des unternehmerischen Erfolgs, performance-orientierte Zahlenmenschen hingegen Erfolgskiller. Letzterer wird als Machtmensch definiert, der Druck macht, extrem strukturierte Arbeitsabläufe vorgibt, penibel Ergebnisse mit gesetzten Zielen vergleicht und Fehler nicht zulässt.

Der Erfolgstreiber hingegen schafft ein gesundes Arbeitsumfeld, fördert seine Mitarbeiter, anerkennt Leistungen, setzt auf Fairness, Kommunikation und Innovation.

Der US-Wirtschaftswissenschaftler Alex Edmans hat untersucht, wie sich der Aktienkurs börsennotierter Unternehmen entwickelt hat, die seit 1998 in der Forbes-Top-100-Liste auftauchten. Das Ergebnis: Die Aktienkurse der mitarbeiterfreundlichen Unternehmen entwickelten sich bis Ende 2005 mit einem Gewinn von 14 Prozent pro Jahr mehr als doppelt so gut wie die breiten Aktienindizes. Das sollte die Finanzwelt aufhorchen lassen: Aktien von Unternehmen, deren Beschäftigte außerordentlich zufrieden sind, sind ein Kauf. Dies war besonders signifikant bei Google, 2007 auf der Forbes-Liste der 100 US-Unternehmen mit den besten Arbeitsbedingungen auf Platz eins.

Wie man zum lachenden Unternehmen wird

Das ganze Buch handelt davon, wie es gelingen kann, zu einem «lachenden» Unternehmen zu werden. Über einige der Aspekte, die das Schaubild auf Seite 130 zeigt, haben wir bereits eine Menge gehört. Andere Aspekte werden wir im weiteren Verlauf des Buches kennenlernen. Hier nun ein paar Überlegungen zum Dreier-Gespann Gerechtigkeit, Berechenbarkeit und Vertrauen. Sie bedingen einander. Ohne Gerechtigkeit und Berechenbarkeit kommt kein Vertrauen zustande.

Gerechtigkeit und Berechenbarkeit
In nahezu jeder Organisation gibt es einen inneren Kreis von Auserwählten: die Lieblinge des Chefs. Sie genießen Privilegien, die nicht jedem vergönnt sind, sie werden öfter gelobt, ihre Fehler werden augenzwinkernd übersehen, sie gelangen an wertvolle Informationen, die anderen vorenthalten werden, sie werden eher befördert.

Wer nicht dazugehört, wird oft übergangen, dessen Vorschläge werden ignoriert und dessen Arbeit wird kaum gewürdigt. Der Umgang mit ihnen beschränkt sich auf das Nötigste. Sie sind die graue Masse der Wasserträger, die praktischen Ja-Sager, eine niedere Kaste.

Bereits in den späten 90ern brachte eine Forschungsgruppe der französischen Wirtschaftshochschule INSEAD zutage, dass 90 Prozent aller Vorgesetzten ihre Mitarbeiter in kürzester Zeit in eine In-Gruppe und eine Out-Gruppe einteilen. Während sie Erstere als Leistungsträger betrachten, werden die Mitarbeiter der zweiten Gruppe wie eine Truppe von Hilfskräften behandelt, denen sie mit Respektlosigkeit und strenger Autorität begegnen. Innerhalb von nur fünf Tagen, so die Studie, käme es zu einer solchen Klassifizierung, wobei erste Eindrücke, Unverträglichkeiten, kleine Patzer und abfällige Bemerkungen Dritter eine große Rolle spielen.

Auch wenn es sich dabei um eine komplexitätsreduzierende Strategie des Gehirns handelt, auf die Unbedarfte – ohne es zu wollen – hereinfallen mögen, ist solches Verhalten schädlich, und zwar aus zwei Gründen: Wer zum Versager gestempelt wird, wird auch bald ein Versager sein; das ist die sich selbst erfüllende Prophezeiung.

Zweitens ist Gerechtigkeit uns Menschen unglaublich wichtig, Frauen mehr noch als Männern. Wer Kinder hat, weiß, wie bereits die ganz Kleinen darüber wachen, dass es beim Teilen gerecht zugeht. Und wehe, man bringt nur *einem* Kind etwas mit und den anderen nicht.

Gerecht sein heißt: fair mit Menschen umzugehen, bei jedem die gleichen Spielregeln anzuwenden und emotional unbestechlich zu sein. Es heißt hingegen nicht, alle exakt gleich zu behandeln, denn jeder Mensch ist einzigartig. Eine gerechte Führungskraft handelt wie ein guter Schiedsrichter, der im Interesse des Spielverlaufs eine gewisse Toleranzbreite nutzt, ohne parteiisch zu sein.

Auf mangelnde Gerechtigkeit und ungerechtfertigte Bevorzugung reagieren wir mit Empörung. Ein Manko an Fairness sowie Übervorteilung werden übrigens, so fanden Hirnforscher heraus, in der für Abscheu zuständigen Region unseres Gehirns gespeichert. Wir verzichten sogar auf Vorteile, wenn uns eine Sache als ungerecht erscheint. Dies wurde mit dem sogenannten Ultimatum-Spiel getestet.

Hierbei bekam eine Versuchsperson 100 Dollar mit der Auflage, diese mit einem Mitspieler zu teilen, egal in welchem Verhältnis. Wenn der Mitspieler akzeptierte, bekamen beide das Geld. Akzeptierte jener nicht, gingen beide leer aus. So musste derjenige, der den Betrag teilte, aufpassen, dass er nicht zu wenig gab, da zu schäbige Angebote abgelehnt wurden. Lieber stellte der Mitspieler sicher, dass keiner von beiden etwas bekam, als sich mit einem Minimalbetrag abspeisen zu lassen. Im Durchschnitt wurde übrigens der Gesamtbetrag etwa 60 : 40 aufgeteilt.

Leider gibt es immer wieder Führungskräfte, die ihren Mitarbeitern den Sieg stehlen und sich selbst mit falschen Lorbeeren schmücken. Mitarbeiter empfinden dies als enttäuschend, schäbig und ungerecht. Denn wir haben ganz feine Antennen für Gerechtigkeit. Wir akzeptieren, dass, wer mehr leistet, auch mehr bekommt. Mitarbeiter akzeptieren aber nicht, wenn der Chef sich die Sahnestückchen nimmt, weil er in seiner Position die Macht dazu hat. Gute Chefs heben den auf die Bühne, der es verdient.

Mitarbeiter brauchen also berechenbare Vorgesetzte, auf deren Aussagen sie sich verlassen können. Nicht eingehaltene Zusagen aus Bewerbungs- oder Jahresgesprächen und jede Art von Unzuverlässigkeit sind Gift für eine «lachende» Unternehmenskultur. Mitarbeiter verachten ferner risikoscheue, entscheidungsschwache Manager mit Zickzack-Kurs, die sich alles bieten lassen. Denn das verunsichert und hindert bei der Arbeit. Reagiert eine Führungskraft heute so und morgen ganz anders, dann weiß bald niemand mehr, wie er sie zufriedenstellen kann. Passivität ist die Folge.

Schlimmer noch sind Geheimniskrämerei, Günstlingswirtschaft und das Einen-gegen-den-anderen-Ausspielen. Dies verursacht irreparable Vertrauensbrüche, Leistungsverweigerung und schließlich Emigration.

Berechenbarkeit bedeutet, das Spielfeld mit seinen Regeln und Grenzen festzulegen, auf dem die Leute spielen sollen. Dies erfordert, seine Erwartungen an die Mitarbeiter klipp und klar zu artikulieren. Nur dann nämlich können diese auch erfüllt werden.

«Sagen Sie Ihren Mitarbeitern vorher, wie Sie auf bestimmte Verhaltensweisen reagieren werden, und äußern Sie konkret, welche Erwartungen Sie ganz genau haben», meint Thomas Hochgeschurtz, Geschäftsführer des Tesa-Werks Offenburg. «Wie wichtig ist Ihnen Pünktlichkeit? Was erwarten Sie von einem arbeitsunfähigen Mitarbeiter? Wie soll man aufgetretene Fehler melden? Geben Sie Ihren Mitarbeitern auch eine Chance in Dilemma-Situationen. Dies klappt am besten, wenn Sie vorher mit den Mitarbeitern gemeinsam den Rahmen des sinnvollen Handlungsspielraums definiert haben. Wenn Ihre Mitarbeiter erst einmal verstanden haben, was etwa ein mangelhaftes Produkt für Folgen bei den Kunden hat, wie teuer ein meldepflichtiger Arbeitsunfall ist und warum in Ihrer Firma Qualität vor Produktivität geht, werden Ihre Mitarbeiter sich entsprechend verhalten und ihren Handlungsspielraum optimal ausgestalten.»

Sprechen Sie aber nicht nur über Erwartungen, priorisieren Sie diese auch. Würde ich beispielsweise Ihre Mitarbeiter befragen, was wohl die drei Top-Erwartungen sind, die Sie haben, bekäme ich dann die richtigen Antworten? Sicher ja? Na prima!

Wahrscheinlich nein? Dann handeln Sie sofort!

Ein weiterer Hinweis: Besprechen Sie gemeinsam die Konsequenzen, falls ein Mitarbeiter sich nicht an die Abmachungen hält. Und ziehen Sie diese, wenn nötig, konsequent durch. Genau damit bleiben Sie berechenbar.

Vertrauen

Ein trauriger Befund: Vertrauen verdienen, wenn man die Menschen im Lande fragt, nur noch wenige. Ausgenommen von dieser Einschätzung: das persönliche Umfeld, also die, die einem nahe stehen, sowie die Communities Gleichgesinnter.

Unternehmen hingegen werden misstrauisch beäugt. Ein paar böse Buben haben die ganze Managerzunft in Verruf gebracht. Das ist dramatisch, denn Unternehmen leben vom Vertrauen ihrer Mitarbeiter und Kunden. Gerade in Zeiten lockerer Bindungen und hoher Komplexität nimmt die Bedeutung von Vertrauen als Basis tragfähiger Beziehungen eklatant zu. Dort, wo Führungskräfte mit ihren Mitarbeitern hauptsächlich per E-Mail oder Telefon kommunizieren, weil Entfernungen nur noch virtuell überbrückbar sind, verbindet sie vor allem Vertrauen.

Vertrauen ist immer dann unabdingbar, wenn sich Menschen

nicht sehen können. Wo die Zeit nicht reicht oder das Wissen fehlt, um eine Sache zu durchleuchten, ist Vertrauen der beste Kitt. Und dort, wo wir von Fremden auf dem globalen Marktplatz Internet kaufen, gibt es nur eine Chance: Vertrauen.

«Ich würde lieber Geld verlieren als Vertrauen», hat Robert Bosch einmal gesagt. Vertrauen steigert das Tempo, sein feiger Gegenspieler, die kleinliche Kontrolle, verlangsamt es. Aus diesem Grund sind Bürokratien und Hierarchien auf verlorenem Posten. Sie werden den Wettlauf um die Zukunft verlieren.

«Die Gesellschaft der Zukunft ist zum Vertrauen verurteilt», schreibt der Philosoph Peter Sloterdijk. Vertrauen öffnet und macht kreativ. Es macht Unternehmen schnell – und gut. Für Innovationen und konstruktive Verbesserungsprozesse braucht es den Austausch von Wissen. Mitarbeiter teilen ihr Wissen aber erst dann, wenn sie einander vertrauen.

«Zentrale Voraussetzungen für die optimale Arbeit von Hochleistungsteams sind vor allem frei verfügbares geistiges Eigentum und ein hohes Maß an Vertrauen» diagnostiziert der Psychologe und Arzt Michael Kastner von der Universität Dortmund. Nur in Vertrauenskulturen können also die ganz großen Würfe gelingen.

Vertrauen ist ein Tauschgeschäft wie Geben und Nehmen. Vertraust du mir, dann vertrau ich dir. Nur: Genau umgekehrt müsste es laufen, denn Vertrauen beginnt am besten mit einem Vertrauensvorschuss. Vertrauen wird geschenkt im ersten Schritt. Es macht *den* stark, der diesen Schritt zu gehen wagt. Denn er hat die Angst vor der eigenen Verwundbarkeit besiegt und zeigt damit Selbstvertrauen. Wer anderen vertraut, wirkt vertrauenswürdig. Wer hingegen zu Misstrauen neigt, weckt gleichzeitig Misstrauen bei anderen. Diese nehmen sich nun auch in Acht. Wo Vertrauen fehlt, regieren Unsicherheit und Angst. Vorsicht macht sich weitläufig breit, und ein Absicherungswettrüsten beginnt.

In einer Misstrauenskultur sieht man den Feind um jede

Ecke kommen, wittert überall böse Machenschaften und ist permanent auf der Hut. Ständig auf der Lauer liegen zu müssen ist aber schlimmer, als gelegentlich enttäuscht zu werden. Wer also Lebensqualität bei der Arbeit will, sollte den Sprung ins Vertrauen wagen.

«Wenn wir andere ängstlich überwachen, überwachen wir uns schließlich selbst, weil die Mauern, die wir für andere bauen, uns schließlich selbst umgeben», meint Reinhard K. Sprenger in seinem Buch «Vertrauen führt». Da ist was dran. Vertrauen ist wie eine sechsspurige Autobahn. Was hier die Leitplanken, sind dort die Grenzen des Vertrauens. Vertrauen braucht zwar Regeln, vor allem aber Spielraum zur individuellen Entfaltung von Eigenverantwortung und Selbstkontrolle. Ein Vertrauensvorschuss ist gerade in der Anfangsphase einer Zusammenarbeit sehr wichtig. Auch wenn nicht ganz ohne Risiko – die Vorteile des Vertrauenschenkens überwiegen bei weitem. Damit meine ich natürlich nicht Blauäugigkeit und blindes Vertrauen, das wäre naiv. Dem wachsamen Vertrauen eine Chance zu geben, das ist intelligent.

Die menschliche Erfahrung zeigt: Wer Vertrauen erhält, tut alles, um es zu behalten. Denn Vertrauen fühlt sich gut an. Und ein Vertrauenspolster schafft Freiraum. Das heißt aber auch: Je größer das Vertrauen, desto feindseliger reagiert, wer sich getäuscht oder betrogen fühlt. Vertrauen ist ein zartes Pflänzchen. Es braucht lange zum Wachsen und ist in Sekunden zerstört.

Vertrauen entsteht durch kleine Schritte der Annäherung und durch ausbleibende Enttäuschungen. So wie ein Hund sich auf dem gefrorenen See vortastet, um zu sehen, ob das Eis hält, so tasten wir Menschen uns vor, um zu sehen, wer unser Vertrauen verdient. Vertrauen erwächst aus Vertrautheit, aufgebaut durch Nähe und zwischenmenschliche Gespräche. In Vertrauen steckt trauen: Menschen trauen und auch sich trauen, neues Terrain zu betreten.

Vertrauen ist ein subjektives Gefühl, es wächst durch Wissen und positive Erfahrungen. Geheimnisvolles Getue dagegen, versteckte Kontrollen und Absprachen in Hinterzimmern zerstören Vertrauen. Wer Vertrauen will, sei selbst vertrauenswürdig. Die partnerschaftlich orientierte Form des Vertrauens geht vom Stärkeren, also von der Führungskraft aus. Sie lebt Vertrauen vor. Die allermeisten Mitarbeiter reagieren darauf mit Vertrauensbeweisen – und nicht mit Vertrauensbruch. Mit seinen Mitarbeitern vertrauensvoll zusammenarbeiten zu können – ein richtig gutes Gefühl. Vertrauen muss deshalb geschützt werden. Und so ist jeder Vertrauensbruch kompromisslos zu ahnden.

Aus nicht enttäuschtem Vertrauen entsteht Loyalität. Eine Vertrauenskultur im Unternehmen erfordert also Fairness, Klarheit, Transparenz, absolute Ehrlichkeit, Zuverlässigkeit und eingehaltene Versprechen. Ohne Verlässlichkeit kein Vertrauen. Unklarheit, Intransparenz und Manipulation erzeugen Unsicherheit und damit Misstrauen. Offenheit schafft Vertrauen.

Vertrauen verträgt Kontrolle sehr schlecht, da Kontrolle Zweifel daran zeigt, ob das Vertrauen gerechtfertigt ist. Kontrollwahn zerstört Vertrauen. Mitarbeiter, die kein Vertrauen erhalten, können dem Kunden kein Vertrauen vermitteln. Und wer als Kunde kein Vertrauen spürt, wird nicht vertrauensvoll zugreifen und auch keine vertrauensvollen Empfehlungen aussprechen können. Misstrauische Kunden sind massive Umsatzzerstörer.

Frühjahrsputz für die Unternehmenssprache

Durchforsten Sie doch einmal alle internen Publikationen und die gesamte Unternehmensorganisation nach vergiftenden beziehungsweise fehlleitenden Begriffen. Und misten Sie gnadenlos aus. Denn Sprache prägt Denkweisen – und damit auch Verhalten.

Sachbearbeiter kümmern sich um Sachen, nicht um Menschen. In Wartezimmern müssen Patienten warten – nur wer wartet schon gern, wenn er krank ist? Patienten kommen zum Gesundwerden und nicht zum Warten! Das Wort Schalter versprüht den miefigen Behörden-Charme der 50er-Jahre – wie geht man wohl da mit Kunden um? An einer Anmeldung werden Besucher wie Bittsteller behandelt und von oben herab bedient. «Sie dürfen diesen Antrag schon mal ausfüllen», heißt es dann. Nur: «Dürfen» ist Kindersprache. Ein Kunde, der darf oder muss, kommt sicher nicht wieder.

Worte sind die Kleider unserer Gedanken

Haben Sie etwa auch solche Horrorkunden, die sich unmöglich benehmen und allen das Leben zur Hölle machen? Haben Sie nichts als Pfeifen im Vertrieb und Zickenkrieg im Großraumbüro? Welche «lustigen» Sprüche über ätzende Kunden und herrische Bosse hängen bei Ihnen an den Pinnwänden herum? Bei Behörden heißen die Kunden «Antragsteller», in Banken nennt man sie «Risiko». Im Hotel ist der Gast eine Nummer. Im Restaurant sitzen Schweineschnitzel und Rinderbraten, und die meisten vorbeieilenden Kellner sind nicht zuständig. «Urnenöffnung» sagt das Servicepersonal in Ausflugslokalen, wenn ein Bus mit älteren Herrschaften vorfährt.

In Flugzeugen arbeiten «Saftschubsen» und wir Gäste heißen PAXE. Das hört sich glatt wie Stückgut an. Bei einem Caterer nannten die Führungskräfte ihre Aushilfen «Söldner» – und wunderten sich über den Mangel an Engagement. In Krankenhäusern werden Nieren, Frakturen und offene Bäuche statt Menschen behandelt. In manchen Unternehmen «heißen» Mitarbeiter so: FXRES-SHM-SAL-R3-BER oder MC-CEB-CUC-RCC-CH-ODM-1.

Gibt es auch bei Ihnen immer noch Untergebene – ein wahres Unwort, wer will heute noch freiwillig «unten» und «ergeben» sein? Beschäftigen Sie Dummköpfe und Deppen? «So etwas Idiotisches habe ich schon lange nicht mehr gehört! Bin ich denn hier von lauter Schlafmützen umgeben?», tobt der Chef im Abteilungsmeeting. «Und mit solchen Nieten muss ich mich herumschlagen», klagt er seinen Kollegen während der Vorstandssitzung.

So sehen die Reaktionen schwacher Chefs aus, die Angst um ihren Status haben und andere erniedrigen und fertigmachen müssen, damit ihre eigene Kleinheit nicht so auffällig ist. Für Vorgesetzte mit wenig Selbstvertrauen stellen gute Mitarbeiter wohl eine ständige Bedrohung dar. Allerdings: Wer seine Mitarbeiter zu «kleinen Würstchen» macht, wird von ihnen nichts Großes erwarten können!

Was, zu Ihnen war man früher auch nicht nett? Na dann wissen Sie ja ganz genau, wie elend man sich dabei fühlen kann! Das wollen Sie Ihren wertvollen Mitarbeitern sicher nicht antun.

Nach einem Vortrag zum Thema Unternehmenskultur, den ich einmal auf einem Bäckerkongress hielt, kam ein Meister zu mir mit den Worten: «Das ist ja alles schön und gut, Frau Schüller, nur wissen Sie, meine Verkäuferinnen sind so furchtbar dumm. Was kann man da schon machen?»

Ein besser nicht genannter Abteilungsleiter berichtete mir, dass sein Chef die versammelten Führungskräfte im Meeting schon mal als «augenlose Würmer» bezeichnet. Und es gibt sicher noch Schlimmeres. Wie sonst ließe sich der unglaubliche Erfolg von Büchern wie «Und morgen bringe ich ihn um» von Katharina Münk oder «Der Arschloch-Faktor» von Robert I. Sutton erklären?

Gewinner- oder Verlierersprache?

Bei Ihnen geht es intern auch so hemdsärmelig zu? Da sind die Sitten rau, die Späße derbe? Dann betreiben Sie doch einmal Sprach-Hygiene! Denn wie die Menschen drinnen im Unternehmen miteinander umgehen, so werden sie es auch draußen tun. Ihre Wortwahl entlarvt sie sofort!

Auf dem Gang eines großen deutschen Telekommunikationsunternehmens war beispielsweise Folgendes zu lesen: «In den Fluren und vor den Konferenzräumen sind Mobilfunkgespräche wegen Lärmbelästigung der Mitarbeiter in den umliegenden Büros zu unterlassen.» Die Absicht ist ja löblich, nur kann man das sehr, sehr viel schöner sagen. Ein mitarbeiter- und kundenfreundliches Klima zu schaffen bedeutet eben auch, mit Sprache achtsam umzugehen.

Controller drohen mit Kontrolle, heißt hingegen die gleiche Funktion «Business Support», so spürt man die helfende Hand. Im Backoffice bleiben die Leute hintendran. Wer seine Mitarbeiter Leistungsträger nennt, entmenschlicht sie. Über «Humankapital» will ich schon gar nicht mehr reden … Wie sich wohl Mitarbeiter in Humankapital-Unternehmen fühlen?

Insgesamt betrachtet: Ist der Sprachstil bei Ihnen verletzend («Sind Sie so borniert oder tun Sie nur so?») oder vorzugsweise konstruktiv («Ich möchte gerne etwas klären, was mir sehr am Herzen liegt»)? Benutzen Sie Verlierer- oder Gewinner-Vokabular, die Sprache des Hais – oder die des Delphins? Erstere nenne ich zerstörerisch, die zweite intelligent und konstruktiv.

Klar, auch wenn nicht alles stimmt, was man dem Hai so nachsagt, es ist die Wirkung, die zählt. Ich bin schon mit Haien und mit Delphinen getaucht, und ich kann dem Leser versichern: Bei den Delphinen war es deutlich angenehmer.

Der Delphin ist übrigens das einzige Tier, das einen Hai töten kann.

Untersuchen Sie dringend auch einmal die Sprachqualität des Führungskreises! Ist sie vage, umständlich, nichtssagend, langweilig, akademisch, floskelhaft und fremdwortgespickt? Damit öffnet sich eine vergiftende Kluft zwischen oben und unten – und dies verhindert Erfolg. Oder ist sie klar und deutlich, konkret, verbindlich, achtsam, mutig, motivierend, anschaulich, bildhaft und für jeden verständlich? Damit sorgen Vorgesetzte für Nähe, für Leistungswillen und schließlich für gute Ergebnisse. Gibt es nun in den Chefetagen begnadete Kommunikatoren in großer Zahl?

Allein der Check auf einem x-beliebigen Fachkongress zeigt: Sie sind reichlich wenig vorhanden. Haben wenigstens die Mitarbeiter eine Chance, zu verstehen, was die Oberen ihnen mitteilen wollen? Ist deren Kommunikation empfängerorientiert und zielgruppengerecht? Führungskräfte schmücken sich ja gerne mit einer recht kryptischen Sprache: dem Manager-Speak. Ein merkwürdiges Wirtschaftskauderwelsch ist das, substantivierend und unnahbar kühl, gespickt mit abstrakten Begriffen und Insider-Englisch.

«In den vergangenen 40 Jahren hat sich ein ziemlich abwegiger Glaube beharrlich gehalten: Wenn sich jemand verständlich ausdrückt, ist er ungebildet.» Das sagte der kürzlich verstorbene Managementvordenker Peter Drucker in einem Interview mit dem «Harvard Business Manager». Unser Hirn mag es anschaulich und einfach. Vernebeltes Geschwafel zu entschlüsseln kostet zusätzliche Arbeit, Zeit und Geld. Allzu oft setzen Manager einfach voraus, dass die Zuhörer unter den verwendeten Begriffen alle das Gleiche verstehen.

Das tun sie aber nicht. Sie nicken zwar höflich, aber um sich nicht lächerlich zu machen, fragt keiner nach. Jeder reimt sich selbst was zusammen oder konsultiert den Flurfunk. Die Folge: allgemeine Verwirrung, Fehlinterpretationen und Missverständnisse, die zu falschen Schlüssen und schließlich zu Fehlentscheidungen führen können. Schlechte Kommunikation beinhaltet hohe Risiken und kann sehr, sehr teuer werden. Sie multipliziert sich – genauso wie eine gute Kommunikation.

Nun gibt es in jeder Firma Fachjargon und einen unternehmenstypischen Sprachstil. Wichtig ist, dass die benutzten Begriffe definiert und erläutert werden, so dass allen klar ist, was man damit meint. Sagt etwa ein Chef, er schlage etwas vor, dann kann das bedeuten: ohne Widerrede auszuführen! Oder er signalisiert damit eine Option, die mit ins Kalkül gezogen werden kann, aber nicht muss. Nur wehe, ein Mitarbeiter trifft dabei die falsche Wahl. Klare Ansagen helfen also beiden Seiten.

Es zeugt weder von Respekt noch von Einfühlungsvermögen, mit mysteriösen Wortungeheuern brillieren zu wollen, die Wichtigkeit heucheln und oft doch nur luftleere Worthülsen sind. Wie ein Geheimcode grenzt solche Sprache aus und degradiert andere zu Laien. Was nicht verstanden wird, verunsichert. Man kommt sich klein und doof dabei vor. Nur: Kann das wirklich das Ziel einer Führungskraft sein? Der Mitarbeiter hat vielleicht keine Wahl. Wenn das allerdings einem Kunden passiert, dann verweigert er sich. Denn was wir nicht verstehen, das kaufen wir nicht.

3 Die kundenfokussierte Führungskraft

Erfolgreiche Unternehmen achten laut Excellence Barometer (ExBa) besonders auf das Verhalten ihrer Führungskräfte. Vorgesetzte sind dort häufiger für die Mitarbeiter ansprechbar, sie gehen stärker auf sie ein, sie kommunizieren die Vision, die Strategie und die Ziele des Unternehmens nachdrücklicher, und sie verbessern fortlaufend die Wirksamkeit ihres eigenen Führungsverhaltens. Maßnahmen zur internen Kommunikation und zur Weiterentwicklung werden dort intensiver genutzt. Dies gilt in besonderem Maße für Besprechungen, Unternehmensveranstaltungen, Mitarbeiterschulungen und das Intranet. Nicht nur die Managementqualifikation, sondern vor allem die Sozialkompetenz der Führungskräfte ist in erfolgreichen Unternehmen deutlich höher.

Moderne Führungskräfte sind also nicht nur gute Strategen und kühle Rechner, sie haben auch eine ausgeprägt hohe emotionale Intelligenz. Sie haben nicht nur die Interessen des Unternehmens, sondern auch gute zwischenmenschliche Beziehungen im Sinn. Sie pflegen die Nähe zu Mitarbeitern und Kunden und sie sind stark vernetzt. Sie setzen ihre Mitarbeiter im Kern ihrer Talente ein und orchestrieren Spitzenleistungen.

Sie haben ferner ausgewiesene Marketingkompetenzen und ein überdurchschnittlich hohes Kundenverständnis. Sie empfinden Leidenschaft für ihre Sache und strahlen diese auch aus. Ihre Freude an der Arbeit überträgt sich auf alle, die von ihnen geführt werden. Sie bringen PS auf die Straße. Und sie lieben die Menschen mehr als die Macht. Solche oft charismatischen Führungspersönlichkeiten haben nicht nur Antrieb und Begeisterungskraft, sondern auch Einfühlungsvermögen und Diplomatie. Sie haben einen Sympathie- und oft sogar einen Bewunderungsbonus. Solchen Chefs verzeiht man auch mal einen Schnitzer. Für sie gehen ihre Mitarbeiter bis ans Ende der Welt.

Die «Rollen» der Führungskraft

Im Manager-Speak zeitgemäßer Unternehmen kommt das Wort Führung schon kaum mehr vor. Da wird von Leadership und von Management gesprochen, zwei kontroverse Begriffe, die oft bedeutungsgleich verwendet werden. Das sind sie aber nicht. Denn Management hat mit Managen und Leadership vor allem mit Führen zu tun. Die Aufgabenschwerpunkte einer Führungskraft, die in gewisser Weise auch als «Rollen» bezeichnet werden können, sind folgende:

- Führung
- Manager
- Fachkraft
- Mitarbeiter
- Repräsentant
- Vorbild
- Mensch

Jede Führungskraft hat Präferenzen im Denken und Handeln und kann daher nicht jede dieser Rollen gleich gut erfüllen. Weiter hinten (Seite 152) finden Sie übrigens ein Schaubild für eine einfache Selbstbewertung.

Im Folgenden geht es vor allem um die Aspekte Vorbild und

Mensch. Sie sind in Hinblick auf die kundenfokussierte Mitarbeiterführung von großer Bedeutung und werden dennoch in der aktuellen Leadership-Diskussion immer noch viel zu wenig berührt. Die übrigen Rollen sind in der klassischen Management- und Führungsliteratur hinlänglich beschrieben und sollen daher hier nur kurz angerissen werden.

Führung kümmert sich um die Menschen, der Manager um alles, was sich organisieren lässt (Planen, Umsetzen und Kontrollieren von Prozessen, Strukturen, Standards und so weiter). Das Führen hat implizit eine ethische und das Managen vorrangig eine ökonomische Dimension. Führung entwickelt die Unternehmenskultur, das Management die Strategie. Die Führungskraft benötigt vor allem soziale und der Manager insbesondere methodische Kompetenzen. Es ist fast unnötig zu sagen, dass methodische Kompetenzen, die sich in Projekten und Aktionen manifestieren, leichter zu erwerben und zu steuern sind als Soft-Skills. Schon allein deshalb kommen soziale Kompetenzen vielfach immer noch zu kurz. In den meisten Unternehmen wird zu viel Management und zu wenig Leadership gelebt. Was ein Fehler ist, denn unternehmerische Top-Performance braucht beides: gute Führungskräfte und ein gutes Management.

Nicht selten wird, wenn eine Führungsposition zu besetzen ist, auch heute noch die beste Fachkraft zur Führungskraft gekürt. Doch solchen «Edelsachbearbeitern» fehlt meist die Führungskompetenz, sie erledigen weiterhin alles selbst. Zwar ist Fachwissen für eine gute Führungskraft hilfreich, tritt aber an Bedeutung zurück. Vielmehr orchestriert sie ihre Mannschaft wie ein Dirigent. Dazu braucht sie nicht der Beste an der Pauke zu sein. Das Solo wird den ausgewiesenen Experten im Team überlassen. Und die dürfen dafür auch glänzen.

Mittlere Führungskräfte befinden sich in einer schwierigen Position: Mitarbeiter und Führungskraft in einer Person, Wanderer zwischen den Welten. Oder anders: mitten zwischen den

Mühlsteinen. Sie bekommen Druck von oben und von unten. Denn sie müssen die hehren Ziele der Geschäftsleitung häufig gegen die Blockaden der langgedienten Mitarbeiter erreichen und dabei auch unpopuläre Maßnahmen durch- und umsetzen.

«Also versuchen sie gesund zu bleiben und eignen sich dazu eine dicke Lehm- oder Lähmschicht an. Dabei wird in der mittleren und unteren Führungsebene das Wohl und Wehe des Unternehmens entschieden!» Das sagt mein Kollege Vinzenz Baldus. Der Ausweg aus diesem Dilemma: eine Führungskräfte-Entwicklung, die auf eine kooperative und gleichzeitig starke, konsequente Persönlichkeit setzt.

Mehr noch als Mitarbeiter sind Führungskräfte Repräsentanten des Unternehmens. Die Öffentlichkeit und insbesondere die Medien achten zunehmend auf ihre Außenwirkung. Das richtige oder falsche Auftreten des Topmanagements kann massiven Einfluss auf Image und Umsätze haben, wie aktuelle Beispiele zeigen. Umso wichtiger für den Manager, sein persönliches Ego hintanzustellen, im Interesse des Unternehmens zu agieren, an seiner diesbezüglichen Außenwirkung kontinuierlich zu arbeiten und auch seine Online-Reputation zu pflegen.

Daneben haben insbesondere die deutschen Manager Nachholbedarf in punkto Human-Orientierung. Im Rahmen der GLOBE-Studie (Global Leadership and Organizational Behavior Effectiveness), für die 17 000 Manager der mittleren Führungsebene in 62 Ländern nach den Merkmalen einer guten Führungskraft befragt wurden, landete Deutschland bei der Human-Orientierung auf einem der letzten Plätze. Alarmierend: Die Studie stellte fest, dass deutsche Manager Human-Orientierung noch nicht einmal bei einer hervorragenden Führungskraft erwarten. «In Deutschland heißt führen, hart zu sein», meinte der Wirtschaftspsychologe Felix Brodbeck. Da dies, abgesehen von Ausnahmefällen, in Zukunft nicht länger zielführend ist: Schauen wir nun, wie sich das ändern lässt.

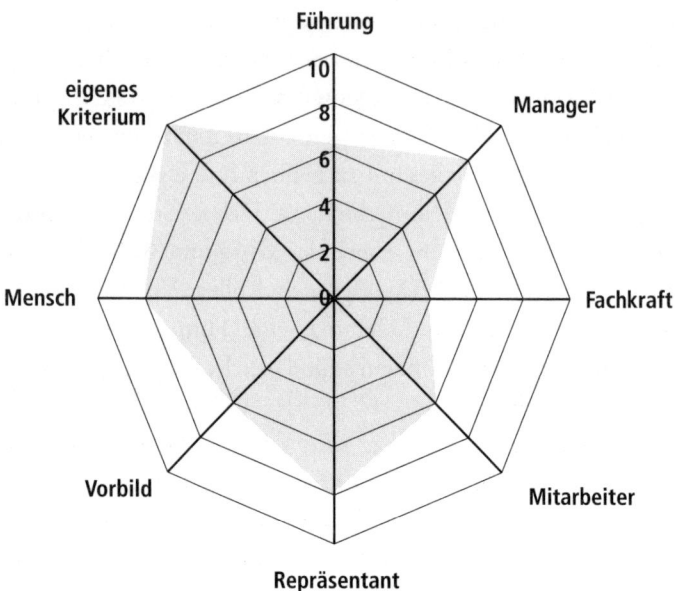

Abbildung 6: Das Schaubild ermöglicht eine einfache Selbstbewertung: Wie gut sind Sie als …? Benutzen Sie hierzu eine Skala von 0 bis 10 und verbinden Sie die gefundenen Werte. Stärken und Schwächen werden auf diese Weise optisch sichtbar. Das Resultat kann durch die Bewertung neutraler Dritter weiter spezifiziert werden.

Die Vorbildfunktion

Ob draußen oder drinnen im Unternehmen: Führungskräfte stehen unter ständiger Beobachtung – wie der Schauspieler auf einer Bühne. Daher gilt es, die Führungsrolle so perfekt wie möglich zu spielen, ausdauernd wie ein Schauspieler zu üben und sich nach jeder Performance zu fragen: Wie war ich? Denn das Verhalten der Oberen vervielfältigt sich insbesondere durch ihr Tun. Bezeichnenderweise heißt es ja auch Vorbild und nicht Vorwort. Vormachen funktioniert besser als vorschreiben.

Nur wenige Menschen sind Vormacher, die meisten sind Nachmacher. Wenn wir selbst nicht ganz sicher sind, dann folgen wir dem, der uns das Gefühl gibt, seiner Sache ganz sicher zu sein. Und das ist zum Beispiel der Chef. Sollte etwa ein Mitarbeiter erleben, dass sein Vorgesetzter nicht ehrlich ist, weil der seinem Chef eine falsche Wahrheit präsentiert, so ist damit zu rechnen, dass der Mitarbeiter bei nächster Gelegenheit Ähnliches tut.

Die Stimmung im Unternehmen breitet sich von oben nach unten aus. «Der Fisch stinkt vom Kopf her», sagt der Volksmund. Mitarbeiter sind abhängig von der guten oder schlechten Laune ihres Vorgesetzten. Aus diesem Grunde wird jeden Morgen neu beobachtet, wie der Chef heute drauf ist. Seine Stimme, seine Gestik, seine Mimik: Alles wird interpretiert. Jedes noch so leicht dahingesagte Wort erhält Gewicht. Ist er gut gelaunt, dann wissen die Mitarbeiter und spüren die Kunden: Heute ist ein guter Tag. Die bereits erwähnten Spiegelneuronen sind für diese «Ansteckung» zuständig. So schlägt sich die Stimmung des Chefs unmittelbar auf die Performance der Mitarbeiter nieder.

Nehmen wir ein Beispiel: In einem Hotel soll ein Bankett für 120 Personen stattfinden. Die Mitarbeiter haben die Aufgabe, 15 Tische festlich einzudecken. Als sie fertig sind, kommt die Hoteldirektorin hinzu und inspiziert die Lage. An jedem Tisch findet sie etwas zum Kritisieren. Mit rollenden Augen, mit strafendem Blick und bösen Worten rückt sie hier ein paar Teller zurecht, zupft dort an den Blumen und faltet Servietten neu. Das Silber glänzt nicht, wie es soll, die Gläser sind nicht gut genug poliert, und Kerzen fehlen auch. «Wie oft habe ich euch schon gesagt ...», schimpft sie und: «Um alles muss ich mich selber kümmern.»

Kleinlaut schleichen die Mitarbeiter um die Tische. Schon treffen die ersten Gäste ein. Wie es denen wohl ergehen wird? Ob alles reibungslos klappt? Ob es Trinkgeld gibt? Ob die Gäste ein andermal wiederkommen und das Hotel weiterempfehlen?

Die gleiche Situation, eine andere Chefin. Der Bankettsaal ist fertig, sie öffnet die Türen weit. Stolz schweift ihr Blick. «Fantastisch», sagt sie und weiter: «Es ist wunderschön, unsere Gäste werden entzückt sein. Ihr seid wunderbar, herzlichen Glückwunsch.»

Auch sie bemerkt, dass ein paar Korrekturen nötig sind. Ruhig und unauffällig bittet sie eine Mitarbeiterin, an Tisch eins und drei nach dem Rechten zu sehen und noch ein paar Kerzen anzuzünden. «Bereitet unseren Gästen den schönsten Abend ihres Lebens», sagt sie und wünscht allen ein gutes Gelingen.

Wie es den Gästen wohl diesmal ergeht? Ob alles läuft wie am Schnürchen? Ob es reichlich Trinkgeld gibt? Ob die Gäste gerne wiederkommen? Und ob sie das Etablissement weiterempfehlen?

Mensch sein

Es ist immer wieder erstaunlich zu beobachten, wie cool und emotionslos Manager oft wirken wollen. Manche vergraben im Business ihre zwischenmenschlichen Gefühle wie Leichen im Keller. Als gäbe es im Berufsleben kein schlimmeres Vergehen, als sich so zu zeigen, wie man ist.

Während eines Manager-Seminars machte ich einmal einen schweren Fehler: Ich bat um mehr Licht im Raum, damit ich besser in den Gesichtern der Teilnehmer lesen könne. Ab dem Moment hatte ich Masken vor mir sitzen. Niemand wollte sich in die Karten schauen lassen. Diesen Managern habe ich am Ende der Veranstaltung Folgendes Feedback gegeben: «Ich fand es interessant, meine Herren, Ihre Reaktion zu erleben. Was ich beobachtet habe, ist Folgendes … Und ich möchte Ihnen, wenn ich darf … auch eine Rückmeldung geben, wie ich mich dabei gefühlt habe: Ich habe den ganzen Tag nicht gewusst, ob Sie die Sache hoch interessiert finden oder ob ich Sie womöglich langweile. Ich hätte mir eine sehr viel deutlichere Reaktion gewünscht. Und ich kann mir gut vorstellen, dass es Ihren Mitarbeitern genauso geht. Wir alle brauchen nämlich Feedback, um sicher zu sein, dass wir richtig liegen. Sonst halten wir vorsichtshalber den Ball lieber flach. Deshalb: Zeigen Sie Ihre Gefühle, es wird Ihre Mitarbeiter und Sie erfolgreicher machen! Und: Danke, dass ich Ihnen das sagen durfte.»

Emotionslosigkeit macht Menschen hölzern und steif. Hinter einer Maske distanzierter Kontrolliertheit verbergen sich oft Abgründe von Selbstzweifeln, Verletztheit und Einsamkeit. Gefühle sind die vermeintliche Achillesferse des klassischen Managers. Und ja, es stimmt: Gefühle zu zeigen macht verwundbar, es macht aber auch frei.

Erst der bewusste Umgang mit seinen Gefühlen sorgt für Authentizität, und dies wiederum ist die Voraussetzung für Souveränität und Charisma. Wer den Mut hat, seine Gefühle auszusprechen, der weckt Sympathie und schafft es, zu bewegen und zu überzeugen. Menschen mit kalten Zahlen und nackten Fakten beeindrucken zu wollen ist da schon sehr viel schwerer. Kommen Sie also raus aus der Black-Box Ihrer fragwürdigen emotionalen Neutralität und erlauben Sie sich, Gefühle zu zeigen. Man erreicht andere am besten, wenn man von sich selbst etwas preisgibt.

Nun ist es allerdings so: Nicht nur die positiven, sondern auch die negativen Gefühle müssen mal raus. Natürlich erwarten die Mitarbeiter, dass der Chef sauer ist, wenn die Ergebnisse nicht stimmen. Ein cholerischer Anfall ist hier dennoch fehl am Platz. Er schadet vor allem dem, der ihn hat. Wut kann in eine negative, aber auch in eine positive Richtung kanalisiert werden. Im zweiten Fall stellt Wut eine Menge Energie bereit, um Großes zu bewirken. Schon Aristoteles befand, dass Wut eine durchaus nützliche Qualität haben kann. Ich gebe ihm gerne Recht.

Eine kleine emotionale Trainingseinheit

Ich werde oft gefragt, wie sich der Zugang zu den Emotionen denn trainieren lässt, wenn man sie bislang eher unterdrücken musste. Dies erfolgt in zwei Schritten: zunächst in der Beobachtung seiner selbst und dann in der Beobachtung der anderen. Und das geht so: Wenn sich bei Ihnen ein vages Gefühl einstellt,

- lassen Sie es zu und lokalisieren Sie es körperlich;
- geben Sie dem Gefühl einen Namen (laut);
- skalieren Sie es in seiner Stärke, etwa von 1 bis 10;
- schauen Sie, was es mit Ihren Gesichtszügen macht;
- schauen Sie, was es mit Ihrer Körperhaltung macht;
- versuchen Sie, es zu verändern;
- würdigen Sie das Resultat.

Wenn Sie bei anderen ein Gefühl wahrnehmen,

- schauen Sie es an und spüren Sie dem in sich nach;
- geben Sie dem Gefühl einen Namen (leise);
- skalieren Sie es in seiner Stärke, etwa von 1 bis 10;
- schauen Sie, was es mit den Gesichtszügen Ihres Gegenübers macht;
- schauen Sie, was es mit dessen Körperhaltung macht;
- versuchen Sie, es zu verändern;
- würdigen Sie das Resultat.

Sich selbst zu erkennen ist ja schon schwer genug. Wie kann man aber bei anderen seiner Sache ganz sicher sein? Wenn Sie mutig sind und mit Ihrem Gegenüber eine gute Beziehung haben, fragen Sie einfach nach! Erzählt Ihnen beispielsweise ein Kunde voller Wut, wie ihn sein bisheriger Lieferant schon zweimal mit einer eiligen Sendung hat hängen lassen, dann antworten Sie: «Das ist also jetzt schon zum zweiten Mal passiert! Und das hat Sie ganz schön aufgebracht!»

Hier eine kleine Aufzählung von Gefühlen, die man sehen beziehungsweise spüren kann: zufrieden, dankbar, fröhlich, erfreut, stolz, erleichtert, entspannt, überrascht, verletzt, übergangen, unverstanden, mutlos, zurückgewiesen, nicht ernst genommen, erregt, betrübt, wütend, traurig, bedrückt, sauer, verunsichert, ver-

zweifelt, verängstigt, neidisch, uninteressiert, indifferent, gelangweilt, ehrgeizig, selbstbewusst, siegessicher, euphorisch, (wieder)
glücklich.

Wenn ein Vorgesetzter seine Gefühle zeigt, kommt dies einer
Einladung an seine Mitarbeiter gleich, es ihm nachzutun. So er-
reicht man nicht nur den Kopf, sondern auch das Herz seiner
Leute. Wird hingegen nie über Gefühle gesprochen, dann verlagern sich etwaige Konflikte im Team schnell auf die Sachebene.
Stundenlang werden dabei Probleme diskutiert, ohne zu einer
befriedigenden Lösung zu kommen. Die Diskutanten spielen
Stellungskrieg oder schießen aus ihren Wehrtürmen aufeinander.
Dabei geht es um Punktsiege und nicht um tragfähige Entscheidungen auf einem gemeinsamen Weg. Zustimmung wird aus
Prinzip nicht gegeben, selbst wenn die Meinungen nah beieinander liegen. Energieblockaden, Ineffizienz und hohe Zeitverluste
sind die Folge. Bei Besprechungen und Konferenzen ist dies besonders oft zu beobachten.

Dem Kunden ganz nah

Kundennähe ist ein Erfolgstreiber par excellence. Jede Führungskraft braucht ein Gefühl für die Kunden seines Unternehmens.
Wer kundenfokussiert führen will, muss also die Kunden kennen. Und zwar aus persönlichem Erleben und nicht nur vom Hörensagen. Zeit mit den Kunden zu verbringen sollte im Rahmen
der Führungsaufgaben eine hohe Priorität erhalten. Und damit
meine ich nicht, dass ein Vorstand, Geschäftsführer oder Be-
reichsleiter mit seinesgleichen im Kundenunternehmen spricht.
Vielmehr gilt es, mit den unmittelbaren Produktanwendern beziehungsweise Serviceempfängern und im BtoB-Business auch
mit den Endkunden zu reden. Die Schlüsselfragen, die dabei immer wieder zu stellen sind, lauten:
• Wer genau ist der Kunde?

- In welcher Situation steckt er?
- Wie «tickt» er emotional?
- Was will und braucht er wirklich?
- Was ist gut und richtig für ihn?
- Was hält er von unserer Leistung?
- Und was fängt er damit an?
- Wie können wir helfen, unsere Kunden erfolgreich und damit glücklich zu machen, so dass sie gerne immer wieder bei uns kaufen und dies der ganzen Welt erzählen?

Und wie erfahren Sie all das? Nicht in Meetings, nicht durch Studien und nicht durch Datenbanken, sondern nur durch regelmäßige, offene Dialoge mit den Kunden. Kundenfokussierung heißt auch: nicht glauben, zu wissen, was der Kunde nötig hat und nützlich findet, sondern sicherstellen, dass täglich Kunden-Rückmeldungen eingeholt werden.

Hierzu empfehle ich Führungskräften, fokussierende Fragen zu stellen. Mit fokussierenden Fragen bringen Sie die wahren Beweggründe Ihres Gesprächspartners am schnellsten auf den Punkt: unmittelbar, ungefiltert und bisweilen schonungslos. Sie eignen sich vor allem immer dann, wenn wenig Zeit für ein ausführliches Gespräch ist – und wer hat heute noch Zeit? Sie helfen, geradewegs den Kern der Sache zu treffen, um danach prompt reagieren zu können.

Fokussierende Fragen ergänzen klassische Kundenbefragungen nicht nur, sie können diese in den meisten Fällen sogar ersetzen. Mit Hilfe fokussierender Fragen werden einem nämlich die erfolgskritischen Kundenwünsche in Echtzeit auf dem Silbertablett serviert. Sie sparen eine Menge Kosten für langwierige Marktforschung und vermeiden Fehlentscheidungen am grünen Tisch. Und vor allem: Sie machen schnell! Notwendige Veränderungen können sofort angestoßen werden. Wer nicht täglich neu in Erfahrung bringt, was seine Kunden wirklich wollen, produziert rasch am Markt vorbei. Denn die Vorstellungen der Kunden ändern sich laufend. Und: Kunden warten heute nicht mehr geduldig, bis Unternehmen umständlich in die Gänge kommen. Sie ziehen dann einfach weiter. Fokussierende Fragen klingen so:

- Wenn Sie an uns denken, was kommt Ihnen dann als *Erstes* in den Sinn?
- Können Sie uns verraten, was der *wichtigste* Grund war, bei uns zu kaufen?
- Was ist für Sie der *wichtigste* Grund, uns die Treue zu halten?
- Was wäre für Sie das *Vorrangigste*, das wir schnellstmöglich ändern/verbessern sollten?
- Auf was könnten Sie bei uns am *wenigsten* verzichten?
- Was war denn der *tatsächliche* Hauptgrund, weshalb Sie bei uns gekündigt haben?
- Wenn es eine Sache gibt, für die Sie uns garantiert weiterempfehlen würden, was wäre dann das *Empfehlenswerteste* für Sie?

Und dann heißt es: offen und konzentriert hinhören, was der Kunde zu sagen hat. «Das meiste habe ich nicht durch viel fragen, sondern durch viel zuhören gelernt», sagte mir einmal ein Betriebsleiter. Die beste Frage lautet übrigens: «Erzählen Sie doch mal ein wenig ...»

Sie öffnet Türen und Fenster zu dem, was das Kundenhirn wirklich bewegt, und leuchtet auch emotionale Ecken aus. Im Plauderton verrät der Kunde am ehesten seine wahren Motive. Denn es geht ja immer auch um die Entdeckung des Kunden als Menschen.

Die Stunde der Wahrheit

Wann haben Sie eigentlich das letzte Mal mit einem Kunden persönlich gesprochen? Und wie oft tun Sie dies? Ist der regelmäßige Kundendialog für Sie ein willkommener Anlass, mehr über die

Kunden des Unternehmens zu erfahren? Oder eine lästige Pflicht? Woher rühren die Berührungsängste, die viele Manager haben, wenn es um fundierte Gespräche mit Kunden geht?

«Ich habe selbst gelegentlich Kundenkontakt», erzählte mir stolz der CEO eines Energieversorgers anlässlich einer exklusiven Kundenveranstaltung. Es hörte sich so an, als würde er sagen: Wir gehen bisweilen im Zoo die Affen besuchen. Beim Festessen nach dem Event saß er abseits und hat mit keinem einzigen Kunden gesprochen. Seine anwesende Verkäufergarde von mehr als zwanzig Mann tat es ihm nach. Sie saßen beieinander und machten sich einen schönen Abend. Dies ist vielleicht nur ein Einzelfall, vielleicht aber auch symptomatisch für die Probleme einer ganzen Branche. Jedenfalls ging, wie die ServiceBarometer AG in ihren Vergleichsuntersuchungen im Rahmen des «Kundenmonitors Deutschland» herausfand, die Globalzufriedenheit mit den deutschen Stromversorgungsunternehmen in den letzten sechs Jahren kontinuierlich zurück.

Die meisten Manager kümmern sich um vieles – aber viel zu wenig um ihre Kunden. Manche haben noch nie einen Kunden lebend zu Gesicht bekommen. Sie verbringen ihre Zeit viel lieber im Konferenzraum als im Kundengespräch. Sie kaufen lieber teure Beratung bei McKinsey & Co., als mal ausführlich mit Kunden zu reden. Sie glauben, für Kunden seien die Mitarbeiter aus dem Vertrieb und dem Marketing zuständig.

Gelegenheiten zum Kunden-Kennenlernen gibt es reichlich – wenn man sie ernsthaft ergreifen will. Eines empfehle ich allerdings nicht: den so üblichen wie gefährlichen Jahresausflug zum Kunden. Als Meet-the-customer-Programm schick getarnt wird daraus ein Erlebnistag, bei dem sich vor allem der Verkäufer in Szene setzt. Als Pflichtprogramm verhasst, wird Tag X zunächst endlos herausgezögert. Dann wird der rote Teppich zum Vorzeigekunden ausgerollt. Im Vorfeld wird dieser intensiv präpariert. Im Gespräch demonstriert die Führungskraft zwar keine Ahnung vom Vertrieb, spielt aber den starken Mann. Dem armen Verkäufer ist sein Tagesbegleiter nicht nur lästig, sondern auch ziemlich peinlich. Schließlich wird nach einer ausgiebigen Mittagspause zur großen Freude aller Beteiligten das Ganze abgebrochen. Der Lerngehalt und die Erkenntnisse gehen dabei gegen Null.

Wie kann man es besser machen? «Wer ein Duschgel baut und seine Kunden wirklich verstehen will, der muss zu ihnen unter die Dusche gehen», meinte einmal treffend der Produktmanager eines Lebensmittelriesen zum Thema Kundennähe. Ikea-Führungskräfte sitzen samstags, wenn also richtig was los ist, an der Kasse. Da kriegt man so einiges mit!

Von Kunden kann man eine Menge lernen

Von Michael Dell, dem Gründer und Chef des Online-Computeranbieters Dell, wird erzählt, dass er sich im Internet-Chat mit seinen Kunden oft als einfacher Mitarbeiter ausgibt, um unverfälschte Meinungen zu bekommen. Von Rich Teerlink, Harley-Davidson-CEO von 1989 bis 1997, weiß man, dass er bei Harley-Owners-Treffen den Bikern Würstchen grillte und die Maschinen polierte, um hautnah so viel wie möglich über sie zu erfahren. 25 heißt die magische Zahl von Howard Schultz, dem Chairman der Kaffehaus-Kette Starbucks. So viele Cafés geht er jede Woche unangekündigt besuchen.

Weniger erfolgreiche Unternehmen verschleißen ihre Führungskräfte offensichtlich lieber in Meetings. Auf Messen sehen wir die Bosse mit einem Tross von Kofferträgern zu ihrem Stand eilen, wo sie der Presse mit stolzgeschwellter Brust ihre Produktneuheiten in die Mikrofone quatschen. Nur mit Kunden reden sie nicht. Nie wäre die Gelegenheit günstiger, mit ihren Zielgruppen hautnah in Kontakt zu kommen, doch das wird lieber dem Standpersonal überlassen. Die nächste Kamera zur Selbstprofilierung ruft.

Ich kenne Firmen, da gehört es zum Standardprogramm einer jeden Führungskraft, Kunden zu besuchen und mit Kunden laufend zu sprechen. Ich kenne aber leider auch eine ganze Reihe von Managern, die heilfroh sind, seit ihrer Beförderung «endlich den täglichen Kleinkrieg mit Kunden los zu sein». Sie betrachten es als Rückschritt in ihrer Karriere, wieder mit Kunden konfrontiert zu werden! Ich kenne Marketingleiter, die lieber an gekünstelten Zielgruppendefinitionen basteln, als sich mal ins Kundengetümmel zu stürzen. Ich kenne aber auch die, die live dabei sind, wenn Kundenbefragungen durchgeführt werden oder Kundenparlamente tagen. Hautnah zu erleben, was die Kunden zu sagen haben, fühlt sich doch ganz anders an, als Kuchendiagramme im späteren Berichtsband zu interpretieren.

Ich kenne Vertriebsleiter, die man eigentlich nur noch als Vertriebsverwalter bezeichnen kann. Sie haben noch nie selbst verkauft. Ich kenne Obere in Telekommunikationsunternehmen, die um ihre Call Center einen weiten Bogen machen – aus lauter Angst, mal ans Telefon gerufen zu werden. Und dann wiederum gibt es die, die täglich im Call Center vorbeischauen und interessiert ein paar Gespräche live erleben. So kann man Mitarbeitern Vorbild in Sachen Kundenfokussierung sein! Und niemand kann einem mehr ein X für ein U vormachen.

Wer Management konsequent vom Markt, sprich vom Kunden her, gestalten will, muss so nah wie möglich am Kunden sein. Da genügt es eben nicht, die Kunden nur vom Hörensagen zu kennen. Wer wissen will, was Kunden wirklich brauchen, wie sie ticken und wie man sie glücklich machen kann, der gehe am besten öfter mal raus und rede mit ihnen! Von Kunden können alle Manager im Unternehmen eine Menge lernen.

4 Aspekte einer kundenfokussierten Mitarbeiterführung

Mitarbeiter bringen – genauso wie Spitzensportler – nur unter optimalen Bedingungen ihre Höchstleistung. Aufgabe der Führungskraft ist es also, vorausschauende Demotivationsprophylaxe zu betreiben, das bedeutet, inspirierende Arbeitsplatzbedingungen und damit Leistungsmöglichkeiten zu schaffen. Dabei sollen die jeweils individuellen Arbeitsmotive und Talente ermittelt sowie die zwischenmenschlichen und organisatorischen Motivationshemmer erkannt und weggeräumt werden.

Wer im Kern seiner Talente eingesetzt wird, Freude an der Arbeit hat, sich keine Sorgen machen muss und ein positives Betriebsklima vorfindet, der fühlt sich gut, arbeitet lieber, leichter, schneller und mit besseren Resultaten. Er leistet – für die Kunden – einfach mehr!

Bringen wir uns an dieser Stelle nochmals unsere Definition der kundenfokussierten Mitarbeiterführung in Erinnerung:

> Führungskräfte haben die Aufgabe, solche Rahmenbedingungen zu schaffen, die es den Mitarbeitern ermöglichen, für die Kunden ihr Bestes geben zu können und vor allem: zu wollen.

Über den Kunden haben wir schon sehr ausführlich gesprochen, über die Führungskraft selbst und die Rahmenbedingungen

163

auch. Wie wirkungsvolle Mitarbeiterführung im Allgemeinen funktioniert, soll nicht Bestandteil dieses Buches sein. Das lässt sich in vielen guten Werken nachlesen.

Beschäftigen wir uns im Folgenden vielmehr mit der Einstellung der Führungskraft zu ihren Mitarbeitern sowie mit zwei Aspekten, die in unserem Kontext besonders wertvoll sind: dem Können und dem Wollen.

Die Einstellung zum Mitarbeiter

Führungskompetenz wird einem von den Mitarbeitern gegeben und nicht von der Personalabteilung und dem Arbeitsvertrag! Und so entscheidet das Menschenbild der Führungskraft darüber, mit welchem Maß an Engagement und in welcher Qualität die Mitarbeiter ihre Arbeit tun.

Hierbei gibt es zwei Thesen, wie das folgende Schaubild zeigt. Die Parallelen zum vergifteten und zum lachenden Unternehmen sind offensichtlich.

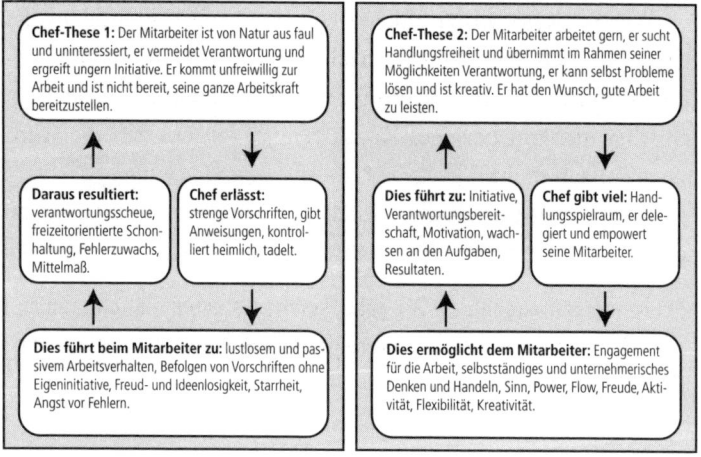

Abbildung 7: Das Menschenbild der Führungskraft (in Anlehnung an die XY-Theorie von Douglas M. McGregor)

Führen im Sinne der These eins impliziert das «alte» Vorgehen von Weisung und Kontrolle. Führen im Sinne der These zwei spiegelt ein modernes Führungsverständnis wider: Ermöglicher von Spitzenleistungen zu sein und Erfolgsbarrieren abzubauen. Das bedeutet, jeden einzelnen Mitarbeiter auf seine Weise zu fördern, zu fordern und zu führen, ihm ein Umfeld zu schaffen, in dem dieser seine individuelle Bestleistung erbringen kann und will. Und es bedeutet, Mitarbeiter situativ für immer neue Herausforderungen zu begeistern. Mit diesen Schlüsselfragen können Sie sich dabei auseinandersetzen:

- Ist das, was der Mitarbeiter am besten kann, bei uns auch gewollt?
- Was kann ich tun, um ihn noch erfolgreicher zu machen?
- Bedeutet es Lebensqualität, von mir geführt zu werden?

Dabei gilt es, in den Kernbereich der Talente des Mitarbeiters vorzudringen beziehungsweise dem Mitarbeiter zu helfen, diese selbst zu entdecken. Das Ausmerzen von Schwächen ergibt allenfalls Mittelmäßigkeit. Nur im Bereich großer Stärken können Spitzenleistungen entstehen. Und diese wollen entfaltet werden, so dass der Mitarbeiter im Optimum seiner Möglichkeiten arbeitet.

Hierbei ist durchaus zu berücksichtigen, dass nicht jede einzelne Aufgabe immer nur Freude macht. Wer aber im Großen und Ganzen eine interessante Arbeit hat und diese autonom gestalten kann, ist eher bereit, auch unliebsame Routinen zu erledigen. Denn am Horizont wartet schon die nächste größere Herausforderung, die Erfolgserlebnisse verschafft.

Eine Kernfrage im Rahmen der kundenfokussierten Mitarbeiterführung lautet:

Hätte ich unseren besten Kunden so behandelt, wie ich gerade meinen Mitarbeiter behandelt habe?

Der mitarbeiterorientierte Vorgesetzte kennt seine Leute gut und legt großen Wert auf eine tragfähige zwischenmenschliche Beziehung zu ihnen. Er schätzt sie sowohl fachlich als auch persönlich. Er nimmt Rücksicht auf ihre Befindlichkeiten. Gegenseitiges Vertrauen spielt eine wesentliche Rolle. Die Kommunikation ist offen, respektvoll und interaktiv. Gegenüber Dritten spricht er mit Stolz über seine Leute und stellt sich hinter sie.

Eines toleriert er allerdings nicht: Drückebergerei, Vertrauensmissbrauch, das Nichteinhalten von Zusagen und das Brechen von Vereinbarungen. Da, wo Spielregeln verletzt und Abmachungen nicht eingehalten wurden, müssen unverzüglich Konsequenzen folgen. Das nenne ich positive Durchsetzungsstärke. Und diese braucht eine gute Führungskraft, denn sonst verliert sie sofort ihre Glaubwürdigkeit.

Ich unterscheide also zwischen positiver und negativer Durchsetzungskraft. Leider wird auch heute noch in vielen Unternehmen deren negative, destruktive Ausprägung gefordert und gelebt. Gerade erst hat eine Online-Studie der australischen Bond University gezeigt: Je fieser der Vorgesetzte, desto größer die Wahrscheinlichkeit, dass er Karriere macht – selbst wenn durch sein Verhalten die Produktivität der Abteilung den Bach runtergeht. 64 Prozent der Befragten gaben an, dass ein solchermaßen schlechter Führungsstil nicht bestraft, sondern durch Beförderung von der Firmenleitung teilweise sogar noch belohnt wurde. Alte Managementbücher fordern geradezu, ab und an mal ein Machtwort zu sprechen, nur um zu markieren, wer das Sagen hat.

Ohne Macht zu sein, macht starke Männer offensichtlich ganz krank. Und so wird das letzte Testosteron-Geträpfel alternder Herren, die mal groß und wichtig waren, genutzt, um es allen noch mal zu zeigen. Und sie ziehen sich Nachwuchs von genau der gleichen Art heran.

Die wenigsten Unternehmen können sich allerdings das Negativ-Potenzial solcher Alpha-Tiere heute noch leisten. Sie sind auf deren Stärken angewiesen.

Das Können

«Wenn meine Leute ihre Stellenbeschreibung einigermaßen erfüllen, bin ich schon zufrieden», sagte mir kürzlich eine Führungskraft. Nur leider: Das reicht nicht. Die Kunden wollen heute viel mehr. Was Kunden kaufen und damit haben wollen, sind tiefe Problemlösungen und richtig gute Gefühle. Mit Blick auf den Kunden haben die Mitarbeiter also eine ganze Reihe von Funktionen:

- Könner (Fachkraft, Experte)
- Woller (mit der richtigen Einstellung)
- Menschenversteher
- Emotionsmanager
- Träume-Erfüller
- Kundenbegeisterer
- Kundenloyalisierer

Was unter diesen Begriffen zu verstehen ist, wurde bereits erläutert. Im Folgenden geht es nun darum, die Mitarbeiter für diese Aspekte zu befähigen.

Was kundenfokussierte Mitarbeiter können sollen

Das Können umschließt neben den fachlichen Anforderungen auch die kundenfokussierte Einstellung sowie das kundenfokussierte Verhalten. Hierzu gehören neben einer grundsätzlich positiven inneren Denkhaltung auch physische und psychische Stabilität; ferner in Bezug auf den Kunden.

- eine kundenfreundliche Gestaltung der Abläufe am Arbeitsplatz,
- ein effizientes Selbstmanagement,

- Menschenversteher-Wissen,
- Wahrnehmungsfähigkeit und Einfühlungsvermögen,
- Kontaktfreude und Kommunikationsfähigkeit,
- eine positive verbale und nonverbale Gesprächsführung,
- ein konstruktiver Umgang mit Widerständen,
- Verantwortungsbereitschaft und unternehmerisches Handeln.

Am besten erarbeiten Sie im Rahmen von Workshops mit den Mitarbeitern gemeinsam, was konkret in ihrem Bereich benötigt wird und dazu dient, Kunden erfolgreich und glücklich zu machen. Die daraus resultierenden Details können in einen Kriterienkatalog münden, auf dessen Basis ein Bewertungsinstrument entsteht, das Kundenfokussierung sichtbar, vergleichbar und messbar macht. Dieses wiederum kann Grundlage für Mitarbeitergespräche, Zielvereinbarungen, Entwicklungsmaßnahmen und Vergütungsformen sein.

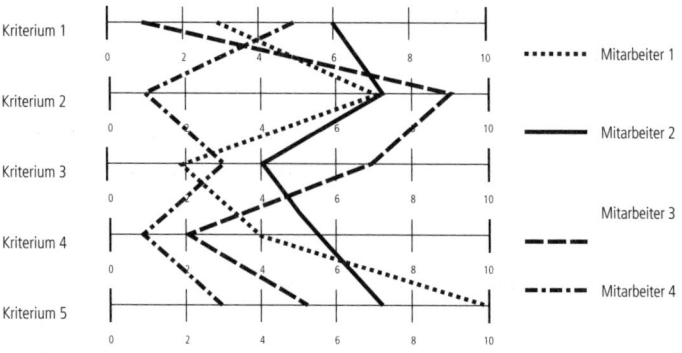

Abbildung 8: Das Scoring-Modell: Für individuell zu definierende Kriterien werden Punkte vergeben

Dabei sollte es sowohl zu einer Selbstbewertung des Mitarbeiters als auch zu einer Fremdbewertung durch den unmittelbaren Vorgesetzten sowie neutrale Dritte kommen, um ein einigermaßen realistisches Bild zu erhalten und subjektive Wahrnehmungsverzerrungen weitestgehend auszuschließen. Wenn möglich, können auch Kundenbeurteilungen in die Bewertung einfließen.

Kundenfokussierung braucht Training und Coaching. Insbesondere die emotionalen Aspekte sowie die kundengerechte Kommunikation lassen sich aus Büchern, Anweisungen oder einer noch so ausgefeilten Checkliste kaum erlernen, sie müssen – am besten in kleinen Einheiten – immer wieder geübt werden. Erst das trainierte Wissen macht Wissen zu einem Erfolgsfaktor.

Wissen und Können sind nahe verwandt, sind zwei Seiten einer Medaille, wobei die eine ohne die andere nichts wert ist. Beides hat mit Lernen zu tun. Lernen von Wissen passiert im eigenen Kopf, Lernen von Können durch Üben, und das meist auch noch vor den Augen anderer. Wie fühlt sich ein «Noch-nicht-Könner» bei Ihnen? Allein gelassen, vorgeführt, überfordert? An den Pranger gestellt und belächelt? Gedemütigt? Oder gar denunziert? Fehler machen dürfen heißt: üben, um siegen zu lernen.

Leider gelingt es nicht immer, durch Training und Coaching alle Fehler im Vorfeld zu vermeiden. Doch wann ist ein Fehler ein «guter» Fehler? Wenn man ihn zusammen mit dem Kollegen, der ihn auch bemerkt hat, unter den Teppich kehren konnte, bevor der Chef es mitbekam? Mag sein, dass auf diese Weise der Team-Gedanke gefördert wird. Der große Nachteil daran ist, dass man nichts aus den Fehlern des Einzelnen lernt und somit jeder Mitarbeiter (und jeder neue Mitarbeiter wieder) jeden Fehler mindestens einmal, zweimal, dreimal macht. Nur: Können die Kunden auf Dauer mit solchen Fehlerquoten begeistert werden?

Erfolgsmacher oder Misserfolgsvermeider?

Ob misslungene Produkteinführung, falsche Bewerberauswahl oder gescheiterte Fusion: Fehler sind die großen Tabus im Wirtschaftsleben. Sie werden aufgehübscht oder totgeschwiegen. Keiner will es gewesen sein. Täter schlüpfen in die Opferrolle und schieben den Schwarzen Peter anderen unter. Oder man begibt sich gemeinsam auf die Suche nach dem Sündenbock: Die vertrackten Umstände waren Schuld daran, dass eine Situation sich so entwickelt hat – man selber war leider machtlos. Verantwortung wird negiert, ein Alibi gesucht, Hilflosigkeit vorgegaukelt, Resignation und Ohnmacht gespielt. All dies aus Angst vor unliebsamen Konsequenzen für den Besitzstand, sprich für die Karriere oder den eigenen Geldbeutel.

Als ich noch im Management eines internationalen Hotelkonzerns war, planten wir einmal ein groß angelegtes Mailing mit Wochenend-Specials für Stammgäste. Ein Hoteldirektor wollte seine Adressen nicht herausrücken. Sein Begründung: Es könne ja sein, dass ein Gast Post erhielte, der außerehelich im Hotel genächtigt hat, und die Ehefrau würde dies nun erfahren. Selbst wenn das, sagen wir mal, auf fünf Prozent der Gäste zutrifft, werden damit 95 Prozent Chancen verbaut. Dieser Hoteldirektor war ein Misserfolgsvermeider. Misserfolgsvermeider haben den «5-Prozent-Risiko-Blick», Erfolgsmacher den «95-Prozent-Chancen-Blick».

Misserfolgsvermeider suchen nach Haken und nicht nach Ösen, sie forschen nach Fehlern und Pannen und nicht nach Möglichkeiten. Sie reden über die schlechte Performance ihrer Mitarbeiter und nicht über deren tägliche Heldentaten.

Erfolgsmacher begegnen Fehlern mit Neugierde und Interesse, sie schauen in die Zukunft und sehen Lösungen. «In jeder Töpferei liegen auch Scherben», sagt ein ägyptisches Sprichwort. Wer keine Fehler macht, lernt auch nichts mehr. Die sicherste Art, wenig Fehler zu machen, ist die, nichts (Neues) zu machen. Wir wachsen nicht über das Fehlervermeiden, sondern über das Fehlermachen.

Fehlerorientierung erzeugt eine Misserfolgskultur, Chancenorientierung eine Erfolgskultur. «Wer sich auf Fehler kapriziert, verliert den Erfolg aus den Augen», sagt Stefan Tilk in seinem le-

Die konstruktive Fehler-Lernkultur

Der Misserfolgsvermeider

- Ist ein Yes-butter (Ja, aber …)
- Denkt: Ich bin toll und du bist problematisch!
- Erhebt: Anklage und Vorwurf
- Negatives Vorgehen: Sieht Risiken, sucht Fehler
- Warum ist das schon wieder passiert?
- Haltung: «Cover your ass!», denn schuld sind die Anderen bzw. die Umstände
- Sagt: Uiii , das wird schwierig!
- Fragt: Was hindert mich daran?
- Fokussiert auf: … Was nicht funktioniert
- Agiert: Vergangenheitsorientiert
- Ist ein Sicherheitsfanatiker
- Ist defizitorientiert
- Initiiert: Eine Nullfehler-Kultur

Der Erfolgsmacher

- Ist ein Why-notter (Warum eigentlich nicht)
- Denkt: Was kann ich zukünftig besser machen?
- Praktiziert: Entschuldigen und Verzeihen
- Positives Vorgehen: Sieht Chancen, findet Lösungen
- Wie kam es, dass …? Was war der Grund …?
- Haltung: Ich übernehme Verantwortung, denn der Fehler bzw. die Ursache liegt bei mir.
- Sagt: Klasse, das ist zu schaffen!
- Fragt: Was unterstützt mich dabei?
- Fokussiert auf: … Was funktioniert
- Agiert: In Richtung Zukunft
- Ist ein mutiger Innovator
- Ist potenzialorientiert
- Initiiert: Eine Fehlertoleranzkultur

Abbildung 9: Die konstruktive Fehler-Lernkultur

senswerten Buch «Courage – Mehr Mut im Management». Angst vor Fehlern führt zum Stillstand. Dort, wo keine Fehler zugelassen oder diese gar geahndet werden, verbringen Mitarbeiter ihre Zeit damit, sich abzusichern. Schlimmer noch: Sie belauern arglistig die lieben Kollegen, um deren kleinste Fehler anzuprangern. Oder sie lassen sie mit voller Absicht ins Messer laufen. Oder sie sprechen einen Fehler nicht an, weil sie Sorge haben, dass sich der werte Kollege bei passender Gelegenheit und vor versammelter Mannschaft revanchieren wird. So kommt alles zum Stillstand, und am Schluss wird gar nichts mehr entschieden, aus lauter Angst, etwas Falsches zu tun. Externe Marktforscher und kooperative Berater müssen her, um sich abzusichern. Das kostet Zeit und Geld – und der Markt macht sich derweil von dannen.

Freunden Sie sich also mit Fehlern an und begrüßen Sie

diese. «Ich bin stolz darauf, dass wir an dieser Stelle einen Fehler gemacht haben, denn was wir für die Zukunft daraus gelernt haben, ist Folgendes …», könnten Sie also bei Ihrer nächsten Präsentation sagen und einmal beobachten, was passiert. Eine so charmante Selbstbezichtigung wirkt manchmal geradezu entwaffnend – es sei denn, Sie haben nur Neider um sich, die Ihnen aus allem, was Sie tun, einen Strick drehen. Wirklich Großes kann aber nur gelingen, wenn der Neid schweigt.

In vergifteten Teams und dort, wo Hierarchien nicht geklärt sind, gibt es immer einen Prügelknaben. Er dient zur Transposition von Aggressionen, wie Sozialpsychologen das nennen, damit also die Aggression nicht offen aufeinanderprallt. Der Ausdruck «Sündenbock» geht übrigens auf das Alte Testament zurück. Bei den Feierlichkeiten zum Versöhnungsfest wurde ein Ziegenbock symbolisch mit allen Sünden des Volkes beladen und in die Wüste getrieben. Auf diese Weise befreiten sich die Menschen von Schuld.

Der falsche Umgang mit Fehlern verursacht dreifache Folgekosten: für die fehlerhafte Leistungserstellung, für die Mängelregulierung und solche, die aus der Abwanderung enttäuschter Kunden entstehen. Deshalb heißt es, eine konstruktive Aus-Fehlern-lernen-Kultur zu entwickeln. Das bedeutet, nicht nur den Fehler schnellstmöglich zu beseitigen, sondern auch, gemeinsam zu besprechen, wie solche Fehler in Zukunft vermieden werden können. Gefragt wird immer nach der Ursache. *Wer* den Fehler gemacht hat, ist dabei egal.

Die einzigen Fehler, die nicht toleriert werden können, sind Absicht, Nachlässigkeit und Schlamperei. Ansonsten ist ein Fehler erst wirklich ein Fehler, wenn er zum zweiten Mal passiert. Fehler also ja, aber bitte nicht zweimal! Ich berate Firmen, in denen berichten die Mitarbeiter in regelmäßigen Besprechungen über Fehler, die ihnen passiert sind, und was sie daraus lernen konnten. Solches Vorgehen ist hochwillkommen. Denn es bringt alle dazu, ganz locker und selbstverständlich auch über das «Unsagbare» nachzudenken.

Das totale Scheitern wird als eine mögliche Option gehandelt und beispielsweise ganz selbstverständlich in die Arbeit von Projektgruppen miteinbezogen. Und wenn der «worst case» dann tatsächlich eintreten sollte, dann ist man darauf vorbereitet. Man hat das «Locker mit einem Fehler umgehen, um ihn schnellstens aus der Welt zu schaffen» ja schließlich geübt. Niemand verkrampft, und das Hirn kann auf Hochtouren laufen.

Geschichten über die Folgen eines schlechten Fehlermanagements, die früher nur hinter vorgehaltener Hand erzählt wurden, kommen heute immer öfter ans Tageslicht. Investigative Journalisten brauchen nur nach ein paar erbosten, frustrierten, rachsüchtigen Mitarbeitern zu suchen. Leider ist in der Presse auch immer wieder nachzulesen, welche Katastrophen eine schlechte Fehlerkultur heraufbeschwören kann. Denn meist ist es nicht der Fehler selbst, sondern der phlegmatische oder panische Umgang damit, der schließlich verhängnisvoll endet. So führten Zeitungsberichte zufolge zu kurze Kabelstränge, über die im allgemeinen Kompetenzgerangel die Verantwortlichen nicht informiert worden waren, bei Airbus zur verspäteten Auslieferung des A380 mit milliardenschweren Folgekosten.

Im schlimmsten Fall kostet eine schlechte Fehlerkultur Menschenleben. Es ist bekannt, dass in Krankenhäusern Menschen sterben, weil sich die Krankenschwestern nicht trauen, den behandelnden Arzt auf eine Fehldiagnose, eine falsche Medikamentenwahl oder einen falschen Eingriff anzusprechen. Solches Versagen ist nicht dem Mitarbeiter, sondern dem Management anzukreiden. Die Führungskraft selbst ist die einzige, die das wieder ändern kann, und zwar so:

- Verlangen Sie von Ihren Mitarbeitern, über schlechte Nachrichten als Erster informiert zu werden.

- Bedanken Sie sich ausdrücklich bei denen, die ihre Fehler

«beichten» beziehungsweise Ihnen schlechte Nachrichten überbringen.

- Drücken Sie Ihr starkes Missfallen aus, wenn Ihnen etwas vorenthalten wurde beziehungsweise wenn Nachrichten geschönt sind oder wenn gelogen wurde.

Aktives Fehlermanagement heißt: Fehler und die dazugehörige(n) Lösung(en) werden aufgezeichnet und statistisch ausgewertet. Dann macht jedes Team-Mitglied diesen Fehler (hoffentlich) nur noch einmal. Und Lösungen müssen nicht immer wieder neu gesucht werden. Was nicht nur die Leistungen, sondern auch die Motivation verbessert.

Da, wo Fehler wie Todsünden behandelt und an den Pranger gestellt werden, da wird viel Energie verbraucht, um Fehler zu verbergen, sie schönzureden oder nach Schuldigen zu suchen. Und die gleichen Fehler passieren immer wieder. «Hurra, ein Fehler», sollten wir also ab und an rufen, wenn ein Fehler passiert ist. Das Hinfallen gehört zum Laufenlernen. Innovationen sind nicht ohne Fehler zu haben. Wer Neues ausprobiert, muss auch scheitern dürfen. Eine angemessene Fehlertoleranzkultur sorgt für ein dynamisches Klima der kontinuierlichen Optimierung. Übertriebener Perfektionismus hingegen ist hinderlich, er macht Unternehmen langsam und träge.

Allerdings: In manchen Bereichen ist eine Null-Fehler-Kultur absolut notwendig. In den Montagehallen bei Porsche, so berichtet der Vorstandschef Wendelin Wiedeking, wird sofort eine rote Schnur gezogen und das Band gestoppt, wenn ein Fehler passiert: «Dann kümmern sich alle darum und beheben das Problem. Natürlich wird der meldende Kollege gelobt, denn es ist wichtig, dass Fehler sofort erkannt und behoben werden. Am Band kostet es vielleicht 10 Euro, am Ende der Fertigung würde es schon 100 Euro kosten und später beim Kunden vielleicht 1000.»

Dieses bei den Japanern «Genchi Genbutsu» («Gehe zur Quelle») genannte Prinzip hat er, wie er sagt, gerne von Toyota übernommen. Dabei wird die Verantwortung nicht an die Endkontrolle, sondern direkt an den Monteur am Band übertragen.

Martin Beckenkamp weist übrigens in seinem Exposé «Change happens» nach, dass ‹Tit-for-Tat› im Fehlermanagement nicht funktioniert. Unter Selbsterhaltungsgesichtspunkten ist das Fehlerverschweigen für den Mitarbeiter die bessere Wahl. Für ein Unternehmen hingegen ist es das Beste, alle Mitarbeiter würden ihre Fehler – und dabei insbesondere die gravierenden – schnellstmöglich offenlegen. So wird im Unternehmensleitbild auch ein Statement zum Umgang mit Fehlern benötigt. Dies kann sich etwa wie folgt anhören:

> Bei uns darf jeder Fehler machen, nur nicht den, ihn zum Schaden des Unternehmens zu vertuschen. Und das bedeutet im Einzelnen:
> - Finde Fehler so schnell wie möglich!
> - Gib Fehler zu und verzeih dir!
> - Schiebe keine Fehler auf andere!
> - Lerne aus Fehlern und suche nach Lösungen!
> - Mach keinen Fehler zweimal!

Fehler sind der Preis für Evolution und Innovation. Denn wer sich nie verirrt, findet auch keine neuen Wege. Und nur wer die Messlatte immer noch ein wenig höher legt, wird schließlich zu den Besten zählen. Wer aus Angst vor Fehlern gar nichts wagt, begeht den größten Fehler. Jeder Fehler ist also eine Investition. Je eher er passiert beziehungsweise je früher man ihn erkennt, desto schneller kann er aus der Welt geschafft werden. So wird jeder Fehler zu einem nachträglichen Erfolg. Behobene Fehler sollten daher gefeiert werden.

Die Feedback-Kultur

Mitarbeiter wollen Feedback! Sie suchen ständig nach Anzeichen, ob sie die Erwartungen ihrer Vorgesetzten erfüllen. Sie wollen wissen, wo sie stehen, sonst kommt es zu Spekulationen: «Er hat zu meiner Arbeit bloß o. k. gesagt. Sicher fand er sie schlecht, wollte mich aber schonen, weil er wohl glaubt, dass ich überempfindlich bin.»

Ein gekonntes Feedback-Gespräch fördert das Miteinander, klärt Missverständnisse und sorgt für Leistungsverbesserungen, sowohl auf fachlicher als auch auf emotionaler Ebene. Gefühle sollen also dabei angesprochen werden, sonst kommt es leicht zu Fehleinschätzungen. So war der Chef vielleicht nur anderer Meinung, aber die Mitarbeiter dachten, er sei verärgert. Die Wirklichkeit ist eben ein Hirngespinst.

Feedbacks sind Rückmeldungen über die erbrachten Leistungen. Sie geben uns die Sicherheit, auf dem richtigen Weg zu sein. Unser Körper tut dies übrigens ganz selbstverständlich, und zwar auf Schritt und Tritt. Sonst kämen wir nicht mal die Treppe rauf oder runter. Feedback geben heißt feinjustieren. Es dient der persönlichen Weiterentwicklung – und das muss klar zum Ausdruck kommen. Klare, offene und ehrliche Signale sind die wertvollsten Geschenke, die eine Führungskraft seinen Mitarbeitern machen kann.

Mitarbeiter absichtlich im Unklaren über die Qualität ihrer Leistungen zu lassen, ist grausam. Unausgesprochene und schwelende Konflikte verursachen eine permanente und gesundheitsschädliche Hochschaltung der Stresssysteme. Ein fair ausgetragener Konflikt hingegen sorgt wie ein reinigendes Gewitter wieder für gute Luft. Und es zeigt, dass weiterhin Interesse besteht. Wäre das nicht der Fall, würde man kein Feedback bekommen.

Feedback darf natürlich nicht missbraucht werden, um Macht auszudrücken, zu manipulieren oder zu verletzen. Es funktioniert auch nur dann, wenn der Gesprächspartner seine

Bereitschaft zur Annahme des Feedbacks signalisiert und das Feedback ausdrücklich erlaubt hat. In aller Regel interessieren uns Rückmeldungen darüber, wie wir auf andere wirken – nur eben nicht von jedem. Wir neigen auch sehr dazu, uns selbst durch die Brille selektiver Wahrnehmung zu betrachten, also an uns zu zweifeln oder uns selbst stark zu überschätzen. Und für manches sind wir geradezu blind; wir wollen oder können uns nicht erlauben, es zu sehen. Feedback ist somit ein Segen für die persönliche Weiterentwicklung. Wer wirklich weiterkommen will, sollte um Feedback geradezu betteln.

Wie das Förder- bzw. Fehler-Gespräch funktioniert
«Man darf dem anderen die Wahrheit nicht wie einen nassen Lappen um die Ohren schlagen. Man sollte sie ihm vielmehr hinhalten wie einen Mantel, damit er hineinschlüpfen kann», hat der Schriftsteller Max Frisch einmal geschrieben. Ja, aber?

Richtig: Von einer guten Führungskraft wird erwartet, dass sie klar und deutlich ihre Meinung sagt und dass sie mit Konsequenz und Nachdruck handelt, wenn Ergebnisse nicht erreicht oder Fehler immer wieder gemacht wurden. Die Frage ist nur, auf welche Art und Weise sie dies tut. Sie kann einen Fehler knallhart ahnden oder ihn als zu optimierende Verhaltensweise erkennen. Sie kann vorwurfsvoll die schlechte Leistung tadeln oder eine zukünftige Herausforderung sehen. Ein Fehler kann auch wie folgt umschrieben werden: Kinderkrankheit, Korrekturmodus, Lernchance, Verbesserungsmöglichkeit, Optimierungspotenzial, Testlauf, Rückschlag, Schwachstelle, Anlaufschwierigkeit, Lapsus, Missgeschick …

Viele Vorgesetzte vermeiden es jedoch, Fehlergespräche zu führen, weil sie Angst haben vor einer unangenehmen Reaktion des Mitarbeiters (er/sie ist verletzt, wird böse, sperrt sich, weint), mit der sie nicht umgehen können. Oder sie befürchten, sich unbeliebt zu machen beziehungsweise im Gegenzug selbst kritisiert zu werden. Wer allerdings seinen Mitarbeitern berechtigte Kritik vorenthält, nimmt ihnen die Möglichkeit, sich zu entwickeln. Kritikgespräche sind also in Wirklichkeit Fördergespräche und damit Geschenke. Sie sind notwendig, um den Mitarbeiter auf unerwünschte Auswirkungen seines Verhaltens hinzuweisen und ihm die Möglichkeit zu geben, seine Leistungen zu verbessern. Entscheidend ist, zu wissen, wie man sie führt.

In einem Fehlergespräch gibt es letztlich nur zwei Fragen, die interessieren: «Was war die Ursache?» und: «Wie können wir es in Zukunft besser machen?». In dem Bewusstsein, dass besprochene Fehler Lernchancen sind, werden alle experimentierfreudig auf die Suche nach passenderen Lösungen gehen. Das kann sich etwa wie folgt anhören: «Gut, dass der Fehler jetzt aufgetaucht ist. Was er bewirkt hat, darüber bin ich wirklich *nicht* glücklich, doch nun lassen Sie uns sehen, wie wir das aus der Welt schaffen und was wir in Zukunft daraus lernen können.»

Einen Fehler zuzugeben ist vielen allerdings peinlich. Stresshormone beginnen, ihr Unwesen zu treiben, Versagensängste stellen sich ein. Deshalb müssen Vorgesetzte sich aneignen, einfühlsam und konstruktiv mit Fehlern umzugehen, also auf eine angemessene, sachliche Art und Weise zu reagieren und nicht herabsetzend, vorwurfsvoll, anklagend, verurteilend zu handeln. Suchen Sie nach Fehlerursachen («Wie kam es, dass …?») und nicht nach einem Sündenbock! Vermeiden Sie die Warum-Frage!

Denn wer sich für einen Fehler rechtfertigen muss, entmündigt sich. Wer lächerlich gemacht wurde und sein Gesicht verliert, entwickelt Hass und sinnt auf Vergeltung. Er zieht sich völlig zurück – oder er geht frontal zum Gegenangriff über. Die Angst vor schmählicher Kritik ist ja letztlich nichts anderes als die Angst vor Liebesentzug. Unser Körper registriert übrigens soziale Zurückweisung in dem gleichen Hirnareal, das auch für körperliche Schmerzen zuständig ist. Beleidigungen, Kummer und Sorgen tun im wahrsten Sinne des Wortes weh.

Besonders wichtig beim Fehler-Gespräch: Es geht rein um die Beschreibung von Eindrücken und Empfindungen, nicht um Wertungen oder gar ums Moralisieren. Bleiben Sie sachlich, werden Sie nicht persönlich, tadeln Sie nur die Sache, nicht aber den Menschen, damit der Mitarbeiter einsichtig und nicht eingeschnappt reagiert. Denn niemand macht Fehler gern. Und es ist unmöglich, alles richtig zu machen.

Richten Sie Ihren Blick auf die Lösung und nicht auf das Malheur. Machen Sie Angebote statt Vorschriften, geben Sie Anregungen und keine Ratschläge. Nichts ist schlimmer als ein oberlehrerhafter Ratschlag im falschen Augenblick oder ein Chef, der ständig herausstellt, um wie viel besser er es selbst gemacht hätte. Wer im Rahmen solch zugegebenermaßen oft schwieriger Gespräche den Mitarbeiter nicht abkanzelt und entwürdigt, sondern konstruktiv aufbaut, fördert nicht nur dessen Selbstachtung, sondern auch dessen kritische Selbsteinschätzung.

«Kritik braucht Liebe», sagt man so schön. Und im Harvard-Konzept heißt es: Hart in der Sache und weich zu den Menschen. Damit Fehlergespräche für beide Seiten konstruktiv verlaufen, sind nicht nur konstruktive Worte, sondern auch eine akzeptable Körpersprache gefragt. Unsere wachsame Amygdala ist ja bereits wieder in voller Aktion. Nehmen Sie daher eine offen zugewandte Körperhaltung ein, legen Sie Freundlichkeit und Wärme in Ihre Gestik und Mimik, vor allem in die Augen und in Ihren Tonfall.

Zugegeben, das ist nicht immer ganz leicht bei schwierigen Feedback-Gesprächen. Deshalb sollten Sie ein solches erst dann führen, wenn Sie sich selbst wieder beruhigt und im Griff haben. Ein sehr wirkungsvoller kleiner Trick: Gehen Sie mit Ihrer Stimme ein wenig nach unten, sprechen Sie ruhig und langsam. Das muss intensiv trainiert werden, denn normalerweise werden wir in solchen Fällen eher laut und gehen mit der Stimme hoch. Frauen wirken dabei schnell schrill und geradezu hysterisch.

Ein Meister der Gesprächsführung sind Sie dann, wenn der Mitarbeiter sich nach dem Fehlergespräch besser fühlt als vorher und sich sogar ausdrücklich bedankt. Eine ausführliche Checkliste zum Kritikgespräch finden Sie übrigens unter *www.kundenfokussierte-unternehmensfuehrung.com*.

Die Fehler der Führungskraft

Auch ein Vorgesetzter darf Fehler machen. Und er sollte darüber sprechen. Die Mitarbeiter merken es sowieso. Ob sie nun offen oder auf den Gängen darüber reden, liegt ganz an ihm. Menschen verzeihen fast alle Fehler, wenn man sie eingesteht und ehrlich bereut. Mit Worten wie: «Das war unfreundlich von mir … das hätte ich so nicht tun dürfen … es tut mir leid … bitte entschuldigen Sie …» steigt der Vorgesetzte in der Achtung seiner Mitarbeiter gewaltig.

Wer sich verwundbar macht, wird in guten Unternehmenskulturen geschützt und nicht beschädigt. Indem der Chef seine eigene Verletzlichkeit eingesteht, sendet er die Botschaft aus, dass niemand ohne Fehler ist. Und schließlich: Wer sich selbst kritikfähig zeigt, hat es einfacher, solche Gespräche zu führen, bei denen die Mitarbeiter der konstruktiven Kritik gegenüber offen sind und nach Verbesserungen streben.

Um das Können und schließlich das Wollen seiner Mitarbeiter zu fördern, kann eine ehrliche Selbstreflektion der Führungskraft zum Thema Lob und Tadel sehr hilfreich sein. Folgende Fragen können Sie sich dabei stellen:

- Gebe ich meinen Mitarbeitern mehr Kritik oder mehr Anerkennung?
- Was hält mich – ganz ehrlich gesagt – davon ab, meinen Mitarbeitern mehr Anerkennung zu geben?
- Bin ich bereit, konstruktive Kritik auszusprechen, auch wenn es für mich oder den Mitarbeiter unangenehm ist?
- Was bringt mich – ganz ehrlich gesagt – dazu, Kritik zu

üben? Ist das Vorgehen zielführend oder treiben mich «niedere» Beweggründe?

- Ist die Art und Weise des Gesprächs akzeptabel? Würde ich wollen, dass man mit meinen Kindern so spricht?
- Kann ich selbst kritisches Feedback annehmen? Wie fühle ich mich dabei und wie gehe ich damit um? Dankbar oder bedrängt? Annehmend oder abwehrend aggressiv? Kann ich Fehler eingestehen? Wie äußere ich dies?

Drei magische Sätze sind es, die ins Repertoire jeder Führungskraft gehören:

- Ich habe einen Fehler gemacht.
- Ich hatte Unrecht.
- Ich habe meine Meinung geändert.

Was passiert ist, ist passiert. Sobald es gesagt ist, kann man sich (wieder) mit der Zukunft beschäftigen. Erlauben Sie sich und Ihren Mitarbeitern, ihre Meinung zu ändern. Das macht schnell und flexibel. Und: «Nutzen Sie die Kraft, die darin liegt, nicht Recht haben zu müssen.» Das sagt John Naisbitt in seinem neuen Buch «Mind Set».

Unbedingt Recht haben zu wollen ist eine Barriere des Lernens und Verstehens. Sie verhindert Wachstum. Wenn Sie also ganz offensichtlich mal daneben lagen: Entschuldigen Sie sich. Eine aufrichtige Entschuldigung ist der adäquate Ausgleich für eine erlittene Ungerechtigkeit. Bekommen wir sie, so gibt uns dies die Möglichkeit, zu verzeihen und schließlich zu vergessen. Und das wiederum fühlt sich gut an. Frauen tun sich übrigens beim Verzeihen und Vergessen schwerer.

Das Wollen

Mit all seinem Wissen und Können könnte Ihr Mitarbeiter jetzt also – wenn er nur wollte. Doch was bringt ihn dazu, sein Bestes geben zu wollen – denn befehlen kann man es nicht. Wer sinnvolle Arbeiten erledigen, selbstbestimmt arbeiten, Herausforderungen bewältigen, über sich hinauswachsen kann, der will! Das macht lebendig, das gibt Auftrieb, das erfüllt mit Stolz. Wählen zu können gibt den Menschen das Gefühl, die Situation zu beherrschen. Solche Menschen leisten die bessere Arbeit – weil sie das selber so wollen.

«Das ‹Wollen› erreichen Sie am besten, wenn die Leute selbst sagen, sie könnten sich vorstellen, das in Zukunft so und so zu machen», sagte mir einmal eine weise Führungskraft. Wenn wir uns hingegen als Werkzeug erleben oder Anstrengungen uns unnötig erscheinen, schalten wir in den Energiespar-Modus! Wer legt sich schon gerne für einen ungeliebten Arbeitgeber krumm?

Unser Hirn liebt Herausforderungen

Wenn ein Stabhochspringer fünf Meter locker überspringt, sind fünf Meter fünf für ihn eine neue Herausforderung, vier Meter fünf dagegen eine Frechheit. Das Wollen und damit auch die Motivation bewegen sich in einem ständig mehr oder weniger leicht ansteigenden Kanal, den der Glücksforscher (welch wunderbarer Beruf!) Mihaly Csikszentmihalyi als Flow-Kanal bezeichnet hat.

Innerhalb des Kanals geht die Arbeit leicht von der Hand, wir laufen zur Höchstform auf, ganz ohne Anstrengung: keine Schweißperlen auf der Stirn, keine verkniffenen Lippen, kein Stress im Nacken. Keine Sekunde sinnieren wir über die Zukunft, keinen Augenblick verschwenden wir an die Vergangenheit.

Wir arbeiten im Hier und Jetzt, haben weder Sorgen noch Zweifel, gehen quasi zeitlos, raumlos und schwerelos in unserer

Arbeit auf, sie lohnt sich und macht Spaß. Und sie erzeugt Momente des Glücks. Alles in allem ein beneidenswerter Zustand, der durchaus ein wenig süchtig macht.

Wer zielorientiert und selbstbestimmt arbeiten darf, wer gefordert, aber nicht überfordert wird, wer abwechslungsreiche, vielgestaltige Aufgaben hat und Anerkennung erhält, kennt eine Menge solcher Momente. Mitarbeiter im Flow werden zu Treibern des unternehmerischen Erfolgs.

Unterhalb des Kanals ist den Menschen langweilig; sie suchen dann Flow in der Freizeit. Oberhalb des Kanals sind die Anforderungen zu groß, Angst und Resignation machen sich breit. Mit einem Menschen, der Leistungs- oder Versagensängste hat, kann man nicht viel anfangen. Bei Mitarbeitern Angst auszulösen ist einer der schlimmsten Führungsfehler. Wer sich dem ausgeliefert sieht, ist im Dauerstress und reagiert mit allen Formen negativer Aggressivität, also im schlimmsten Fall auch mit Alkohol, Drogen und Gewalt.

Hohe Anforderungen gehören daher in kleine Einheiten verpackt. Die Messlatte wird Zentimeter um Zentimeter höher gelegt, und zwar erst dann, wenn sie sicher übersprungen wurde. Das bedeutet konkret, der Mitarbeiter muss zunächst qualifiziert werden, um die nächste Höhe überhaupt nehmen zu können. Nur so entwickelt sich das nötige Selbstvertrauen, neue Herausforderungen anzunehmen. Und der Stolz auf erreichte Ergebnisse spornt zu neuen Höchstleistungen an.

Um dem auf die Spur zu kommen, bieten sich etwa folgende Fragen an:

- Mit welchen Aufgaben beschäftigen Sie sich besonders gerne?
- Welche weiteren Aufgaben würden Sie gerne übernehmen?
- Wie ließe sich das umsetzen?
- Welche Arbeiten tun Sie weniger gerne?
- Welche Aufgaben möchten Sie in Zukunft eher abgeben?
- Wie ließe sich das umsetzen?

So gilt es auch, Sorge dafür zu tragen, dass die Passung zwischen den persönlichen Präferenzen der Mitarbeiter und der tatsächlich zu leistenden Arbeit so groß wie möglich ist. Wer seine Talente nutzen und, soweit möglich, das tun darf, was er am besten kann und am meisten will, erbringt garantiert bessere Arbeitsleistungen.

Die Lob-Kultur

Wer von seinen Mitarbeitern Heldentaten will, muss loben können. Wollen und Loben hängen eng zusammen. Damit ist jetzt nicht das platte, vordergründige, manipulative Lob gemeint, sondern ein zeitnahes, aufrichtiges, anerkennendes und begründetes Lob.

«Tatsächlich nutzt der Mensch fast jede Gelegenheit, sich zu erhöhen, und bezeugt Wohlwollen und Dankbarkeit dem gegenüber, der eine solche Erhöhung vornimmt oder auch nur verspricht», meint der Verhaltensbiologe Felix von Cube. Und ein alter Sinnspruch lautet: «Jeder Mensch braucht siebenmal täglich ein Lob.»

Der Nicht-loben-Appell («Alles Motivieren ist Demotivieren»), durch den der Führungsexperte Reinhard K. Sprenger zu Ruhm und Ehre kam, ist eine führungstechnische Tretmine. Er mag Wasser auf die Mühlen all derer sein, die ihre vielfältigen Oben-sein-Privilegien zu verteidigen trachten – und genau deshalb nicht loben können oder wollen.

Man kann es nicht oft genug sagen: Die Menschen verstärken Verhalten, für das sie Anerkennung bekommen. Und sie wiederholen Verhalten, für das sie belohnt werden. Ein Lob funktioniert wie ein Wegweiser auf der Straße zum Erfolg. Da Lob somit ein Steuerungsinstrument ist: Achten Sie darauf, wen Sie loben, wofür Sie loben und wie stark Sie dosieren. Denn man wird Sie genau beobachten. Und die, die gelobt werden wollen, richten ihr Verhalten danach aus.

Wer lobt, dem drohen auch Gefahren: Ein zu öffentliches oder zu einseitiges Lob schürt Neid und Missgunst. Wer allerdings auf anerkennende Worte ganz verzichtet, wird eines Tages bemerken, dass es in seinem Bereich kaum mehr anerkennenswerte Leistungen gibt.

Natürlich kann Lob auch als Machtspiel missbraucht werden: wenn beispielsweise jemand mit einem süßlichen Lob abgespeist wird, weil/damit er auf handfeste Vorteile verzichtet. Oder wenn durch ein gönnerhaftes Lob von oben herab in Wahrheit nur der eigene Status herausgestellt werden soll. Oder wenn Sie jemanden durch Lob zur Marionette machen. Oder wenn Sie andere durch exemplarisches Nichtloben unter Druck setzen wollen. Oder wenn jemand «weggelobt» werden soll. Jedes Spielchen sät Misstrauen und wird, wenn durchschaut, mit einem Gegenspielchen gekontert. Nur leider: Wenn alle nur noch in Spielchen verstrickt sind, kann sich keiner mehr um die Kunden kümmern.

Es gibt auch Chefs, die glauben, fehlende Anerkennung führe zu verstärkten Anstrengungen. Dies ist, wenn überhaupt, höchstens im Einzelfall möglich. Generell gilt hingegen: Wer seinen Mitarbeitern keine Rückmeldung über die Qualität ihrer Arbeit gibt, lässt sie im Ungewissen über ihre Leistung. Diese verlieren die Orientierung und irren wie mit dem Blindenstock weiter. Oder sie glauben, dass ihr Verhalten nicht richtig sei, und ändern etwas – nur dies nicht immer im positiven Sinne.

Es ist auch ein Fehler, von sich selber auszugehen. Weil die Eigenmotivation vieler Führungskräfte von Natur aus hoch ist oder weil sie selbst nie Lob erhalten haben, verwehren sie dies nun ihrer Umgebung. Nicht jeder strotzt vor Selbstvertrauen, und nicht jeder ist so zäh. Viele werden mut- und lustlos ohne die so lebensnotwenige Anerkennung. «Wenn ich aber nun meine Mitarbeiter lobe, kriegen sie Oberwasser, werden übermütig und frech – und wollen am Ende mehr Geld», meinte kürzlich ein in die Jahre gekommener Chef. Ja, dieses kleine Fünf-Prozent-Restrisiko besteht. Solche Mitarbeiter gibt es, doch es sind die Ausnahmen. Wollen Sie allen Ernstes den wertvollen Mitarbeitern das segensreiche Loben verwehren, nur weil Sie ein paar Schmarotzer an Bord haben?

Jedes wertschätzende Lob ist eine Wonne für die Seele und damit Gold wert für die Motivation. Nach einem Vortrag kam einmal ein Zuhörer zu mir und sagte: «Meine Mitarbeiter machen einfach nichts Gutes. Wofür soll ich sie denn loben?» Seitdem mache ich mir ein wenig Sorgen um seinen Betrieb. Wenn Unternehmen Spitzenleistungen erbringen wollen, ist eine Nicht-loben-Kultur tödlich.

Lassen Sie Ihre Mitarbeiter also nicht emotional verhungern. Setzen Sie öfter die Fehler-such-Brille ab und die Lob-such-Brille auf. Wer Gutes sucht, wird Gutes finden. Die Menschen machen viel mehr richtig als falsch. Achten Sie insbesondere auf die Stillen und Unauffälligen, die ihre Siege nicht lautstark zu Markte tragen!

Und in produzierenden Unternehmen: Vergessen Sie nicht, auch die weniger sichtbare denkerische Arbeit Ihrer Beschäftigten zu würdigen. Suchen Sie aktiv nach dem Guten und loben Sie mehr!

Das richtige Loben ist allerdings eine kleine Kunst. Was es dabei zu beachten gilt, finden Sie in einer Checkliste unter *www.kundenfokussierte-unternehmensfuehrung.com*.

Ein Hinweis gleich an dieser Stelle: Ein Lob an eine einzelne Person wird immer unter vier Augen ausgesprochen, es sein denn, es handelt sich um eine offizielle Ehrung. Sie kennen das anders? Es haben sich schon ganze Teams gegen eine einzelne gelobte Kollegin gerichtet, weil nur sie vom Chef wegen besonderer Leistungen herausgestellt wurde! Die meisten Erfolge sind ja heutzutage Teamwork, wozu mittelbar oder unmittelbar jeder beigetragen hat. Loben Sie hingegen Ihre Mitarbeiter vor Kunden. Zeigen Sie Stolz darüber, welch kompetente/engagierte/

freundliche Mitarbeiter bei Ihnen beschäftigt sind. Mein Zahnarzt bedankt sich am Ende der Behandlung immer mit einem lobenden Wort und einem wertschätzenden Blick bei seiner Assistentin. Da schalten gleich drei Hirne auf positiv. Und die Schmerzen sind schneller weg.

Auch Kunden wollen gelobt werden

Kunden brauchen Wertschätzung. Wertschätzung geht ans Herz – und öffnet den Geldbeutel. Wertschöpfung durch Wertschätzung könnte man das Prinzip auch nennen. Wertschätzung ist, wie wir schon sahen, einer unserer stärksten Motivatoren. Höchstens zehn Prozent aller Menschen entwickeln ein gutes Selbstwertgefühl aus sich selbst heraus, alle übrigen brauchen Zuspruch von außen. «Gerade Ihre Meinung ist mir wichtig!», sagt der Verkaufsprofi, und der Kunde schmilzt dahin. «Wie gut, dass Sie das so offen ansprechen!», heißt es in der Beschwerdeannahme, und plötzlich ist alles halb so schlimm. «Ich bin Ihnen dankbar, dass Sie sich mit diesem Kundenprojekt so intensiv beschäftigen!», sagt die Führungskraft, und der Mitarbeiter legt sich mächtig ins Zeug.

Jeder Mensch strebt bewusst oder unbewusst nach Beachtung, Respekt und Anerkennung. Dafür rackern viele Sportler und manche Künstler ein halbes Leben lang. «Ohne mein Publikum wäre ich ein Wrack!», hat Robbie Williams einmal gesagt. Nicht nach Geld, sondern nach Wertschätzung als Mensch und als Profi hungern die meisten Mitarbeiter. Vor allem aber die Manager. Und natürlich die Kunden.

Etwa 70 Prozent der Kundenverluste sind nicht auf unpassende Preise oder Produktmängel zurückzuführen, sondern auf «softe» Faktoren. Die meisten Kunden, so zeigen Studien immer wieder, beenden eine Geschäftsbeziehung,
- weil man sich um ihr Wohlbefinden nicht gekümmert hat;
- weil man unfreundlich oder unhöflich zu ihnen war;

- weil man sich für Fehler nicht entschuldigt hat;
- weil Versprechen nicht eingehalten wurden;
- weil sie keine Aufmerksamkeit bekommen haben;
- weil sie nie ein Danke gehört haben;
- weil nie gesagt wurde, wie wichtig sie als Kunde sind;
- weil sie als Kunde einfach vergessen wurden.

Machen Sie dazu doch mal ein Brainstorming mit Ihren Mitarbeitern! Es ist so leicht, das Gute in den Taten anderer zu sehen. Und es gäbe unzählige Möglichkeiten, den Kunden Wertschätzung zu zeigen:

- Der Chefkonstrukteur kann Kunden anrufen, die auf Fragebögen Hinweise zu Produktverbesserungen gegeben haben.
- Die Buchhalterin kann sich bei ihren Kunden für deren prompte Zahlungsabwicklung bedanken.
- Ein Mitarbeiter der Packstation kann für die Hinweise danken, die der Kunde im Zusammenhang mit einer beanstandeten Warenlieferung gab.
- Der Ober kann sagen (und es muss ehrlich gemeint sein): «Es hat mir große Freude gemacht, Sie zu bedienen.»
- Am Telefon kann es heißen: «Herzlichen Dank, das Gespräch mit Ihnen war sehr angenehm.»

Kunden erhalten viel zu selten ein wertschätzendes «Danke». Gerade fällt mir ein, wie der Reiseleiter eines Studienreise-Anbieters, mit dem ich in Tansania war, mich geradezu nötigte, einen mehrseitigen Beurteilungsbogen auszufüllen. Der Geschäftsleitung sei dies sehr wichtig, sagte er. Es hat mich zehn Minuten meiner wertvollen Zeit gekostet. Von besagter Geschäftsleitung habe ich allerdings nie etwas gehört. Die hielt es offensichtlich nicht für nötig, fünf Minuten ihrer Zeit für ein Dankesschreiben zu verwenden. Die kostenlose (!) Unternehmensberatung der Kunden war dieser Firma offensichtlich nichts wert.

Klar ist: Das mache ich nie wieder. Die Menschen stellen Verhalten ein, für das sie keine Aufmerksamkeit bekommen.

Der Chef als Motivator

Motivation hat, wie wir schon sahen, einen Eigen- und einen Fremdanteil. Das bedeutet, sie muss als Antrieb «intrinsisch» in einem selbst angelegt sein und kann darüber hinaus von außen verstärkt werden. Wertschätzung und Selbstwertgefühl hängen eng zusammen. Wer die Eigenmotivation seiner Mitarbeiter nicht nährt, der bringt sie schnell zum Erliegen. Wir strengen uns nur dann an, wenn dies uns einen Nutzen verspricht.

Wenn etwa Servicetechniker oder Kundendienstler sagen, dass Prozesse nicht stimmen, dann könnte dies bedeuten: Ich fühle mich nicht genug einbezogen. Wenn Mitarbeiter sagen, der Chef rede nicht mit ihnen, dann meinen sie vielleicht: Ich fühle mich/meine Ideen nicht wichtig genommen.

Je höher die Partizipationsmöglichkeiten, desto höher die Identifikation. Wer vorab involviert wurde, kann auch unangenehme Entscheidungen verkraften. Bei nicht eingebundenen Mitarbeitern geht das sehr viel schwieriger. Wichtig ist auch, den Mitarbeiter in seiner möglichen Enttäuschung nicht allein zu lassen. Führung hat immer auch mit enttäuschten Erwartungen zu tun. Beziehen Sie also Ihre Mitarbeiter, wenn immer möglich, in Ihre Entscheidungsprozesse mit ein! So zeigen Sie Größe – und machen gleichzeitig Ihre Mitarbeiter groß.

Meine Befragung von Hunderten von Mitarbeitern, was sie sich von ihren Vorgesetzten am meisten wünschen, erbrachte übrigens folgende Hitliste:
1. Viel öfter mal ein ehrliches, wertschätzendes Lob
2. Inhaltsreichere Information und bessere Kommunikation
3. Intensiveres Einbinden und mehr mitgestalten dürfen

Erfolgreich sind im komplexen, schnelllebigen Umfeld der heutigen Wirtschaft vor allem die Chefs, die systematisch das Wissen und Können ihrer Mitarbeiter nutzen. Und nicht die, die glauben, alles vorschreiben und kontrollieren zu müssen. Loslassen ist also angesagt. In den meisten Mitarbeitern steckt viel mehr, als ihre Vorgesetzten denken. Wenn sie das nur endlich mal beweisen dürften!

«Herr XY sollte berücksichtigen, dass auch Angestellte über ein gewisses Maß an Fähigkeiten verfügen. Wir Mitarbeiter werden oft wie kleine Kinder behandelt, er traut uns kein selbstständiges Handeln zu», klagt eine Sekretärin im Rahmen einer Mitarbeiterbefragung. Kaum eine Entscheidung kann sie ohne Rücksprache treffen, über alles will ihr Chef genauestens informiert werden. Das nervt. Besonders lästig ist, dass die Antworten auf sich warten lassen. Denn auf seinem Schreibtisch türmt sich die Arbeit. Der Chef, der bei solchen Ansichten zu kochen beginnt, der sich in Ausflüchten und seinerseitigen Anschuldigungen gegen die faulen und unfähigen Mitarbeiter ergeht, diesem Chef kann ich nur zurufen: «Hören Sie lieber hin. Hier gibt es was zu lernen!»

In meinen Workshops sitzen regelmäßig Mitarbeiter, die mir glaubhaft versichern: «Wir könnten viel mehr und würden dies auch gerne zeigen. Wenn unser Chef uns nur machen ließe!»

Wer sich bewegen will, braucht Raum. Und zwar Denkraum und Spielraum. Machen lassen heißt: Entscheidungs- und Wahlfreiheit über den Weg zu den vereinbarten Zielen geben. Die Führungskraft kann den Mitarbeiter ein Stück des Wegs begleiten, kann ein paar Tipps geben, wie man die eine oder andere Abkürzung findet, und sollte vor «Ungeheuern» am Wegesrand warnen. Das ist die Vorarbeit. Und dann steht die Führungskraft wie ein guter Fußballtrainer am Spielfeldrand. Denn spielen muss der Mitarbeiter selbst. Und das ist durchaus eine Chance. Vielleicht kennt der Mitarbeiter sogar bessere Wege als sein Vorgesetzter. Und selbst, wenn der Weg, den der Mitarbeiter schließlich wählt, nicht der optimale ist, dann hat er wenigstens etwas gelernt. Wie heißt es so schön: Umwege erhöhen die Ortskenntnisse.

Es erfordert Mut, seine Mitarbeiter ihre eigenen Wege gehen zu lassen. Denn dies bedeutet, Kontrolle zu reduzieren und Macht abzugeben. Doch eine Führungskraft ist nicht dazu da, alle Entscheidungen selbst zu treffen, seine Mitarbeiter zu bevormunden oder zu reinen Befehlsempfängern zu degradieren. Hierdurch werden die Menschen passiv und lustlos. Jedes Verantwortungsgefühl, jedes Mitdenken, jedes persönliche Engagement verschwindet – und damit letztlich auch Loyalität.

Einsame Entscheidungen sind nicht die besten Entscheidungen, wie man weiß. Machen Sie mal ein beliebiges Brainstorming, und Sie wissen, was ich meine. Selbst eine bunt zusammengewürfelte Gruppe, so zeigt James Surowiecki in «Die Weisheit der Vielen» anhand einer Reihe von Beispielen, findet meist bessere Lösungen als der profilierteste Einzelkämpfer. Der Zugewinn ergibt sich aus ihrer Verschiedenartigkeit. Experten hingegen behindert der Tunnelblick. Und homogene Gruppen unterliegen dem Druck der Konformität. Die Angst, ins Abseits zu geraten, zwingt sie zu Mittelmaß. Ein Schlüssel zu erfolgreichen Gruppenentscheidungen, so Surowiecki, liege darin, die Menschen dazu zu bewegen, weniger auf das zu hören, was andere sagen. Und ich ergänze: Dies gilt vor allem für das, was der Chef sagt. Viele sind zu viel mehr imstande als einer.

Das Potenzial von Ich-Botschaften

Wenn es einmal richtig schwierig wird in der Kommunikation, dann sagen Sie einfach, wie es Ihnen selbst gerade geht. Das nennt man eine «Ich-Botschaft». Gefühle und damit die eigene potenzielle Verletzbarkeit zu zeigen heißt, Abschied zu nehmen vom Supermann-Image der Führungskraft – und Mut. Doch gerade damit öffnet man Tür und Tor für einen wahrhaftigen, fruchtbaren Dialog – vor allem bei Mitarbeitern, die gerne mauern.

Wer etwas verändern möchte, tue selbst den ersten Schritt in die neue Richtung. Ich-Botschaften gehören als Kommunikationstool ins Handgepäck jeder Führungskraft. Die Ich-Botschaft ist die beste Methode, seine Gedanken und Empfindungen zum Ausdruck zu bringen. Heikle Situationen beziehungsweise etwaige Konflikte lassen sich mit einer Ich-Botschaft «sanfter» ansprechen. Mit ihr lässt sich etwa die Besorgnis über eine negative Entwicklung zum Ausdruck bringen, ohne direkt zu konfrontieren. Ich-Botschaften fördern den Dialog, die Kooperation und das Einlenken. Sie klingen zum Beispiel so:

- Kann ich Ihnen meine Idee erläutern?
- Was ich mir von Ihnen wünsche, ist Folgendes …
- Ich wäre Ihnen außerordentlich dankbar, wenn …
- Hätte ich meine Erwartungen klarer kommunizieren müssen?
- Mir ist bewusst geworden, dass …
- Was ich hätte beachten müssen …
- Ich glaube, ich hätte da besser zuhören müssen.
- Ich habe das Gefühl, dass wir uns im Kreis drehen.
- Ich möchte das noch genauer verstehen.
- Gibt es da etwas, was ich wissen sollte?
- Ich war verärgert, weil …
- Ihr Hinweis hat mir sehr geholfen.
- Ich habe ein ungutes Gefühl, wenn …
- Ich sehe Ihnen doch an, dass … , also raus damit!
- Ich bin aufgebracht darüber, dass …
- Ich bin sehr stolz auf Sie.
- Ich bin mittlerweile mit meinem Latein am Ende.
- Ich kann Ihr Verhalten so nicht akzeptieren.
- Habe ich Ihnen das sagen dürfen?

Es ist Angst vor Peinlichkeit oder Ablehnung, die uns daran hindert, Emotionen ins Spiel zu bringen. Wie schon angeklungen, wollen Mitarbeiter aber wissen, was mit «Mensch Chef» los ist und welche Person sich hinter der Managerrolle verbirgt. Worüber freut er sich? Was macht ihn skeptisch? Wo befürchtet er etwas? Wann ist er sich seiner Sache ganz sicher?

Die eigene Freude über gute Ergebnisse, der Enthusiasmus für neue Aufgaben, die Begeisterung über Markterfolge, all das muss die Chefetage verlassen. Je umfassender die Fähigkeit eines Leitenden ist, ein Stück Privatheit, seine Gefühle und damit Nähe zu zeigen, desto mehr ist er in der Lage, diese Stimmung auch auf seine Mitarbeiter zu übertragen. Und nur wer als Chef optimistisch gestimmt ist, wer begeistert seine Arbeit tut, wird das Gleiche bei seinen Mitarbeitern erzeugen. Der einfühlsamen, offenen, selbstbewussten Führungskraft, die ihre Sache ehrlich, entschlossen und überzeugend vertritt, der werden selbst wankende Mitarbeiter folgen.

Helikopter-View: Die kritische Selbstreflektion

Unser Hirn ist ständig mit Selbst-Monitoring beschäftigt. Egal, was wir tun: Vollkommen automatisch vergleicht es unaufhörlich die tatsächliche Ausführung mit dem vorherigen Plan, um gegebenenfalls eine notwendige Feinjustierung vorzunehmen, was etwa beim Richten der Frisur gut zu beobachten ist. Die Fachleute bezeichnen dies als Efferenz-Prinzip. Nutzen Sie dieses Prinzip aktiv und bewusst!

Gehen Sie, wenn Sie mit anderen kommunizieren, egal ob mündlich oder schriftlich, immer mal wieder in die Helikopter-Perspektive und fragen Sie sich: Ist es zielführend, was ich da gerade tue? Denken Sie dabei wie ein guter Schachspieler zwei bis drei Züge voraus. Verlassen Sie die ichbezogene Sichtweise, begeben Sie sich vielmehr in die Situation des anderen und fragen Sie sich:

- Was wird das, was ich gerade sage/tue, beim anderen bewirken?
- Wie wird/kann er das, was ich sage/tue, verstehen?
- Was wird er/sie daraufhin wahrscheinlich tun?
- Ist dies das von mir Gewünschte?
- Was muss/kann ich ändern, damit es mehr dem Gewünschten entspricht?
- Lebe ich selber vor, was ich bei anderen erreichen will?
- Was kann ich bei mir selbst verbessern?

Auf der Vertriebstagung eines großen Mobilfunkanbieters, auf der ich einen Vortrag hielt, ging es um die Schlüsselthemen Kundennähe und kundenorientierte Kommunikation. Die Eröffnungsrede, gespickt mit Anglizismen und Fachjargon, hielt der Vertriebsvorstand hinter dem Rednerpult. Vor Beginn der Veranstaltung weilte er, von seinem engsten Stab wirkungsvoll abgeschirmt, in der ersten Reihe. Nach seiner Rede entschwand er lautlos. Hätte er sich nur einen Moment lang die obigen Fragen gestellt, hätte er sein Verhalten wie folgt optimieren können:

- Jeden seiner Mitarbeiter wie Kunden am Saaleingang begrüßen;
- auf das Rednerpult verzichten und nach vorn an den Bühnenrand treten;
- eine kundenorientierte Sprache sprechen und die Zuhörer einbeziehen;
- bis zur Pause bleiben und gezielt Mitarbeitermeinungen einholen;
- sich mit Vorfreude auf das Tagungsergebnis offiziell verabschieden.

So manches kommunikative Desaster könnte vermieden werden, würde die Helikopter-Perspektive systematisch in die tägliche Arbeit eingebracht. Die regelmäßige kritische Selbstreflektion ist eine der wertvollsten Eigenschaften einer guten Führungskraft.

Begeisterungsfaktoren für Mitarbeiter

Der Leitsatz eines meiner Kunden lautet: «Wir begeistern unsere Kunden.» Dies ist gut gewählt, denn Begeisterung ist ein Turbo für Spitzenleistungen. Allerdings braucht es dazu begeisterte Mitarbeiter. Und die wiederum brauchen begeisterte Führungskräfte. Die Frage ist: Stimmen dazu die unternehmensinternen Rahmenbedingungen?

Die gute Nachricht gleich vorweg: Geld allein ist nicht das entscheidende Begeisterungskriterium. So wie viele Verkäufer immer noch glauben, den Kunden gehe es rein ums Geld, so glauben viele Manager (die sich selbst für reichlich Geld ihre Zivilcourage abkaufen ließen), auch den Mitarbeitern ginge es nur ums Gehalt. Auf der Wunschliste der Mitarbeiter belegt mehr Geld, ein adäquates Gehaltsniveau vorausgesetzt, allerdings eher hintere Plätze – es sei denn, es handelt sich um «Schmerzensgeld». Selbst Prämien und Incentives sind nicht per se interessant, sondern werden als Würdigung einer besonderen Leistung gesehen, durch die wir vor uns selbst und/oder vor anderen gut dastehen.

«Goldene Handschellen» funktionieren selten auf Dauer, eine Beteiligung am gemeinsamen Erfolg hingegen sehr wohl. Partnerschaftliche Konzepte, sprich die Belegschaft und nicht nur das Topmanagement am Unternehmenserfolg zu beteiligen, sind also gefragt.

Obwohl beispielsweise der erst im September 1998 gegründete Weltkonzern Google zu den Unternehmen mit den meisten Mitarbeiter-Millionären zählt, ist die Fluktuation äußerst gering. Bei John Lewis, dem beliebtesten Warenhaus Großbritanniens, partizipiert über ein Partnership-Programm jeder Mitarbeiter wie ein Eigentümer an den unternehmerischen Ergebnissen. Dieses Programm gilt als Hauptquelle für den wirtschaftlichen Erfolg und den guten Ruf bei Kunden und Lieferanten. Partnerschaft, so das «Handelsjournal», sei laut John Spedan Lewis, dem Initiator des Projekts, gedacht für Menschen, die nicht nur *von* etwas, sondern *für* etwas leben wollen.

Sind Beschäftigte mit ihrer als angemessen empfundenen Entlohnung zufrieden, haben zumindest für Kopfarbeiter in unserer Wissensgesellschaft andere Dinge mehr Gewicht: ausreichende Entscheidungsfreiheit, die Selbstgestaltungsmöglichkeit von Arbeitszeiten und -bedingungen, inspirierende Vorgesetzte, das Gefühl, wertvoll für die Firma zu sein, spannende Projekte, ein auf Vertrauen basierendes Arbeitsklima, die Zuneigung von Kunden und Kollegen, der gemeinsame Stolz auf sichtbare Ergebnisse, Weiterbildungs-und Aufstiegsmöglichkeiten. Also all das, was ein lachendes Unternehmen zu bieten hat.

An mehr Geld gewöhnt man sich schnell, an mangelnde Begeisterungsfaktoren hingegen nie. Beim Kunden ist es übrigens genauso: Wenn ein Unternehmen nichts Außergewöhnliches zu bieten hat, wenn seine Produkte austauschbar sind und der Service alles andere als begeistert, entscheidet immer der Preis. Dann soll es wenigstens billig sein. So trösten wir uns (Trostpreis!) über emotionale Mängel beziehungsweise Enttäuschungen hinweg.

Begeisterung kann man nicht einfordern, man muss sie sich – genauso wie Vertrauen und Loyalität – immer wieder neu erarbeiten. Es gibt Begeisterungsfaktoren, die kosten Geld, und es gibt solche, die kosten keinen Cent, so dass sich diese jeder leisten kann. Es sind vor allem die zwischenmenschlichen Faktoren, die Mitarbeiter in Begeisterung versetzen – und damit für emotionale Verbundenheit sorgen. Begeisterung verzeiht auch kleine Fehler. Denn wer begeistert ist, trägt eine rosarote Brille, so wie ein Verliebter, der nur die guten Seiten sieht und über kleine Schwächen milde hinwegschaut. Wer hingegen den Mitarbeitern gewohnte Motivationsfaktoren entzieht, reduziert automatisch deren Leistung. Ist doch logisch: Wer weniger gibt, wird auch weniger bekommen!

Die ergiebigste Motivations-und Begeisterungsquelle ist das wertschätzende, kooperative und bisweilen coachende Miteinander-Reden – soweit die Führungskraft dies beherrscht. Denn hier liegen Höhen und Tiefen am dichtesten beieinander. Ein einziges falsches Wort, und Sie haben vielleicht einen Todfeind fürs Leben. Kunden- und Mitarbeiternähe impliziert, ein Kommunikationsprofi zu sein, also mit Sprache und Körpersprache achtsam und virtuos umgehen zu können. Nicht umsonst stehen gute Bücher über Kommunikation immer wieder auf den Bestseller-Listen.

Mitarbeiter haben aber nicht nur Informationsbedarf, sie haben auch Kontakt- und Aufmerksamkeitsbedarf. Kommunikation kann also nicht ans Intranet oder an die Wissensdatenbank wegdelegiert werden. Als Chef da zu sein und sich für das Tun seiner Leute zu interessieren, jedem Mitarbeiter also qualitative «Chef-Zeit» zu schenken, bringt eine dicke Portion an Pluspunkten. Ein paar Minuten täglich reichen. Diese Zeit ist bestens investiert: Der Mitarbeiter spürt, wie wichtig er für den Betrieb ist. Und was man selbst zu sagen hat, kommt schnell unter die Leute. Dies schafft ein Klima der Offenheit, des Vertrauens und des gegenseitigen Respekts. Die Technik, die ich hierzu empfehle, heißt: «Management by Walking and Talking around». Sie finden sie im nächsten Kapitel (ab Seite 201).

Nun sind die Menschen, wie wir ja schon sahen, höchst verschieden gestrickt. Um also zu erfahren, worauf der einzelne Mitarbeiter am ehesten anspricht: Lernen Sie ihn besser kennen und reden Sie mit ihm! Chefs sind sich oft so unglaublich sicher, zu wissen, was die Mitarbeiter denken und wollen. Wir können anderen allerdings nur vor die Stirn schauen. Was sich dahinter tut, lässt sich nur auf eine einzige Weise herausfinden: durch kluge

Fragen. Fragen heißt: anklopfen, und der Hausherr macht mentale Türen und Fenster auf und lässt uns je nach Lust und Laune in seine Hirnwindungen schauen. Emotionalisierende Fragen helfen dabei. Diese beschäftigen sich ganz gezielt mit der emotionalen Sichtweise des Mitarbeiters, mit seinem subjektiven Blickwickel und auch mit seinem Gefühlsleben. Sprechen Sie ihn in dieser Phase unbedingt mit Namen an. Das hört sich dann beispielsweise so an:

- Was halten Sie als … denn ganz persönlich von …, Herr XY?
- Aus welchen tieferen Gründen ist das so wichtig für Sie?
- Was meinen Sie rein gefühlsmässig zu …?
- Was geht in Ihnen vor, Frau XY, wenn Sie … hören?
- Könnten Sie sich denn vorstellen, Herr XY, dass …?
- Für was könnten Sie sich denn durch und durch begeistern?

Solche Fragen können Sie in alle Phasen eines Mitarbeitergesprächs einstreuen. Achten Sie darauf, dass Männer und Frauen einen unterschiedlichen Zugang zu ihren Gefühlen haben. Je nach Situation können Sie eine Mitarbeiterin durchaus einmal fragen: «Wie fühlen Sie sich dabei, Frau XY?» An die Herren der Schöpfung gestellt, hört sich das etwas abgewandelt etwa wie folgt an: «Wie geht es Ihnen damit, Herr XY?»

Manche Begeisterungsfaktoren werden übrigens schnell «basic», weil man sich daran gewöhnt. Also muss immer mal wieder etwas Neues, Anderes, Überraschendes, nicht Vergleichbares her, damit sich am Ende keine Das-steht-uns-zu-Mentalität einschleicht. Kreativität und ein reicher Ideen-Fundus sind also gefragt.

Erfolge feiern

Wenn ich zu einem Vortrag auf einer Firmenveranstaltung eingeladen werde, passiert es oft, dass zunächst der Vorstand, Geschäftsführer oder Inhaber spricht und über die unternehmerische Entwicklung berichtet. Doch selbst wenn die Zahlen fantastisch sind: Es knallen keine Sektkorken, niemand bricht in Jubel aus, keiner rührt sich im Stuhl. So cool, wie die Ergebnisse vom Rednerpult aus vermeldet werden, so emotionslos nimmt sie die Belegschaft entgegen.

Erfolg braucht Anerkennung! Wenn also die Ergebnisse gut sind: Frohlocken Sie, beklatschen Sie sich, feiern Sie Erfolge. Im Großen wie im Kleinen. Bei guten Monatsergebnissen, einem pünktlichen Projektabschluss oder ganz einfach zum Auftakt einer herausfordernden Woche kann man beispielsweise den Mitarbeitern eine kleine Überraschung ins Postfach oder auf den Schreibtisch legen. Die Arbeitswissenschaft hat längst durch Studien belegt: Wem Gutes widerfährt, versucht sich zu bedanken.

Selbst nach einem reinigenden Gewitter kann ein kleines Highlight helfen, die Stimmung wieder auf volle Leistung zu fahren. So sagen Sie mit einem Augenzwinkern: «Sie haben jetzt noch Zeit bis zwölf Uhr, sich zu ärgern, wenn sie das wollen. Dann gibt's Pizza für alle, und dann geht hier wieder die Post ab, o. k.?»

«Für gute Stimmung sind zwei Dinge essenziell», sagt Würth-Konzernsprecher Robert Friedmann, «eine leistungsorientierte Bezahlung und das Feiern von Erfolgen. So kann man Menschen begeistern und visionäre Ziele erreichen.» Bei größeren Erfolgen kann eine kleine Feierstunde oder ein schönes Fest veranstaltet werden. So richtet sich der Fokus aller Beteiligten auf Resultate. Denn nicht Ziele, sondern Resultate führen zum wirtschaftlichen Erfolg. Unternehmen müssen daher neben der zielegesteuerten Mitarbeiterführung (Management by Objectives) vor allem zu einer resultate-orientierten Führung kommen, wodurch jeder Mitarbeiter für die Zukunft des Unternehmens einen ambitionierten Beitrag leistet. Beeindruckende Resultate machen stolz und motivieren. Hingegen möchte niemand bei einer Verlierer-Firma arbeiten.

Es ist übrigens ratsam, über Erfolge nicht nur Buch zu führen, sondern sie auch in Success-Storys zu verpacken, um unternehmensweit eine Kultur des Positive-Geschichten-Erzählens zu schaffen. Dabei soll es vor allem um das Siegen gehen und nicht um das *Be*-siegen. Viele Unternehmen richten ihren Fokus immer noch viel zu stark auf den Wettbewerb – anstatt auf die Kunden.

Siegen beflügelt! Und setzt eine Menge Energien frei! Deshalb gehören Erfolge gefeiert. Und zwar in der Form, dass der Erfolgreiche einen ausgibt. So wird Erfolg im Team geteilt. Andersherum würde nur jeder neidisch. Wird gemeinsam gefeiert, lernt dann jeder: Gute Resultate zu erzielen macht Spaß – und damit süchtig. Dies weckt den Wunsch nach Wiederholung. Bereits ein kleiner Etappensieg lässt Vorfreude auf die nächste Aufgabe wachsen. Kraftvolle Zuversicht oder ihre schüchterne Schwester, die verhaltene Hoffnung, stellen sich ein.

Rein neurochemisch wird hierzu der Neurotransmitter Dopamin ausgeschüttet. Dopamin kreiert eine positive Erwartungshaltung und erzeugt Verlangen. Denn Dopamin signalisiert, dass ein bestimmtes Verhalten Belohnung durch Lustgewinn verspricht und deshalb ausgeführt werden sollte. So wird sichergestellt, dass wir die notwendige Energie für die nächste Herausforderung aufbringen. Menschen mit starkem Antrieb und hoher Begeisterungskraft haben übrigens beneidenswert viel Dopamin im Blut.

5 Toolbox der kundenfokus-sierten Mitarbeiterführung

Die kundenfokussierte Mitarbeiterführung ist äußerst facetten-reich. Sie hat nichts mit punktuellem Aktionismus zu tun. Sie lässt sich weder durch Standards noch durch eine schnelle Check-liste vermitteln. Patentrezepte gibt es nicht.

Vielmehr braucht sie erstens eine kundenfokussierte Unter-nehmenskultur, zweitens Kontinuität und drittens Konsequenz. Am Ende geht es um eine Summe wohldurchdachter Details, die sich wie die Eisenspäne bei einem Magneten alle auf das gleiche Ziel ausrichten: den Mitarbeitern durch passende Rahmenbedin-gungen zu ermöglichen, kundenfokussiert denken und handeln zu können – und dies vor allem zu wollen.

Eine kundenfokussierte Mitarbeiterführung ist folgenderma-ßen geprägt:

1. Die Mitarbeiter sind in die Unternehmensstrategie aktiv ein-gebunden.
2. Die Führungskraft lebt Kundenfokussierung sichtbar vor.
3. Management by walking and talking around.
4. Der Kunde ist in Gesprächen und Meetings stets positiv prä-sent.
5. Die Mitarbeitermotivation wird regelmäßig gemessen – und sie ist hoch.
6. Kundenfokussierung wird gefördert, gelobt und belohnt.

7. An kundenfokussierter Prozess-Optimierung wird ständig gearbeitet.

Im Folgenden finden Sie praktische Hinweise, Anregungen und Beispiele zu den einzelnen Punkten. Sie sollen als Anstoß für eigene Aktivitäten dienen. Von daher habe ich solche Maßnahmen gewählt, die in mehr oder weniger allen Unternehmen umsetzbar sind – und zwar zügig. Dies ermöglicht Quick-Wins, also schnell spürbare Verbesserungen. Auf dieser Basis lassen sich dann weitere Überlegungen anstellen und mit den Mitarbeitern gemeinsam erarbeiten.

Die Mitarbeiter in die Unternehmensstrategie einbinden

«Erkläre es mir und ich werde es vergessen. Zeige es mir und ich werde mich erinnern. Lasse mich daran teilhaben und ich werde es verstehen.» So lautet eine Weisheit des chinesischen Philosophen Konfuzius aus dem fünften Jahrhundert vor Christus.

Tragen die Manager ihr Sonntagsgesicht, dann nicken alle brav und fleißig. Klar, das haben sie auch schon gehört, aus Betroffenen Beteiligte machen, ein alter Hut. Doch kaum ist Montag, wird wieder fleißig angewiesen und kontrolliert. Unrealistische, abgehobene Vorgaben werden von ganz oben zum Mittelmanagement herabdiktiert («… und sorgen Sie dafür, dass das genau so umgesetzt wird!») und von dort zu den Mitarbeitern durchgereicht. Diskussion zwecklos. Oder schlimmer noch: Der Vorgesetzte verbündet sich mit seinen Mitarbeitern gegen die Chefetage, was geradezu eine Einladung an die Mitarbeiter ist, das Gleiche zu tun. «Sich mit etwas zu identifizieren, das man nicht selbst festgelegt hat, ist fast unmöglich», sagt dazu der Arbeitssoziologe Rudolf Schmidt.

Wer von Mitarbeitern unternehmerisches Handeln will, muss diese an unternehmerisches Denken heranführen. Hierzu sollen strategische Hintergründe, betriebswirtschaftliche Ergebnisse und vor allem Erfolge so transparent wie möglich an alle Beschäftigten kommuniziert werden. Nur ganz wenige hochstrategische Informationen, die sogenannten Kronjuwelen, bleiben dem Führungskreis vorbehalten.

Ziel und Zweck nicht zu kennen, das demotiviert. Eine treibende Motivation hingegen entsteht insbesondere dann, wenn Resultate zeitnah sichtbar gemacht werden. Um dies mit einem Beispiel des Bestseller-Autors Ken Blanchard zu verdeutlichen: Stellen Sie sich vor, Sie gehen zum Kegeln. Die Kugel rollt, doch vor den aufgestellten Kegeln hängt ein Tuch. Sie hören zwar Kegel fallen, aber das genaue Ergebnis bleibt Ihnen verborgen. Wie lange hätten Sie wohl Spaß an diesem Spiel?

Die Methoden, Mitarbeiter zu involvieren und zu Mitgestaltern zu machen, sind zahlreich. Sie können in entsprechenden Workshops trainiert werden. Die Zeit dafür ist bestens investiert, denn auf diese Weise werden Aktionen nicht nur praxisorientierter und facettenreicher, sondern auch engagierter umgesetzt. Die Vorteile im Einzelnen:

- (Strategische) Entscheidungen stehen durch das systematische Einholen von Meinungen und fachlichem Rat, durch die Vielfalt von Ideen und durch die aktive Mitarbeit passender Teilnehmer auf einer breiteren Basis.

- Gegenseitiges, hierarchie- und abteilungsübergreifendes Abstimmen und Konsultieren schafft eine Kultur der Wertschätzung, der Transparenz, des Vertrauens und der Partnerschaft. Es verstärkt außerdem ein Verständnis für die Arbeit des anderen.

- Alle in den Prozess Involvierten lernen voneinander. So vergrößert sich das Wissen und Können im gesamten Unternehmen. Jeder Beteiligte ist gleichzeitig Berater und Lernender.

- Involvierte Mitarbeiter fühlen sich besser, ihre Arbeitsfreude steigt, sie zeigen mehr Verantwortungsbereitschaft und erzielen bessere Ergebnisse. *Nicht* zu reinen Befehlsempfängern degradiert (und damit entmündigt) zu werden heißt: Kontrolle über sein Leben zu haben.

* Wer sich als Teil des Entscheidungsprozesses sieht, wird sogar eher bereit sein, auch unangenehme Entscheidungen mitzutragen.

Insbesondere kundenrelevante Aktionen sollten gemeinsam mit den kundennahen Mitarbeitern entwickelt werden, anstatt alles vorzugeben. Sonst heißt es schnell: «Die feinen Herren da oben haben doch überhaupt keine Ahnung, was hier unten los ist!» Und dann wird den feinen Herren, mehr oder weniger subtil, sehr bewusst oder auch völlig unbewusst bewiesen, dass es genau so nicht geht. Oder man ergibt sich mit einem schulterzuckenden «Muss ja» unwillig in sein Schicksal. Druck erzeugt Gegendruck – oder Passivität und Rückzug. Nur: Interne Kriegsschauplätze und desinteressierte, lethargische Nichtswoller können sich die Unternehmen gerade heute beim besten Willen nicht leisten.

In vielen Unternehmen ist es inzwischen üblich, die Jahresstrategie gemeinsam mit dem Führungskreis zu entwickeln. Hierzu sollten im Vorfeld nicht nur sekundäre Marktstudien betrieben, sondern vor allem auch die Mitarbeiter konsultiert werden. Web-basierte Infrastrukturen wie Foren, Wikis und Blogs bieten heutzutage sogar riesigen Organisationen jede Menge Möglichkeiten, sich von den Beschäftigten beraten zu lassen und die komplette Belegschaft in die Weiterentwicklung des strategischen wie operativen Geschehens aktiv einzubinden.

Die so gewonnenen Inhalte werden dann in Strategiemeetings verdichtet und aufbereitet. In meiner Beratungspraxis empfehle ich den Chefs, sich dabei im Hintergrund zu halten. Die Führungsspitze spricht erst zum Schluss und ergänzt nur die Dinge, die ihr wichtig sind. Ich habe eine ganze Reihe solcher Sitzungen begleitet und war immer wieder überrascht, wie viel von dem, was die Geschäftsleitung sowieso vorhatte, von den Mitarbeitern selbst eingebracht und vorgeschlagen wurde.

Hatte hingegen der Boss seine Strategie bereits vorweg angekündigt, ging alles in seine Richtung, der Ideenoutput war mager und die Stimmung lustlos. Jeder funktionierte wie schaumgebremst.

Die schließlich verabschiedeten Ziele sind nun keine Dogmen, an die man sklavisch gebunden ist. So wie man die Segel neu setzt, wenn der Wind aus einer anderen Richtung kommt, so sind Vorgaben beweglich zu halten und einmal getroffene Entscheidungen bei Bedarf zu justieren. Auch dies wird wiederum mit den Mitarbeitern besprochen.

Natürlich kann nicht alles und jedes kreuz und quer im Unternehmen lang und breit diskutiert werden. Manchmal ist blitzschnelles Handeln erforderlich. Es ist dann aber klipp und klar zu sagen, dass eine Entscheidung nicht diskutierbar ist. Dabei ist unbedingt angeraten, eine Begründung zu geben, weshalb es zu einer solch «einsamen» Entscheidung kam. Erhält unser Hirn nämlich keine Erklärungen, füllt es Leerräume mit Annahmen und reimt sich die Dinge zurecht. So entstehen Mutmaßungen und Gerüchte mit manchmal verheerenden Folgen. Menschen hoffen zwar immer auf das Beste, befürchten aber viel öfter das Schlimmste. Und wegen all ihrer Angst tun die Leute dann oft so gut wie gar nichts mehr.

Management by walking and talking around

«Management by walking and talking around» will heißen: ein Management der Nähe und des Miteinander-Redens. Also Schluss damit, im Büro alleine vor sich hinzubrüten (wie dies unter anderem Klaus Kleinfeld, Ex-CEO von Siemens, nachgesagt wurde), und Abschied auch von der «Politik der offenen Tür».

Man nehme vielmehr Tuchfühlung auf und mache sich auf den Weg durch die Firma, um seine Mitarbeiter zu konsultieren.

In seinem Büro befindet sich der Chef auf eigenem Territorium. Das gibt ihm Macht. Und macht ihn stark. Dieses Phänomen kennen wir beispielsweise vom Fußball. Auf eigenem Platz hat die Gastgeber-Mannschaft den sogenannten Heimvorteil. Das macht sie siegesgewiss. Und schwächt das gegnerische Team. Was sich übrigens am Testosteronspiegel messen lässt.

Auch ein Büro-Besucher wird sich auf fremdem Territorium schwächer fühlen. Jeder Raum wird von unserem Unterbewusstsein als «Höhle» betrachtet. Was man als aufmerksamer Betrachter beobachten kann: Am «Höhleneingang» bleiben wir meist für eine kleine Sekunde stehen. Denn unser limbisches System will wissen: Ist diese Höhle sicher für mich? Leben dort «Ungeheuer»? Oder geht es dort freundlich zu? Wir nennen das Schwellenangst.

Diese kaschieren wir, indem wir uns lässig an den Türrahmen lehnen. Erst auf ein Willkommenszeichen hin betreten wir den Raum. So wird Hierarchie manifestiert. Der Schreibtisch mit seinen aufgetürmten Utensilien dient als zusätzliche Barriere. All dies, wenn auch höchst subtil, verstärkt beim Eintretenden das Gefühl der Unterlegenheit.

Womöglich muss der Besucher sogar warten, während der Hausherr seelenruhig ein banales Telefonat zu Ende führt. Ein albernes Spielchen ist dies, und die Frage sei erlaubt, ob es zielführend ist. Wer Machtansprüche auf derartige Weise sichern will, riskiert heimlichen Widerspruch. «Wenn ich schon solches Verhalten dulden muss oder einfach parieren soll, will ich wenigstens schlecht über diesen Machtheini reden», denkt der Mitarbeiter und begibt sich schnurstracks in die Kaffeeküche.

Ganz anders die Situation, wenn der Vorgesetzte seine Mitarbeiter besuchen geht. Indem er sich in deren Territorium aufhält, nivelliert er seinen höheren Rang und begibt sich auf Augenhöhe. Dem Top-Führungskreis sei dabei geraten, die Management-Verkleidung abzulegen und sich ein wenig locker zu machen, damit die Leute ihre Scheu verlieren.

Das Rundgang-Ritual

Wie ein kleines Ritual kann der Rundgang morgens zur gleichen Zeit erfolgen. Das gibt den Mitarbeitern Sicherheit. Dabei geht es nicht vorrangig darum, Anlagen oder Auslagen zu begutachten, es geht vor allem um die Menschen. Mensch vor Sache heißt das Prinzip.

So begrüßt der Chef von sich aus seine Mitarbeiter – und nicht umgekehrt – und spricht mit ihnen: «Wie geht es Ihnen heute? Was meinen Sie zu …? Wie denken Sie über …? Welche Erfahrungen haben Sie mit …? Wie gehen Sie dabei vor? Was haben Sie schon erreicht? Wie haben Sie das geschafft? Was hätten wir besser machen können?» Fragen ist besser als sagen. Fragen lassen dem Gesprächspartner die Wahl, sich weiterhin zu tarnen oder ein wenig die Decke zu lüften oder endlich einmal seinem Herzen Luft zu machen.

Der fragende Chef schenkt seinen Mitarbeitern aufrichtiges Interesse und hört sich wohlwollend an, was sie zu erzählen haben. Auf diese Weise erfährt er am schnellsten etwas über positive oder negative Stimmungen und erhält laufend neue, gute Ideen. Die Mitarbeiter spüren, wie wertvoll sie für den Betrieb sind. Gegenseitige Erwartungen können regelmäßig ausgetauscht und abgeglichen werden. Bei Problemen und Konflikten lässt sich schnell reagieren und gegensteuern. Informationsdefizite können beseitigt und Missverständnisse geklärt werden. Was der Vorgesetzte zu sagen hat, kommt unverzüglich unter die Leute. Und was ihm superwichtig ist, kann (und muss!) er regelmäßig wiederholen.

In Vorbereitung auf seinen Rundgang kann sich die Führungskraft fragen: Was muss ich heute mit meinen Leuten bereden, damit wir unsere Ziele erreichen? Welche neuen Erkenntnisse gibt es über die Kunden? Wo stecken Risiken? Und wo stecken neue Chancen? Folgende Gold-wert-Fragen lassen sich dazu stellen:

- Mich interessiert Ihre ganz persönliche Meinung zu folgendem Thema … Interessant, und wie könnte das im Einzelnen aussehen? Und was dächten wohl die Kunden darüber?

- Ich habe mir zum Thema … die folgenden Gedanken gemacht, die ich gerne einmal mit Ihnen besprechen/teilen wollte … Und was glauben Sie, würden unsere Kunden dazu sagen?

- Angenommen, Sie wären bei dieser Frage/in diesem Projekt der Entscheider, was würden Sie tun? Interessant, und welche Überlegungen bringen Sie zu dieser Entscheidung? Und wenn wir hierbei auch an den Kunden denken, wie sähe das dann aus?

- Was würden Sie an meiner Stelle noch zusätzlich erwägen? Was würden Sie an meiner Stelle/aus Sicht des Kunden tun? Und was würden Sie keinesfalls tun?

- Gesetzt den Fall, wir würden das morgen schon umsetzen. Was würde dann passieren? Was müssten wir unbedingt noch beachten?

- Was würde ein unbeteiligter Beobachter/ein neutraler Dritter/ein Außerirdischer/unser bester Kunde dazu sagen? Wie sehen Ihre Kollegen – ohne jetzt Namen zu nennen – die Situation? Und was würden diese mir raten?

- Wenn es einen Punkt gibt, den wir in dieser Sache/in diesem Projekt unbedingt noch verbessern müssten/noch optimieren könnten, was wäre dann das Wichtigste für Sie? Und aus Sicht des Kunden betrachtet?

- Wenn es eine Sache gibt, die dieses Projekt womöglich zum Scheitern brächte, was wäre dann aus Ihrer Sicht/aus Sicht des Kunden der kritischste Punkt?

- Was wäre in diesem Zusammenhang Ihr größter Wunsch an

mich? Und was würden sich wohl die Kunden von uns wünschen?

- Was müsste jemand tun, um Sie an dieser Stelle zu verärgern?
Und was würde dabei unsere Kunden am meisten ärgern?

Diese Liste lässt sich beliebig erweitern und auf die jeweils individuelle Situation anpassen. Solche Fragen dienen dazu, den Mitarbeiter aktiv einzubinden. Dies gibt ihm das gute Gefühl, den
Dingen nicht ohnmächtig ausgeliefert zu sein, sondern vielmehr
zum Mitgestalter zu werden und so einen wertvollen Beitrag zu
leisten. Auf diese Weise entwickeln sich Verantwortungsbewusst-
sein und auch Akzeptanz. Denn je freier die Menschen sich fühlen und offen über das reden, was sie bewegt, desto klarer werden
die Dinge und umso erfolgreicher können sie arbeiten.

Dem Vorgesetzten geben solche Fragen die Möglichkeit, zusätzliche wertvolle Informationen zu gewinnen und die eigene
Reflexion anzuregen. Und sollte der Weg zu den Mitarbeitern in
der realen Welt zu weit sein, kann dieser, wie wir schon sahen,
auch virtuell beschritten werden.

«Effektive Führungskräfte sind die Ersten, die zuhören, und
die Letzten, die reden», hat der unlängst verstorbene Managementvordenker Peter F. Drucker dazu geschrieben. Holen Sie
sich nach Möglichkeit immer mehrere Meinungen – und laden
Sie aktiv zum Widerspruch ein («Was spricht aus Ihrer Sicht/aus
Sicht des Kunden dagegen?»). Die schließlich getroffenen Entscheidungen stehen garantiert auf einer besseren Basis. Allerdings
ist zu berücksichtigen, dass nicht jeder Mitarbeiter mit solchen
Fragen gut umgehen kann. Manche tun sich auch heute noch
einfacher mit präzisen Regeln und klaren Anweisungen.

Mitarbeiter ins Boot holen

Manche Manager mögen solches Mitarbeiter-Empowerment gar
nicht. Sie sind zu ungeduldig und betrachten es als unnötige

Zeitverschwendung. Auf alles haben sie selbst eine Antwort. Oder sie meinen, sowieso schon zu wissen, was der Mitarbeiter sagen wird. Sie unterbrechen den Mitarbeiter, schneiden ihm das Wort ab und vollenden seine Sätze. Oder sie überfahren den Mitarbeiter, wenn dieser noch zweifelt («Aber ich bitte Sie, das ist doch überhaupt kein Problem!»). Ihr Selbstbild verbietet es ihnen, die Zügel aus der Hand zu geben. Sie können sich schlecht auf andere Sicht- und Vorgehensweisen einlassen. Sie können die Vorschläge anderer nur widerwillig als die besseren Lösungen akzeptieren.

Und in Wahrheit? In Wahrheit hat ihr Ego vor allem Sorge um Anerkennungs- beziehungsweise Machtverlust, Angst vor dem Zeigen von Schwäche – und vor der inneren Leere. Denn Macher wollen machen. Nur: Das Machtwort des Chefs lässt wertvolle Initiativen und dringend benötigte Kreativität einfach versanden. Gute Mitarbeiter mit hohen Fähigkeiten lernen auf diese Weise, dass ihre Meinung wenig zählt. Und sie wandern in Scharen ab.

«Es ist unsinnig, intelligente Leute einzustellen, um ihnen dann zu sagen, was sie tun sollen. Wir beschäftigen intelligente Leute, damit sie uns sagen, was wir tun sollen», hat Steve Jobs von Apple einmal gesagt.

Folgende grundsätzliche Regeln sind im Rahmen von Management-by-walking-and-talking-around-Gesprächen besonders zu beachten:

- Mensch vor Sache,
- Emotio vor Ratio,
- Dialog statt Diktat,
- Fragen statt sagen,
- Hinhören statt zureden,
- Stärken stärken,
- So einfach wie möglich.

Management-by-walking-and-talking-Arounder sind nicht nur gute Fragensteller, sie sind auch gute Hinhörer – und noch bessere Hinschauer. Sie lassen sich wertfrei auf den Dialog mit den Mitarbeitern ein und können die leisen Worte der Körpersprache deuten. Sie begleiten den Mitarbeiter auf dessen Reise durch seine Gedanken. Dabei halten sie Blickkontakt, nicken anerkennend und rücken leicht nach vorne. Wollen Sie dem Mitarbeiter ein freundschaftliches Gefühl geben, neigen Sie den Kopf ganz leicht zur Seite. Ernsthaft interessierte Hinhörer machen das übrigens automatisch so. Folgende fünf magische Worte bewirken dabei kleine Dialog-Wunder:

- bitte
- danke
- gerne
- Entschuldigung
- klasse (prima, toll, fein, sehr schön, ausgezeichnet …)

Auch wenn wir hier bei Banalitäten angekommen zu sein scheinen, über dieses Thema muss gesprochen werden. «Den Chefs ist nicht bewusst, was sie alles anrichten, wenn sie nicht einmal die Grundregeln eines höflichen Miteinanders beherrschen. Gerade ein Bitte oder Dankeschön ist oft nicht mehr drin: ‹Suchen Sie mir dies, bringen Sie mir das, geht es bis heute Mittag, wie lange soll ich noch warten?› … das ist der Umgangston, der vorgelebt wird und dann von den Mitarbeitern entsprechend an die Kunden weitergegeben wird. Für mich hat es den Anschein, als ob die alle mit dem Expresszug durch die Kinderstube gerauscht sind», schreibt mir eine Leserin.

Wie bereits vorne im Buch angesprochen, drückt sich Macht nicht selten dadurch aus, dass mit «Untergebenen» schlecht umgegangen wird. Wie es zu solchem Verhalten kommt? Macht erzeugt ein gefährliches Hormongemenge, das die Betroffenen dazu bringt, rücksichtsloser zu werden, sich nicht länger darum zu kümmern, was die anderen denken, und mit zweierlei Maß zu messen. Was den Mitarbeitern niemals erlaubt würde, etwa zu spät zum Meeting zu kommen, nimmt sich der Boss ganz selbstverständlich heraus.

Dieser Mechanismus wurde in einem Experiment offengelegt, das als «Kekstest» in die Literatur eingegangen ist. Die Sozialpsychologin Deborah Gruenfeld von der Stanford University ließ Studenten in Dreier-Gruppen über umstrittene Themen diskutieren. Per Los wurde jeweils einer der drei dazu bestimmt, die Meinung der beiden anderen zu bewerten. Er hatte also ein kleines Stückchen Macht bekommen. Als wenig später eine Schüssel mit Keksen gebracht wurde, griffen die «ermächtigten» Studenten als Erste zu, kauten mit offenem Mund und fanden nichts dabei, den Tisch zu bekrümeln. Ohne sich dessen bewusst zu sein, bekundeten sie so ihren Machtvorsprung.

Die Gefahr, mit Macht schlecht umzugehen, ist also groß – besonders für die von Natur aus Dominanten. Ständig und ganz gezielt müssen Führungskräfte darauf achten, nicht in ein solches Gebaren zu schliddern. Wer hier persönliches Optimierungspotenzial sieht, dem empfehle ich die «Motto-des-Tages-Technik». Hierbei wird jeweils ein ausgewählter Aspekt gezielt trainiert. Viele Themen bieten sich dazu an, wie beispielsweise: Heute ist mein Danke-Tag. Danke sagen und Dankbarkeit haben übrigens etwas mit Bilanzen vom Geben und Nehmen zu tun. So wird man denen helfen, die einem geholfen haben. Und es beginnt mit dem Geben.

Warum aber üben? Ein Weg entsteht dadurch, dass er begangen wird. Dies gilt auch für unser Gehirn. «Use it or lose it», ist sein Prinzip. Was nicht bestätigt wird, wird abgeschaltet. Neuronale Verbindungen, die nicht regelmäßig stimuliert werden, verwildern schnell, das heißt, sie entwickeln sich zurück.

Das lässt sich zum Beispiel an Fremdsprachenkenntnissen gut beobachten. Damit also neues Verhalten nicht künstlich wirkt («Unser Chef redet so komisch! War er wieder mal auf einem Seminar?»), muss es wiederholt werden, bis es in Fleisch und Blut übergegangen ist. Unser Denkapparat braucht mindestens 20 Wiederholungen, um etwas dauerhaft zu speichern. Erst hierdurch entstehen stabile Verknüpfungen zwischen den einzelnen Hirnzell-Komplexen und eine immer bessere Feinjustierung. Aus neuem Verhalten werden Routinen. Diese rutschen schließlich ins Unterbewusstsein und werden dort wie von selbst abgespult. Das kennen wir aus unzähligen Erfahrungen, angefangen vom kleinen Einmaleins übers Autofahren bis hin zu hochkomplexen Vorgängen, die zu unserem Job gehören. «Je mehr ich übe, desto mehr Glück habe ich», hat der Profigolfer Bernhard Langer mal gesagt.

Die Führungskraft lebt Kundenfokussierung sichtbar vor

Die kundenfokussierte Haltung eines Unternehmens beginnt in den Köpfen der Führungskräfte. Nicht, was wir am besten können, was bequem für uns und gut für die Anteilseigner ist, sondern was gut und richtig für unsere Kunden ist, steht im Fokus. Für den Mitarbeiter heißt das: Im Zweifel dem Kunden und nicht dem Boss gefallen, seine ganze Energie auf den Kunden und nicht auf die Führungskraft lenken. Und diesen Mut müssen die Mitarbeiter erst mal haben dürfen …

Ob es dem Mitarbeiter möglich ist, das Positive in einer Kundenbeziehung zu sehen, hat maßgeblich mit dem zu tun, was er bei seiner Führungskraft hört und sieht. Macht diese immerzu den schwachen Markt, die Nachfrageverschiebungen, die Tücken der Konkurrenz oder die miese Performance anderer Abteilungen für Misserfolge verantwortlich, so werden die Mitarbeiter schnell das Gleiche tun. Und hört der Mitarbeiter des Öfteren Negativgeschichten über «schwierige» Kunden, Nörgler und

Querulanten, dann wird dies seine eigene Einstellung färben. So entwickelt sich schließlich ein «Feindbild Kunde».

Der falsche Ton oder mangelnde Höflichkeit im Innen bewirkt das gleiche im Außen. Wer nicht freundlich zu seinen Mitarbeitern ist, kann von diesen keine Freundlichkeit gegenüber Kunden erwarten. Eine kundenfokussierte Unternehmenskultur braucht also nicht nur Leitbilder, sondern, wie wir schon sahen, vor allem auch Vorbilder. Das Vorbildhafte zeigt sich gerade in den kleinen Dingen, die scheinbar selbstverständlich sind und so ganz nebenbei getan werden – oder eben nicht: wenn etwa der Vorgesetzte an Unrat vorbeigeht, ohne ihn aufzuheben, weil er sich zu gut dafür ist. Oder wenn er der Einzige ist, der kein Namensschild trägt, weil er sich nicht von Gott und der Welt anreden lassen will.

Um seiner Vorbildrolle gerecht zu werden, ist es nötig, ganz regelmäßig – wie der Maler von seinem Bild – von sich selbst zurückzutreten, um aus sicherer Entfernung über sich nachzudenken. Das kann beispielsweise nach jedem Mitarbeiter- oder Kundengespräch geschehen. Hier ein paar Fragen, die Sie sich dabei stellen können:

- Interessiert mich das Wohl unserer Kunden wirklich?
- Sind Kunden in meinen Gesprächen regelmäßig und positiv präsent?
- Wie oft spreche ich über die Bedeutung der Kunden für das Unternehmen?
- Bitte ich die Mitarbeiter regelmäßig um kundenfokussierte Vorschläge?
- Lebe ich Kundenfokussierung sichtbar vor?

In seinem Buch «Hidden Champions des 21. Jahrhunderts» macht Hermann Simon deutlich: Die Besten betrachten langjährige Kundenbeziehungen als ihre größte Stärke und praktizieren eine Kundennähe, die über das übliche Maß weit hinausgeht. Dabei sucht die oberste Führung den regelmäßigen Kundenkontakt – nicht als Ritus, sondern aus echtem Interesse. Simon hat Folgendes festgestellt: Misst man die Kundennähe anhand des Prozentsatzes aller Mitarbeiter, die regelmäßig Kontakt zu Kunden haben, kommen normale Unternehmen in der Regel auf einen Anteil zwischen fünf und zehn Prozent. Bei den Hidden Champions bewegt sich der Prozentsatz zwischen 25 und 50 Prozent.

Je größer allerdings ein Unternehmen wird, desto mehr entfremden sich die Führungskräfte vom Kunden. Größe gefährdet die Kundennähe. Der Blick ist zunehmend nach innen und oben und nicht mehr nach draußen gerichtet. So gilt es im Sinne einer kundenfokussierten Unternehmenskultur, vor den Augen der Mitarbeiter wieder verstärkt Kundenkontakt zu suchen. Und zwar nicht als zwanghaft aufgesetztes Pseudo-Programm, sondern aus Einsicht. Die Gelegenheiten dazu sind unerschöpflich.

Beim Liechtensteiner Werkzeughersteller Hilti etwa heißt es: «At least 50 days with the customer». «Nach meiner Erfahrung», so Reinhold Würth, «ist ein Tag im Außendienst hundertmal wertvoller als eine ganze Woche in gescheiten Konferenzen.»

Lassen Sie sich hier von ein paar weiteren Beispielen inspirieren: «Small is beautiful», propagiert Sir Rocco Forte, Besitzer der Rocco Forte Hotels. «Wenn Hotels zu groß sind, ist es kaum mehr möglich, die Gäste als Individuen zu behandeln», sagt er. Er selbst nimmt sich viel Zeit für seine Kundschaft. Wenn einer Kritik äußert, schreibt er auch schon mal persönlich zurück. «Manchmal rufe ich auch an – das schafft oft lebenslange Kunden.»

«Es vergeht keine Woche, in der ich nicht mit einem unserer wichtigen Kunden zusammensitze», sagt Anne Mulcahy, Vorstandschefin von Xerox. Jeder der etwa zwei Dutzend Top-Führungsleute in der Xerox-Zentrale in Stamfort/Connecticut macht einmal im Monat den «Kundenmanager des Tages». Dabei muss er sich um auflaufende Beschwerden kümmern und trägt persönlich die Verantwortung dafür, dass das Problem des Kunden gelöst und die Ursache für das Ärgernis beseitigt wird. Auf der zweiten Führungsebene ist jede Führungskraft bis hin zum Personalmanager für ein oder zwei wichtige Kunden verantwortlich.

Ulrich Flattens, Geschäftsführer des Verkaufsfernsehsenders QVC, der mit dem ersten Platz beim Wettbewerb «Deutschlands kundenfreundlichster Dienstleister 2007» ausgezeichnet wurde, erzählt, dass er regelmäßig im Call Center Kundenanrufe entgegennimmt und Beschwerdemails liest. Außerdem sitzt er zusammen mit seinen Führungskräften mehrmals im Jahr bei zweistündigen Diskussionsrunden mit Kunden zusammen, um für die Praxis zu lernen. «Kunden finden es klasse, sich mit Wünschen und Kritik direkt an die zu wenden, die etwas ändern können», sagt er.

Und wie gehen Sie im Einzelnen vor? Über gesammelte Erfahrungen aus Kundenkontakten lässt sich prima mit den Mitarbeitern diskutieren: was daraus zu lernen ist und welche Verbesserungen möglich und nötig sind.

Storytelling: Der Kunde ist stets positiv präsent

Am Rande meiner Seminare bitte ich die Teilnehmer gerne um Folgendes: «So ganz unter uns … Erzählen Sie doch ein wenig aus Ihrem Unternehmen.» In den meisten Fällen höre ich – Sie ahnen es schon – eher Negatives: von Sorgen und Nöten, von dem, was nicht funktioniert, von unwilligen Mitarbeitern, miesen Kollegen und unfähigen Chefs. Über Kunden höre ich Problematisches oder auch – nichts.

Mal ehrlich: Welche Geschichten werden bei Ihnen auf den Gängen, in der Kantine und am Telefon erzählt? Was vermitteln diese über die Stimmung im Unternehmen? Ist der Kunde darin Held oder Horrorgestalt? Was wird von Mitarbeitern ausgeplaudert und von Außendienstlern unters Volk gebracht? Welche Storys werden den Lieferanten und Partnern präsentiert?

Das Bild, das Sie von sich zeichnen, ist das Bild, das man von Ihnen haben wird. Also: Erzählen Sie, wie Sie Ihre Kunden erfolgreich machen und was dabei Ihr Erfolgsgeheimnis ist. Erzählen Sie *die* Geschichten, die man über Sie erzählen soll. Reden Sie über Resultate und nicht über Probleme! Von einem positiven Image werden alle wie magisch angezogen: die Mitarbeiter und die Kunden. Erfolgsgeschichten spornen uns an, sie machen kreativ und leistungsfähig. Sie beflügeln uns und setzen eine Menge Energien frei!

Wir Menschen sind sehr empfänglich für Geschichten – weil unser Hirn eben bildhaft denkt: Das Rationale der Sprache wird dort in mentale Bilder übersetzt und episodisch abgelegt. Gehirnforscher glauben, dass jeder Denk- und Entscheidungsprozess von einem inneren Kopfkino begleitet wird. Gut gewählte Beispiele, brillante Zitate, bunte Anekdoten und spannend erzählte Geschichten haben etwas Magisches. Sie regen die Fantasie an, sie fesseln die Aufmerksamkeit, sie setzen Emotionen in Gang, verbessern das Klima und führen zu schnelleren Ergebnissen.

Bilder und Geschichten machen selbst komplizierte Zusammenhänge verständlich. Sie tragen zu einem besseren Verstehen und Akzeptieren bei, ohne zu bedrängen. Sie werden gut behalten und gerne weitererzählt. Diese Erkenntnis hat zum Beispiel das Magazin «Focus», allen Unkenrufen zum Trotz, so erfolgreich gemacht. Selbst wenn uns die Medien täglich anderes glauben machen: Wir mögen am liebsten Geschichten mit positivem Ausgang. Wahre Erfolgsgeschichten, etwa von begeisterten Kunden, motivieren besonders. Bei deren Aufbau kann man sich an gängigen Märchen orientieren. Sie haben folgendes Muster:

- Was war am Anfang (= das Problem, die Krise)?
- Wer (= der Held) tat was (= die gute Tat) mit wessen Hilfe (= die gute Fee)?

- Wo lauerten Gefahren (= das Abenteuer, die Hindernisse)?
- Wie ging das Ganze aus (= der Sieg, das Happy End)?

Ganz wichtig beim Entwerfen: Der Kunde ist der Held, das Unternehmen die gute Fee. Kurz und einfach sollte die Geschichte sein, Relevanz fördert die Aufmerksamkeit. Ist etwas zu langatmig oder ohne Bedeutung, schaltet unser Hirn auf Durchzug. Im Verlauf der Handlung wünschen wir uns Höhen und Tiefen, das weckt Emotionen und erzeugt einen Spannungsbogen. Also brauchen wir dramaturgische Wendungen, Rückschläge, Überraschungen. Vor allem aber ein Hindernis, das schließlich überwunden wurde. So kommt es zum glücklichen Schluss. Unser Hirn will das Happy End. Denn es ist süchtig nach Glückshormonen.

Durchforsten Sie einmal systematisch alle internen Kommunikationsmedien auf der Suche nach positiven Kundengeschichten: Mitarbeiterzeitungen, das Intranet, Meetingprotokolle … Möglicherweise werden auch Sie erschreckt feststellen: Der Kunde kommt darin höchst selten vor. Stellen Sie also zukünftig sicher, dass beim Einstieg ins Intranet als Erstes die News-Seite mit einer Aufmacher-Geschichte aufpoppt, bei der es um die Kunden geht.

Oder machen Sie es wie die Firma Assa Abloy, eine Anbieterin von Sicherheitstechnik. Sie hat einen internen Newsletter ins Leben gerufen, den sie «Kundenbrille» nennt. Darin werden vor allem Themen rund um die – wie es dort noch immer heißt – Kundenorientierung aufgegriffen.

Positive Kundengeschichten haben immer zwei Zielrichtungen:
- eine interne (die Mitarbeiter und Führungskräfte) und
- eine externe (Interessenten, Kunden, Ex-Kunden, Partner, Lieferanten, Banken, Investoren, die Öffentlichkeit).

Gute Geschichten sind neu, sie sind anders, sie überraschen, sie sind im wahrsten Sinne des Wortes merk-würdig und sie sind vor allem – wahr. Erzählen Sie Ihre Geschichten so, wie sie sich tatsächlich zugetragen haben. Geschichten, die nicht stimmen, werden früher oder später immer entlarvt, wofür meist die entrüsteten Mitarbeiter sorgen.

Die glaubwürdigsten Geschichten sind also nicht die abgehobenen und mehr oder weniger geschönten Geschichten, die der Vorstand intern verbreiten lässt. «Er soll doch mal zu uns herabsteigen und sich erzählen lassen, was tatsächlich läuft», meinte eine Mitarbeiterin. Die authentischsten und damit wirkungsvollsten Geschichten sind immer die, die sich die Leute selbst erzählen.

Wer nichts mehr zu sagen hat, gerät schnell in Vergessenheit. Schaffen Sie sich daher einen regelrechten Geschichten-Fundus an. Sammeln und verbreiten Sie die kleinen Heldentaten aus dem Alltag der Kundendienstler, der Auszubildenden, des Pförtners. Berichten Sie darüber, wie zwei Abteilungen ein Kundenprojekt gemeinsam gestemmt haben. Machen Sie in der Öffentlichkeit bekannt, wie beispielhaft das Unternehmen den Servicegedanken lebt. Erzählen Sie, wie sich eine pfiffige Mitarbeiter-Idee in der Praxis bewährte und was die Kunden davon hatten. Und stellen Sie in Ihrem Corporate Blog einen Raum bereit, in dem die Kunden selbst über solche Geschichten berichten.

Die besten Geschichten sind nämlich die, die die Kunden von sich aus über die Erlebnisse mit Ihren Produkten und Services erzählen. Diese sind weit glaubwürdiger als Begebenheiten, die Sie selbst in Umlauf bringen, und von daher ein wertvoller Schatz. Das «Storylistening» steht vor dem «Storytelling». So kommt also schon wieder die «Erzählen Sie mal»-Frage zum Einsatz. Reden Sie mit Ihren Kunden, um diese (hoffentlich positiven) Geschichten in Erfahrung zu bringen. Sammeln und dokumentieren Sie diese und geben Sie Passendes sofort wieder in Umlauf. Sogar die einschlägige Presse ist hierfür ein dankbarer Abnehmer.

Machen Sie es sich zur Gewohnheit, an den Anfang eines jeden Meetings und an den Beginn einer jeden Besprechung eine kundenbezogene Erfolgsstory zu setzen. Denn der Kunde ist Nummer eins auf der Tagesordnung. Unter der Überschrift «Der Kunde spricht» erhält er einen festen Platz auf der Agenda. Und reihum sollten alle Teilnehmer eine Geschichte zu berichten wissen. Die Führungskräfte und Mitarbeiter aus kundenfernen Abteilungen haben dabei die Aufgabe, gezielt nach aussagekräftigen Kundengeschichten zu recherchieren. Eine Regel lautet dabei: die Erfolgsgeschichte zuerst. Und eine weitere Regel lautet: Auf eine Problemgeschichte muss immer mit einer Lösungsgeschichte geantwortet werden. Einfache Lösungen sind dabei komplexen Lösungen vorzuziehen. Denn komplexe Lösungen kosten Zeit und Geld, und sie sind fehleranfällig.

Erfolgreiche Unternehmensführer wissen genau wie Trainer im Sport: Niederlagen führen gefährlich schnell zu weiteren Niederlagen. Erfolge hingegen schweißen zusammen, geben Kraft und machen Unglaubliches möglich. Kein Sportler würde seine Negativerlebnisse vorkramen, wenn er zum nächsten Sieg eilen will. Ganz im Gegenteil: Er führt sich seine größten Triumphe vor Augen. So kann es schließlich zu einer ganzen Erfolgssträhne kommen. Also: Nur keine falsche Bescheidenheit! Reden Sie über das, was gut funktioniert! Richten Sie sich aufs Siegen ein. Und ganz schnell verbreitet sich dann dieses wunderbare Gefühl: Wir sind ein Unternehmen, das es krachen lässt! Und siehe da: Ein Erfolg jagt ganz stolz den nächsten.

Die Mitarbeitermotivation wird regelmäßig gemessen

Die allermeisten Unternehmen messen Mitarbeiter*zufriedenheit*. Da frage ich: Was soll das? Zufrieden heißt befriedigend, also eine Drei in der Schule. Das ist mittelmäßig, beliebig, austauschbar. Zufriedenheit macht behäbig und bequem. Zufriedenheit zementiert den Status quo. In diesem Zustand ist der Wunsch nach Veränderung gering. Die Handlungsintensität und die emotionale Spannung sind niedrig. Mangelnde Identifikation und Gleichgültigkeit setzen ein. Schließlich macht sich eine resignative Trägheit breit. Diese Egal-Mentalität führt zu Nachlässigkeiten und mangelnder Sorgfalt. Solche Mitarbeiter setzen sich nur halbherzig für die Interessen der Kunden ein, sie zeigen wenig Initiative bei der Erfüllung von Sonderwünschen und wenig Kreativität beim Lösen von Problemen.

Resignative Zufriedenheit kann auch dort auftreten, wo Mitarbeiter wenig Gestaltungsraum bekommen und zu reinen Befehlsempfängern degradiert werden, wo sie nicht an der Zielfindung beteiligt werden und ihre Ideen bei der Strategieentwicklung nicht erwünscht sind. Solche Perspektivlosigkeit lässt Langeweile aufkommen. Einsatzwille und Verantwortungsbereitschaft schwinden, man macht es sich bequem. Zufriedenheit produziert Sitzfleisch, aber nicht zwangsläufig Motivation.

Übrigens: Mitarbeiterzufriedenheit und Mitarbeiterbindung korrelieren *nicht*. *Nur* zufriedene Mitarbeiter machen sich – wie auch zufriedene Kunden – bei der nächstbesten Gelegenheit davon. Welches hochmotivierte Talent bleibt schon dort, wo Mittelmaß herrscht?

Die zu messende Zielgröße heißt also nicht Mitarbeiterzufriedenheit, sondern Mitarbeitermotivation. Motivierte Mitarbeiter sorgen für hohe Produktivität, für ein flüssiges Arbeitstempo und für hohe Qualität. Sie haben Freude an Spitzenleistungen und wollen den Erfolg. Diese positive Energie ist an verlockend gestalteten Auslagen oder einem liebevoll zubereiteten Essen mit bloßem Auge zu erkennen. Sie ist in den Produkten eingefangen, die der Käufer schließlich erwirbt. In Dienstleistungsbranchen drückt sich die Befindlichkeit eines Mitarbeiters in jeder kleinen Geste aus.

Motivierte Mitarbeiter machen Kundenerlebnisse heiter, unmotivierte Mitarbeiter trüben sie ein. Erstere sorgen auch für höhere Kosteneffizienz, da die Fehlerhäufigkeit sinkt. Sie sind kreativer und bringen neue Ideen ein. Vor allem aber: Sie tragen als begeisterte Botschafter ein positives Unternehmensbild nach außen. Dies motiviert nicht nur potenzielle Top-Bewerber, sich für das Unternehmen zu interessieren, es motiviert auch die Kunden, zu kaufen. Was dabei im Hirn abgeht, darüber haben wir eingangs ausführlich gesprochen: Spiegelneurone beginnen ihre Arbeit, Wohlfühlstoffe werden ausgeschüttet, das Kauflustzentrum wird aktiviert. Fazit: Das Kundengeld sitzt deutlich lockerer.

Aus Arbeitgebersicht ist es nun entscheidend, die Stellschrauben zu finden und schließlich messbar zu machen, die am Ende Mitarbeitermotivation bewirken. Dabei ist auch die Einzigartigkeit jedes einzelnen Mitarbeiters zu berücksichtigen. Wenn wir hierzu noch einmal die bereits zitierte ExBa-Studie befragen, so kristallisiert sich heraus: Das Führungsverhalten des direkten Vorgesetzen ist der Motivationstreiber Nummer eins. Gleich danach folgen die Einbindung der Mitarbeiter, der Informationsfluss sowie die Entwicklungsmöglichkeiten.

Fragen statt sagen

Um der Trägheitsfalle der Mitarbeiterzufriedenheit zu entkommen, braucht es Mobilisierungsstrategien. Dazu können Führungskräfte ihre Mitarbeiter ganz regelmäßig – und nicht nur im Jahresgespräch – befragen. Dies könnte sich, aus Sicht des Mitarbeiters formuliert, etwa wie folgt anhören:

- Was mir in diesem Unternehmen am besten gefällt, ist: …
- Was mir in diesem Unternehmen am meisten fehlt, ist: …
- Was sich an meinem Arbeitsplatz konkret verbessern ließe: …
- Ich biete an, folgende Aufgaben zu übernehmen: …
- Ich biete an, folgende Aufgaben abzugeben: …
- Mein größter Wunsch an meine Führungskraft ist: …
- Was wir für die Kunden noch tun könnten: …
- Was ich Außenstehenden über uns sagen würde: …
- Woran ich bei mir selber arbeiten möchte: …
- Wo ich mir Unterstützung wünsche: …
- Was mich bewegen könnte, noch lange im Unternehmen zu bleiben: …
- Was ich immer schon mal sagen wollte: …
- Was mir besonders am Herzen liegt: …
- Was man beim nächsten Mal noch fragen könnte: …

Und schließlich gibt es eine ultimative Frage, die im Rahmen einer größeren Befragung oder auch solo gestellt werden kann:

> **Würden Sie sich heute wieder für dieses Unternehmen entscheiden? Und wenn ja, aus welchen Gründen? Und wenn nein, weshalb nicht?**

Eine Mitarbeiterbefragung ist meist ein schriftliches Gespräch. Spätestens die Ergebnisse sollten jedoch mündlich diskutiert werden – offen und konstruktiv. Denn die Antworten, ganz gleich ob anonym eingereicht oder im Rahmen eines vertrauensvollen Dialogs zwischen Führungskraft und Mitarbeiter entwickelt, geben wertvolle Hinweise für das weitere Vorgehen auf dem Weg zu Spitzenleistungen.

Vorgesetzte sind oft höchst erstaunt über den Ideenreichtum und das hohe Maß an Engagement, wenn Mitarbeiter endlich mal aus sich herausgehen und ihr Bestes zeigen dürfen. In jedem

Fall muss auch regelmäßig die Mitarbeiterloyalität abgefragt werden. Dies lässt sich wie folgt formulieren:

- Ich spreche mit Dritten (Bekannte, Kunden und so weiter) positiv über unser Unternehmen. Und dies, weil ...
- Ich ermutige potenzielle Kunden, die Leistungen des Unternehmens zu kaufen. Und dies, weil ...
- Ich ermutige potenzielle Mitarbeiter, sich in unserem Unternehmen zu bewerben. Und dies, weil ...
- Ich kann mir gut vorstellen, noch länger in diesem Unternehmen zu arbeiten. Und dies, weil ...

Solchermaßen offene Fragen zwingen den Mitarbeiter nicht in ein festes Antwortschema, sondern geben ihm vielmehr die Möglichkeit, sich frei auszudrücken. So wird er sich intensiver mit den einzelnen Punkten auseinandersetzen.

Meine Lieblingsfrage in diesem Zusammenhang ist übrigens die «Gewissensfrage», und die geht so: «Lieber Mitarbeiter, stellen Sie sich vor, Sie wären unser Unternehmens-Gewissen. Was würden Sie mir sagen?»

Wird die Gewissensfrage schriftlich gestellt, so kann diese von einer kleinen Zeichnung begleitet werden, bei der ein Engelchen und ein Teufelchen rechts und links auf der Schulter einer skizzierten Person sitzen.

Nachdem der Umsatz sehr deutlich eingebrochen war, so erzählte der Geschäftsführer eines Herstellers von Leitern der «Financial Times Deutschland», sei man endlich auf die Idee gekommen, die Kunden zu befragen. Die fanden schonungslose Worte, beklagten den schlechten Service, pampiges Personal und das ewige Warten am Telefon. Da frage ich: Warum so spät? Das Management hätte dies schon sehr viel früher in Erfahrung bringen können. Denn die Mitarbeiter im Call Center wussten es längst – hätte man sie nur mal gefragt. Die hätten ja auch von sich aus mal was sagen können? Ja, das versuchen Mitarbeiter meist auch einmal – nur ganz zaghaft. Und stellen fest, dass sie sich damit eher unbeliebt machen. Von da an lassen sie es sein.

Kunden geben oft die wertvollsten Tipps, was sich wie verbessern ließe. Und diese werden insbesondere bei *den* Mitarbeitern deponiert, mit denen Kunden vertrauensvoll zusammenarbeiten. Doch das meiste davon verschwindet lieblos auf Zettel gekritzelt im Verkaufskoffer, in irgendwelchen Aktenordnern, in nicht mehr auffindbaren Dateien und schließlich im Papierkorb. Weil sich «oben» niemand für die Ideen von «unten» interessiert.

Die «Erzählen Sie mal»-Frage ist somit die beste Frage, die eine Führungskraft seinem Mitarbeiter stellen kann. Dann kommt vielleicht endlich raus, wie sich der Mitarbeiter fühlte, als … Oder was der Kunde sagte, weil … Auch von Mitarbeitern kann man eine Menge lernen.

Fokussierende Fragen stellen

Jeder Mitarbeiter ist auf seine Weise zu Lust auf Leistung zu motivieren. Mit fokussierenden Fragen kommen Sie seinen wahren Beweggründen am schnellsten näher – ohne ihm zu nahe zu treten. Eine solche Frage kann beispielsweise lauten:

> Welches sind die drei Dinge, die Sie sich von Ihrem Vorgesetzten am meisten wünschen?

Nach einer solchen Frage machen Sie unbedingt eine Pause. Lassen Sie Ihrem Gesprächspartner Zeit, in seinem Oberstübchen Klarheit zu schaffen, um seine Antwort formulieren zu können. Beantworten Sie Ihre Frage auch dann nicht selbst, wenn das etwas dauert. Seien Sie offen für alles. Denn nicht selten spürt der Gefragte latente Erwartungen, die er heraushört und womöglich auf genehme Art und Weise bedient. Mitarbeiter werden immer auch ins Kalkül ziehen, was der Chef wohl gerne hören will, sie werden ihm auch dann gefallen wollen, wenn es für das Unternehmen kontraproduktiv ist. Es ist eine naive Illusion, zu glauben, man bekäme von seinen Leuten die ganze Wahrheit. Denn letztendlich entscheidet der Chef über das «Leben und Sterben» eines Mitarbeiters. Damit Mitarbeiter im Kern ihrer Talente arbeiten können, bieten sich die folgenden Fragen an:

- Wenn es eine Sache gibt, die Sie in Zukunft keinesfalls mehr machen wollten, was wäre das für Sie?
- Und wenn es eine Sache gibt, die Sie in Zukunft unbedingt übernehmen wollten, was wäre das für Sie?
- Wenn es eine Sache gibt, die Ihnen im Hinblick auf Ihre Arbeit als besonders nutzlos erscheint, die also wirklich niemandem etwas bringt, was wäre dann das Nutzloseste für Sie?
- Und wenn es eine Sache gibt, die wir im Interesse des Kunden unbedingt verändern sollten, was wäre dann aus Kundensicht das Wichtigste für Sie?

So erhalten Sie (hoffentlich) endlich wichtige Informationen über schlechte Arbeitsplatzbedingungen, über betriebliche Zwänge, räumliche Enge, Doppelarbeit und Zeiträuber, über Kommunikations-, Schnittstellen- und Kundenprobleme und damit über die eigene Betriebsblindheit, deren Wirkung auf die Loyalität der Mitarbeiter und Kunden Sie womöglich deutlich unterschätzt hatten. Und nicht vergessen: Solch ehrliche und mutige Mitarbeiter haben ein dickes Danke verdient.

Selbst in großen Unternehmen lassen sich durch fokussierende Fragen alle Mitarbeiter in ein Projekt einbinden. Eine solche Frage könnte in etwa wie folgt formuliert werden: «Unser Projekt XY hat zum Ziel ... Wenn Sie Mitglied des Projektteams wären, was wäre dann der wichtigste Rat/Wunsch/Hinweis, den Sie in das Projekt einbringen würden?»

Jährliche Mitarbeiterbefragungen

Mitarbeiterbefragungen lassen sich auch im Jahresrhythmus machen. Solche Befragungen sind jedoch langsam und behäbig, denn Planung, Durchführung und Auswertung brauchen viel Zeit. Immerhin lässt sich so eine Vergleichbarkeit zwischen Einheiten oder im Jahresverlauf erreichen. Wird mit den Ergebnissen falsch oder uninteressiert umgegangen, löst eine solche Befragung eher Misstrauen und Ängste aus. Ist ein realistisches Bild erwünscht, sind ehrliche Aussagen von wenigen Mitarbeitern besser als opportune beziehungsweise gar erzwungene Aussagen von vielen.

Dort, wo an Mitarbeiterzufriedenheit Prämien geknüpft sind, kommt es allerdings vor, dass Chefs ihren Mitarbeitern die genehmen Antworten vordiktieren beziehungsweise sie nötigen, gut zu punkten. Wie es den Mitarbeitern tatsächlich geht, ist ihnen völlig egal. Und die Mitarbeiter haben keine Wahl. Ganz klar: Ein solcher Vertrauensmissbrauch ist nie mehr zu kitten.

Ich habe auch Führungskräfte getroffen, denen ging es einzig darum, gegenüber anderen Abteilungen besser dazustehen. Solches Konkurrenzdenken führt nicht selten dazu, dass sich alle mit dem Chef verbünden und Traumnoten verteilen, um als Team besser dazustehen. Ich kenne sogar Organisationen, da sind diese Machenschaften bekannt, und alle spielen das falsche Spiel mit, nur um den schönen Schein zu wahren.

Generell ist bei großen Mitarbeiterbefragungen Folgendes zu beachten:

- methodische Kompetenz gewährleisten;
- Ziele (auch in Hinblick auf Problembereiche) definieren;
- offen und frühzeitig über das Projekt und die Ziele kommunizieren;
- sicherstellen, dass auf freiwilliger Basis möglichst viele mitmachen und Anonymität garantiert ist;
- Fragenkatalog definieren: dabei keine geschlossenen Ja-Nein-

Fragen, sondern offene Fragen stellen, um möglichen Problemen auf den Grund zu gehen (Was unterstützt Sie bei der Arbeit? Was behindert Sie? Was kann man dagegen tun?);

- abfragen, was im Unternehmen verbessert werden kann, vor allem in punkto Mitarbeiter-Motivation, Führungskräfte-Verhalten und Kommunikation;
- abfragen, was im Unternehmen in punkto Kundenfokussierung verbessert werden kann;
- Fragen möglichst einfach formulieren und vor der Durchführung auf Verständlichkeit testen;
- Ergebnisse zeitnah aufbereiten, analysieren, interpretieren, vergleichen und kommunizieren;
- Ergebnisse zeitnah besprechen und gemeinsam die erforderlichen Maßnahmenpläne erarbeiten. Diese schließlich umsetzen, kontrollieren und optimieren. Über Trainings sicherstellen, dass Führungskräfte diesen Prozess konstruktiv gestalten können;
- Befragung im Folgejahr wiederholen und gezielt auf Ergebnis-Veränderungen achten;
- dort, wo vorhanden, den Betriebsrat einbeziehen.

Sollen die Resultate der Befragung skaliert bewertet und damit vergleichbar gemacht werden, so empfehle ich Fragen, die im Rahmen eines Vierer-Rasters beantwortet werden können. So fehlt die neutrale Mitte, und der Mitarbeiter muss sich zumindest für eine Tendenz entscheiden. Beachten Sie ferner Folgendes: Neben der Skalierung soll der Mitarbeiter auch sagen, wie wichtig ihm der entsprechende Punkt ist. Denn erst wenn die Verbesserung eines Punktes nicht nur dem Unternehmen, sondern auch dem Mitarbeiter wichtig ist, lohnt es sich, Ressourcen dafür bereitzustellen.

Im Fragebogen wird das wie folgt formuliert:

Hier sind unsere Fragen an Sie. Bitte kreuzen Sie das für Sie Zutreffende jeweils an. Herzlichen Dank.

❏ Trifft voll und ganz zu

❏ Trifft mehr oder weniger zu

❏ Trifft eher nicht zu

❏ Trifft überhaupt nicht zu

❏ Ist mir wichtig

❏ Ist mir nicht wichtig

Entwickeln Sie die Fragen, die für Sie von Bedeutung sind, gemeinsam mit den zuständigen Mitarbeitern. Dies erhöht die Rücklaufquote erheblich. Stellen Sie wenige Fragen und fassen Sie sich kurz. Lassen Sie genügend Raum für individuelle Bemerkungen des Mitarbeiters. Überprüfen Sie im Rahmen eines Pre-Tests, ob die Zielpersonen die Fragen auch wirklich verstehen. Wenn Mitarbeiterbefragungen von externen Experten durchgeführt werden, sind die Ergebnisse, weil neutral, oft realistischer als bei eigenen Untersuchungen. Die Antworten sind dann meistens auch ehrlicher. Ferner ist die Methodensicherheit gewährleistet.

Die daraus resultierenden Ergebnisse lassen sich in entsprechenden Schaubildern darstellen und interpretieren. Denken Sie sich bei einer etwaigen Typisierung der Mitarbeiter unverfängliche Begriffe aus. Vorschläge, die man hierzu in der einschlägigen Literatur findet, wie Leistungsverweigerer, Bewohner, Mitläufer, Absprungkandidaten, Job-Hopper und so weiter sind oft entwürdigend.

In jedem Fall sind die Ergebnisse gemeinsam mit den Mitarbeitern zu besprechen – eine eingleisige Kommunikation in unternehmensinternen Medien reicht nicht. Lösungsorientiert geht es vor allem darum, wie sich etwaige Defizite aus der Welt schaffen lassen, um die Ergebnisse in Zukunft zu verbessern. Und wenn hierüber Konflikte offen ausbrechen? Gott sei Dank! Konfliktfreie Partnerschaft und ein konfliktfreies Zusammenarbeiten gibt es nicht. Entscheidend ist, über Probleme offen und sachlich zu sprechen und gemeinsam nach *solchen* Lösungen zu suchen, die für alle Beteiligten tragbar sind. Passiert dies nicht, werden Konflikte auf den Gängen bewältigt. Und das ist immer destruktiv! So bietet eine Mitarbeiterbefragung nicht selten gute Ansätze für eine Selbsttherapie des Teams.

Kundenfokussierung wird gefördert, gelobt und belohnt

Wer kundenfokussierte Heldentaten von Mitarbeitern will, braucht Geschichten über Heldentaten. Diese vermitteln besser als jede «Gardinenpredigt», was das Unternehmen will. Vielleicht kennen Sie den Werbespot des britischen Einzelhandelsriesen Tesco, bei dem eine Kundin die traurig dreinblickende Forelle umtauschen will. «Nehmen Sie diese fröhliche Scholle stattdessen», sagt der Verkäufer wie selbstverständlich und packt sie ein. So ist das richtig: Die Verantwortung fürs «Kunden-glücklich-Machen» muss an die jeweilige Kundenschnittstelle delegiert werden. «Die Verantwortung beginnt genau dann, wenn man keine Gewissheit mehr hat», hat Jacques Derrida, ein französischer Philosoph, einmal gesagt.

Ein kleines Beispiel: Im Ritz-Carlton Hotel in Wolfsburg erzählt man sich die Geschichte von dem Portier, der bemerkte, dass er den Koffer eines Gastes, der per Bahn nach Köln unterwegs war, einzuladen vergessen hatte. Er setzte sich persönlich ins Auto und fuhr dem Kunden nach. Er erwischte ihn am Kölner Hauptbahnhof und übergab ihm den fehlenden Koffer. In jedem Unternehmen gibt es solche Heldentaten. Da ist die Buchhalterin, die persönlich Ordnung in die Unterlagen eines Kunden bringt, der abzuspringen droht, weil etwas falsch lief. Da ist der

Lagerarbeiter, der für einen Kunden nach Versandschluss noch eine eilige Sendung zusammenstellt – ohne Auftrag. Beide hielten sich *nicht* an offizielle Procedere, doch sie hatten ganz offensichtlich den Spielraum, übliche Grenzen zu überschreiten, um langfristige Kundenbeziehungen zu sichern.

In vielen Unternehmen hingegen würden die Mitarbeiter angesichts nachvollziehbarer Kundenwünsche gerne entgegenkommender sein, dürfen es aber nicht. Kundenfeindliche Standards und rigide Prozesse, an die man sich sklavisch zu halten hat, bringen sie geradezu in Gewissenskonflikte. Auf ein «Der Kunde wollte das so» antwortet dort ein knurrender Chef: «Sie halten sich gefälligst an die Vorschriften.»

Standards sichern zwar das Serviceniveau nach unten ab, lassen aber kaum Bewegungsfreiheit, außer der Reihe und über die Norm hinaus kundenfreundlich zu agieren. So erstarrt alles im Zwangskorsett der Mittelmäßigkeit. Und Mittelmäßigkeit will, wie wir schon sahen, niemand mehr kaufen. Es ist also wichtig, einen Möglichkeitsraum nach oben zu schaffen.

In anderen Fällen ist ein kundenfokussiertes Verhalten der Mitarbeiter zwar ausdrücklich erwünscht, aber es fehlt. So ist es Aufgabe der Führungskraft, sofort zu intervenieren, wenn er kundenfeindliche Aussagen seiner Mitarbeiter hört oder im internen Schriftwechsel sieht. Dies ist in Meetings zu thematisieren und zur Diskussion zu stellen.

In manchen Fällen sind auch Einzelgespräche mit einem Mitarbeiter notwendig, um Defizite in Hinblick auf seine kundenfokussierte Einstellung zu bearbeiten oder ihm möglicherweise einen anderen Arbeitsplatz vorzuschlagen. Auf kundennahen Positionen sind kundenfeindliche Mitarbeiter völlig inakzeptabel. Der negative Eindruck, den eine solche Person verbreitet, fällt ja nicht nur auf das Unternehmen, sondern auch auf die übrigen Mitarbeiter zurück. Das heißt: Ein kundenfeindlicher Mitarbeiter macht auch allen anderen Mitarbeitern das Leben schwer. Ein kundenfreundlicher Mitarbeiter hingegen stellt sicher, dass jeder Kundenkontakt auch für alle anderen eine Freude ist.

Love it!

Wer Teil einer Erfolgsgeschichte ist, kann sich als Gestalter erleben und damit aus der Opferrolle schlüpfen. Dies wiederum gibt die Sicht frei, eine Situation neu zu bewerten und Alternativen für sein bisheriges Verhalten finden zu können. Denn auch innerhalb festgelegter Rahmenbedingungen gibt es jede Menge Gestaltungsräume. So hat ein Fußballplatz zwar ein Spielfeld mit Begrenzungslinien, doch innerhalb dieser Linien lassen sich ganz aufregende Dinge tun. Ein Spieler kann nun hingehen und darüber klagen, dass ihm das Spielfeld zu groß oder zu klein sei, der Elf-Meter-Punkt zu nah am Tor oder zu weit weg – und der Schiedsrichter sowieso ein Idiot. Oder aber er nimmt die Herausforderung an und spielt auf der Position, die seinen Talenten am besten entspricht, das Spiel seines Lebens.

Selbst wenn der Spielraum am eigenen Arbeitsplatz so klein ist wie ein Elfmeter-Punkt, kann man, statt zu jammern, sich fragen: Wie lassen sich unter diesen Bedingungen Tore schießen? Wenn etwa ein Mitarbeiter einen Kunden als ausgesprochen schwierig empfindet, kann er kapitulieren. Sieht er hingegen die Lernchance, so eröffnen sich ihm ganz neue Perspektiven, die auch seiner Persönlichkeitsentwicklung dienen: «Wenn ich es bei diesem Kunden schaffe, dann schaffe ich es überall!»

So angespornt kann er nun seinen Anteil an der Situation hinterfragen und etwa eine schnippische Bemerkung seinerseits als Startpunkt der Beziehungsverschlechterung orten, die schließlich in die Eskalation führte. Dies kann dann durch ein klärendes Gespräch mit dem Kunden bereinigt werden. Oder er klinkt sich am Ende völlig aus und überlässt diesen Kunden einem Kollegen, der vom Typ her besser zu Ersterem passt. In beiden Fällen ist der Mitarbeiter zum Handelnden geworden und erlebt sich in einer Situation der Stärke. Er übernimmt Verantwortung.

Diese Handlungswahl ist unter dem Motto «Love it, change it or leave it» bekannt. Es ist die positive Variante von «abhauen, draufhauen, totstellen». Wie das folgende Schaubild zeigt, lassen sich die Optionen «Love it» und «Change it» am besten dort realisieren, wo es viele positive Momente gibt, also in einem lachenden Unternehmen. In einem negativen Umfeld hingegen ist der Fluchtreflex groß. Beim Kunden wie beim Mitarbeiter.

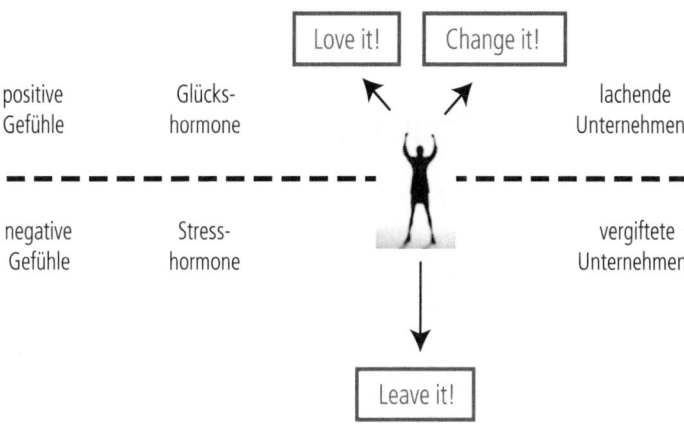

Abbildung 10: Die Handlungsalternativen eines Mitarbeiters je nach Umfeld

Kundenfokussierung belohnen

Führungskräfte müssen mit Sorgfalt überlegen, welches Verhalten sie loben. Wenn beispielsweise der Baumarkt-Leiter seine Leute für gepflegte Regale lobt, womit werden sich diese in Zukunft wohl vorrangig beschäftigen? Und wenn er abends die Lager und nicht die Kundenzufriedenheit inspiziert, was werden seine Leute in Zukunft tun? Ist ein Baumarkt-Mitarbeiter Regal-Einräumer oder Kundenberater? Gut bestückte Regale sind wichtig, und ein aufgeräumtes Lager hat Vorteile, doch der Kunde geht vor!

Selbst prall gefüllte Stellflächen nützen nichts, wenn ein hilfesuchender Kunde unberaten das Weite sucht. Genau aus diesem Grund sind die riesigen Fachmärkte ein Auslaufmodell. Ausstellen lässt sich Ware auch im Internet. An Produkt-Infos ist dort leichter zu kommen, und bequemer ist das Kaufen dort auch.

Wer seine Mitarbeiter bewertet, sollte nicht nur auf die erbrachte Leistung achten, sondern auch die Einstellung zur Arbeit und zu den Kunden in die Waagschale werfen. Gerade wenn eine Prämie, eine Gehaltserhöhung oder eine Beförderung ansteht, ist es wichtig, die richtigen Signale zu setzen. Überlegen Sie auch, welche Zeichen Sie denen geben, die Ihnen dabei zuschauen. Wer immer wieder erlebt, dass Schleimspur-Leger, Menschenschinder und Karrieristen die Erfolgstreppe nach oben eilen, der wird ganz schnell das Gleiche tun, um auch an die Sonne zu kommen. Mit Ihrer Belohnungs-und Beförderungspolitik steuern Sie maßgeblich die Unternehmenskultur, die Kundenfokussierung und Ihre Ergebnisse!

Wer für kurzfristige Erfolge bezahlt, bedient eine Nach-mir-die-Sintflut-Mentalität. Wofür also belohnen Sie Ihre Leute?

- Den Verkäufer für Kurzzeit-Eroberungen – oder für Stammkunden und Empfehler?
- Den Marketingleiter für eigene Spuren – oder für Kontinuität im Aufbau der Marke?
- Den Vorstand dafür, dass er Analysten bedient – oder Kunden hofiert?

Schlecht durchdachte Gratifikationssysteme laden zu Betrug und Manipulation geradezu ein. Wer in die falschen Bonus- und Incentive-Programme gelockt wird, der fragt nicht länger: «Was muss ich tun, um meine Kunden glücklich zu machen?», sondern: «Was muss ich tun, um den Bonus zu ergattern?» Und dann werden dem Kunden nicht benötigte Waren aufgedrückt, es wird zu viel, zu wenig, zu früh oder zu spät verkauft. Geschäftsabschlüsse werden vorgezogen oder in die Folgeperiode verschoben. Unaufgebrauchte Budgets werden am Jahresende sinnlos verschleudert oder aber dringend notwendige Investitionen auf die lange Bank geschoben. Manager optimieren kurzfristig die Renditen und sorgen für Aktienhöchststände immer dann, wenn die Bonusberechnung ansteht. Im Unternehmens- beziehungsweise Kundeninteresse zu handeln wäre in einem solchen Szenario nur Gehaltsvernichtung. Schön dumm müsste man sein …

An kundenfokussierter Prozess-Optimierung wird ständig gearbeitet

Starre Prozesse sind ein Widerspruch in sich. In kundenfokussierten Unternehmen wird täglich nach Verbesserungen gesucht. Dies geschieht auf zweierlei Weise: mit Hilfe der Kunden und mit Hilfe der Mitarbeiter. Das Verbesserungspotenzial geht in drei Richtungen:

- Was muss zukünftig anders werden?
- Was muss zukünftig hinzukommen?
- Was muss zukünftig weggelassen werden? («Kill a stupid rule» nennen das die Amerikaner.)

Die Wege, um diese Fragen zu beantworten, sind vielfältig. Im Rahmen von Mitarbeiter-Workshops kann man sich dem Thema etwa durch folgende Aufgabenstellungen nähern:

- Wenn ich selbst irgendwo Kunde bin, was ist mir dann besonders wichtig?
- Wenn ich selbst irgendwo Kunde bin, was ärgert mich und stößt mich ab?
- Was erzählen unsere Kunden Positives und Negatives über uns – und wonach haben sie in letzter Zeit öfter gefragt?

- Was müssten wir tun, um unsere Kunden schnellstmöglich zu vergraulen und zu verlieren – und was ist das passende «Gegengift»?
- Was könnten wir tun, um unsere Kunden (noch) stärker zu begeistern?

Bei all dem ist es wichtig, sowohl im positiven als auch im negativen Bereich die Extreme zu betrachten. Denn darin stecken die größten Innovations-Chancen. Involviert man hierbei die Kunden, so sind fokussierende Fragen, wie ich sie auf Seite 157 ff. bereits vorgestellt habe, sehr hilfreich.

Werden Kunden zu spezifischen Produkt- oder Servicedetails befragt, so lassen sich folgende Antwortmöglichkeiten vorgeben:

- … begeistert mich/würde mich begeistern.
- … ist mir egal/wäre mir egal.
- … stört mich sehr/würde mich sehr stören.

Die Bandbreite möglicher Kundenreaktionen reicht ja von der schlimmsten Befürchtung bis zur hemmungslosen Begeisterung. Das Denken in den folgenden drei Kategorien ist daher (in Anlehnung an das Kano-Modell des japanischen Universitätsprofessors Noriaki Kano) beim Umgang mit Kundenerwartungen sehr hilfreich: Bestrafungs-, OK- und Begeisterungsfaktoren. Was es damit auf sich hat, habe ich in meinem Buch «Zukunftstrend Empfehlungsmarketing» ausführlich erläutert.

Sich dem Wettbewerb stellen

Kundenfokussierung wird, wie schon mehrfach betont, vorrangig von außen her getrieben. Da ist zunächst der Kunde, der uns über seine Hinweise, Anregungen und Beschwerden den Weg weist. Da ist natürlich die unmittelbare Konkurrenz, die uns hie und da deutlich voraus ist. Da sind auch andere Branchen, von denen wir lernen können, indem wir weit über den Tellerrand schauen. Und schließlich sind da Wettbewerbe.

Schon die Ausschreibungsunterlagen können wertvolle Hinweise darauf geben, wo noch Optimierungspotenzial besteht. Die Bewerbung beziehungsweise die Vorbereitung darauf ist eine Trainingseinheit zum Besserwerden.

Selbst wenn (noch) keine Aussicht auf Erfolg besteht, kann man eine Menge dabei lernen. Den Gewinnern winken gleich eine Reihe von Vorteilen: ein begehrtes Siegel als Differenzierungsmerkmal, medienwirksame Anerkennung in Form von Presseberichten, Benchmarking mit den Besten, der Stolz der Mitarbeiter und das geldwerte Wohlwollen der Kunden. Es gibt eine Fülle solcher Wettbewerbe, hier seien daher nur einige genannt:

- European Quality Award
- Ludwig-Erhard-Preis der Deutschen Gesellschaft für Qualität (DGQ)
- TOP JOB
- Deutschlands Kundenchampions
- CASH Arbeitgeber Award
- Österreichs beste Arbeitgeber
- Deutschlands beste Arbeitgeber

«Wir haben in jeder Hinsicht von der Teilnahme profitiert», sagt Robert Knobel, Geschäftsleiter des 150 Mitarbeiter starken Schweizer Pumpenherstellers Biral, Gewinner des CASH Award 2007. «Für relativ kleine Unternehmen wie uns ist ein solcher Wettbewerb ein echter Glücksfall. Er motiviert die Mitarbeitenden, sich besonders intensiv mit dem Unternehmen auseinanderzusetzen. Die Auswertungen, die wir im Anschluss erhalten haben, helfen allen, uns abteilungsweise mit weiteren Verbesserungsmöglichkeiten zu beschäftigen. Außerdem können wir die Vergleichsergebnisse unserer und anderer Branchen beleuchten.

Schließlich ist der erste Platz Genugtuung und Ansporn zugleich.» Glückwunsch!

Das Kundenkontaktpunkt-Management

Im Rahmen des Kundenkontaktpunkt-Managements werden zunächst alle Kontaktpunkte chronologisch aufgelistet, die ein Kunde im Rahmen eines Kaufprozesses beziehungsweise im Rahmen der Nutzungsbeziehung hat oder haben könnte – und zwar abteilungsübergreifend aus dem Blickwinkel des Kunden betrachtet. Denn leider kümmern sich die diversen Einheiten in vielen Unternehmen immer noch unkoordiniert um die verschiedenen Touchpoints, wenngleich beim Kunden immer die Gesamtleistung zählt.

Danach werden mit allen Mitarbeitern, mit denen der Kunde an diesen Kontaktpunkten direkt oder indirekt in Berührung kommt, die möglichen Erlebnisse, die er dort hat beziehungsweise hätte, erarbeitet. Listen Sie sowohl die kritischen Ereignisse als auch die positiven Geschehnisse auf, die ihm dort widerfahren – oder im schlimmsten Fall widerfahren könnten. Was läuft prima? Gibt es heikle Situationen? Wann stellt sich ein Moment großer Freude ein? Was erwartet der Kunde? Und was nicht? Was könnte die Geschäftsbeziehung intensivieren? Wo lauern Abwanderungsrisiken? Was sollten wir wie schnell ändern und verbessern? Und was hat uns bislang daran gehindert, dies zu tun?

Auch wenn es unangenehm ist, über die letzte Frage muss unbedingt gesprochen werden. Denn erst wenn die wahren Ursachen für Handlungsblockaden offenliegen, lässt sich etwas dagegen machen. Der Prozess des Kundenkontaktpunkt-Managements (Customer Touchpoint-Management) lässt sich in vier Schritten darstellen:

1. *Schritt – Ist-Analyse:* Welche Kunden treten an welchen Stellen und aus welchen Anlässen wie häufig mit welchen Mitarbeitern im Unternehmen in Kontakt? Wie sehen die Abläufe

an den einzelnen Punkten aus? Sind sie abteilungsübergreifend aufeinander abgestimmt? Sind sie markenkonform inszeniert? Und wie gut leben die Mitarbeiter das, was die Marke beziehungsweise das Unternehmen verspricht? Wie erlebt und beurteilt all dies der Kunde? Was läuft gut? Was muss weg? Was muss zukünftig anders/besser gemacht werden? Welche Prozessbarrieren bestehen? Welcher Handlungsbedarf ergibt sich aus Sicht des Kunden betrachtet?

2. *Schritt – Soll-Strategie:* Welche Produkt- beziehungsweise Servicequalität wollen wir welchen Kunden an welchen Kontaktpunkten zukünftig bieten? Mit welchen konkreten Zielen und mit welchen Ressourcen wollen wir diese Servicelevels erreichen? Auf welche Weise? Mit welchen Prioritäten? Welche Handlungsszenarien gibt es dabei? Soll die Zahl der Kontaktpunkte vergrößert werden? Oder verkleinert? Wie sollen insbesondere die Schlüsselkontaktpunkte aus Sicht des Kunden optimiert werden?

3. *Schritt To-do-Plan:* Wer macht was ab/bis wann? Dies ist gemeinsam mit den Mitarbeitenden zu planen und umzusetzen.

4. *Schritt – Kontrolle und Optimierung:* An welchen Kriterien wollen wir unsere verbesserte Kundenkontakt-Performance messen? Welche Kennzahlen wollen wir dazu auf welche Weise wie oft und für wen erheben? Wie werden die Learnings dokumentiert und mit den Mitarbeitern besprochen? Wer leitet auf welche Weise die daraufhin notwendigen Prozessverbesserungen ein?

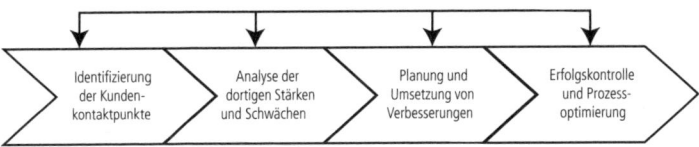

Abbildung 11: Der Prozess des Kundenkontaktpunkt-Managements

Ziel dieses Prozesses ist es, die Kundenkontaktqualität zu steigern, die Kundenbeziehung auf Dauer zu sichern und im Idealfall auch Mundpropaganda auszulösen. Dazu heißt es, dem Kunden Enttäuschungen zu ersparen und ihm über den Zufriedenheitsstatus hinaus Momente der Begeisterung zu verschaffen. Die intensive Auseinandersetzung mit jedem einzelnen Touchpoint legt zumeist auch interne Effizienzreserven frei, sie führt zur Ressourcenoptimierung, zu Zeit- und Kosteneinsparungen und damit letztlich zu höheren Erträgen.

In meinen Workshops stelle ich den Teilnehmern gerne die Frage: Welches ist der erste Kontaktpunkt, den ein Kunde mit Ihrem Unternehmen hat? Die Antworten fallen über alle Branchen hinweg sehr ähnlich aus: Der Kunde kommt vorbei, er ruft an, er schreibt uns, er erhält Unterlagen, er wird besucht. Hieran erkennt man die leider immer noch vorherrschende selbstzentrierte Sichtweise. Denn in Wirklichkeit hat ein Kunde in aller Regel schon sehr viel früher mit dem Unternehmen Kontakt:

- Der Kunde benötigt etwas, und es kommt ihm dazu ein adäquater Anbieter in den Sinn. Dieser allererste Gedanke ist positiv oder negativ aufgeladen.
- Der Kunde hört ganz beiläufig etwas über ein Unternehmen oder seine Produkte beziehungsweise Services.
- Der Kunde fragt bei Kollegen oder Freunden, was sie zu einem Unternehmen beziehungsweise seinen Produkten und Services sagen können.
- Der Kunde liest etwas in der Presse oder hört etwas in Funk und Fernsehen.
- Der Kunde «googelt» das Unternehmen und stößt dabei auf positive oder negative Foren- und Blog-Einträge.
- Er geht auf die Homepage des Unternehmens und verschafft sich einen ersten Eindruck.

Solche Such- und Findungsaktivitäten gewinnen, wie wir bereits eingangs sahen, zunehmend an Relevanz. Heute besuchen immer mehr Internet-User Meinungs- und Bewertungsportale wie etwa Holiday-Check (Hotels und Reisen), Motor-Talk (rund ums Auto) oder WhoFinance (Finanzdienstleister) und entscheiden sich dann auf Grund der dort veröffentlichten Bewertungen.

Auf diese Weise verliert so manches Unternehmen seine Kunden, noch bevor diese eine erste Anfrage gestartet haben. Erschwerend ist: Die gerade genannten Kontaktpunkte sind weit weniger steuerbar als all die Aktivitäten, die bei einer schriftlichen, telefonischen oder persönlichen Kontaktaufnahme erfolgen, aber immerhin: Sie sind steuerbar.

Um der eigenen Betriebsblindheit zu entgehen, kann im Rahmen von Kundenkontaktpunkt-Optimierungsprojekten statt des offiziell zuständigen Bereichsleiters auch ein Sachfremder als Projektleiter eingesetzt werden. So könnte sich etwa der IT-Leiter einmal um Produktneuerungen kümmern, oder der Controller würde sich mit der Werbung auseinandersetzen. Der Vorteil? Da sie von der Materie selbst keine Ahnung haben, sind sie gezwungen, sich mit den entsprechenden Mitarbeitern auszutauschen. So wird brachliegendes Wissen angezapft, Hierarchiebremsen werden ausgehebelt, und der Blick durch eine andere Brille lässt oft ganz neue, mutige Ideen entstehen. Grundbedingung ist allerdings eine Unternehmenskultur, die durch Kooperation und nicht durch Rivalität geprägt ist.

Egal, wie Sie es machen, eines ist sicher: Menschen kaufen am liebsten von Menschen. Wer dauerhaft stabile Kundenbeziehungen will, sollte Service nicht an Sprachcomputer und IT-Systeme, sondern an Menschen delegieren. Und zwar an die richtigen – und die finden sich (hoffentlich) im eigenen Unternehmen. Wie kann man das Wertvollste, was ein Unternehmen hat – nämlich treue Bestandskunden und gewachsene Kundenbeziehungen – an anonyme externe Dienstleister, wie beispielsweise dürftige Call Center, outsourcen? Mal wieder wird hier viel zu kurz gedacht. Vordergründige Einsparpotenziale und nicht dauerhafte Kundenbeziehungen stehen im Vordergrund. Wir brauchen aber keine Finanzjongleure, sondern Menschenversteher, um Kunden zu loyalisieren. Und das heißt schließlich auch, wieder mehr in Mitarbeiter anstatt in technologische Infrastrukturen zu investieren. Die «soften» Themen sind im Übrigen oft günstiger zu haben.

Das Ideenmanagement

Umsatz- und Kostendruck bedeutet, einem Unternehmen sind die Ideen ausgegangen. Oben bleibt man nur mit einem reichen Schatz an Ideen, mit kontinuierlich kundenfokussierten Verbesserungen sowie mit glücklichen Durchbruchsinnovationen. Ein unbürokratisches Ideenmanagement ist eine nie versiegende Quelle auf dem Weg zu diesem Ziel. Innovationen sind die praktische Umsetzung schöpferischer Ideen. Sie sind die Eintrittskarte zu den Märkten von morgen. Ein Unternehmen kann gar nicht genug Ideen generieren. Nur, wer einen ganzen Topf voller Ideen hat, hat ganz sicher ein paar Brauchbare dabei. Nur wer viel würfelt, würfelt garantiert Sechser.

Und wie entstehen innovative Ideen? Zunächst braucht es dazu eine gute Basis: eine offene Innovationskultur und ein innovationsförderndes Klima, aufbauend auf Risikobereitschaft, stetigem Lernwillen und einer hohen Fehlertoleranz. Dann geht es ganz schnell um das Operative. Richten Sie in Ihrem Unternehmen eine Kreativ-Area ein, beispielsweise so wie Walt Disney es tat. Er hatte für seine Projekte drei verschiedene Räume: einen zum Träumen, einen für die Analyse der realistischen Möglichkeiten und einen zum kritischen Hinterfragen. Bei Google, das viele als das neue «Weltgehirn» bezeichnen, dürfen die Mitarbeiter 20 Prozent ihrer Zeit mit «Spielen» verbringen. Dabei tüfteln sie meist gemeinsam an neuen Sachen. «So gut wie alle Produktideen bei Google», so CEO Eric Schmidt, «stammen aus den 20 Prozent Zeit, in der die Mitarbeiter an ihren eigenen Projekten arbeiten.» Wer Neuerungen systematisch entwickeln will, gestaltet zum Beispiel:

- Innovationsworkshops mit Kunden, bei denen nicht nur das Unternehmen profitiert, sondern auch die Kunden voneinander lernen;
- Kreativ-Thinktanks unter fachkundiger Leitung mit ausgewählten Kreativtechniken an einem kreativen Ort außerhalb der Firma;
- regelmäßige, ausgedehnte, informelle Kreativ-Frühstücke mit Brainstormings;
- einen Ideenjahrmarkt, wo die Mitarbeiter ihre wildesten Ideen präsentieren können;
- ein Grüne-Wiese-Event, bei dem man sich nach draußen begibt, am besten an einen energetischen Ort mit plätscherndem Wasser;
- eine Kreativ-Zone im Intranet mit Kreativ-Blogs und Wikis.

Die schnellen und lockeren Web-2.0-Technologien haben das behäbige betriebliche Vorschlagswesen mit seinen bürokratischen Gremien und zähen Bewertungsverfahren schon weitgehend abgelöst. Bei BMW stehen in den Fertigungshallen Intranet-Computer, so dass die Monteure ihre Erkenntnisse und Anregungen direkt vor Ort eingeben können.

Viele Firmen nutzen inzwischen Corporate Wikis als Wissensplattform, um alle interessierten Mitarbeiter auf basisdemokratische Weise an einem kontinuierlichen Ideensammeln und Innovieren teilhaben zu lassen. Das leichte Ergänzen und die Verlinkungsstrukturen sorgen für ständige Optimierungen. «Alle Beiträge werden in unserem Wiki so dokumentiert, dass jeder sieht, wer was beigetragen hat», erläutert Frank Roebers, Vorstandsvorsitzender der Synaxon AG, einem Anbieter von Kooperationsmodellen für Computerhändler. «Leute, die sich früher nie getraut hätten, etwas zu sagen, nutzen das Wiki, um ihre Meinung kundzutun», erzählt eine Mitarbeiterin in der Zeitschrift «Brand Eins». Das Mitmachen im Wiki ist bei Synaxon unter anderem Basis für die Besetzung von Projekten und fließt ins Personalbewertungssystem ein. Neben dem internen Wiki gibt es auch eines für den engeren Kreis der Franchise-Nehmer und eines für den weiteren Kreis der Partner-Firmen.

In anderen Fällen kann es besser sein, die Routinen des Büroalltags hinter sich zu lassen, um losgelöst vom Üblichen in Klausur ganz Neues zu gestalten. Ein kreativer Rahmen, eine schöpferische Pause, ein hierarchiefreier Raum inspirieren geradezu, sich mal etwas Besonderes einfallen zu lassen. Der göttliche Funke trifft uns ja bekanntlich leichter in entspannter Umgebung als mitten bei der Arbeit. Gute Ideen sind allerdings sehr zerbrechlich. Ihnen und ihren Schöpfern weht oft eine steife Brise entgegen, weil sie sich gegen so viele Bremser und Schwarzseher zur Wehr setzen müssen. Jede Veränderung hat Beteiligte, Beleidigte, Betroffene und Befürworter. Sie beinhaltet Erfolgsaussichten und Risiken, setzt Hoffnungen und Befürchtungen frei. Sie erfordert zunächst Einsicht, dann loslassenden Abschied von lieb gewonnenen Routinen und schließlich Aufgeschlossenheit für Neues. Solches liegt aber noch lange nicht jedem.

Die größten Innovationsblocker sind die eigene Bequemlichkeit («Dafür haben wir nun wirklich keine Zeit!»), die Angst vor Neuem («Das machen wir hier immer so!»), purer Neid («Der schon wieder!»), eine «Reviergehabe»-Kultur («Das würde der Chef nie akzeptieren!») und das «Nicht-hier-erfunden-Syndrom» («Nur über meine Leiche!»). Mutlosigkeit und Machtspielchen ersticken nicht selten jegliches kreative Denken im Keim.

In manchen Unternehmen ist es geradezu kulturell bedingt, als erste Reaktion auf einen Vorschlag zunächst das Negative zu adressieren. Dort sind es die Bedenkenträger, die sich immer als

Erstes lautstark zu Wort melden (dürfen), die überall Gefahren wittern und jeden noch so guten Vorschlag zerreden. Ihr Blick geht gerne zurück in die gute alte Zeit. Die Ungewissheit der Zukunft macht ihnen Angst. Denn mit der Zukunft ist das ja so eine Sache: Sie hat die unangenehme Eigenschaft, uns über ihren Verlauf im Unklaren zu lassen. Da Ungewisses beziehungsweise Negatives Gefahr für Leib und Leben bedeuten kann, rückt es schnell in den Vordergrund und wird zumeist auch noch überbewertet. Klären Sie also ruhig einmal per einfacher Strichliste: Wie oft reden wir hier über das, was *nicht* funktioniert? Und wie viel läuft denn wirklich schief? Wie viele Kunden sind denn tatsächlich schwierig? Um wie viel besser ist die Konkurrenz denn effektiv? Oder hat sie vielleicht nur die Beschäftigten mit der besseren Einstellung?

Wer viele «Yes-butter» (Ja, aber …!) in seinem Team hat, lasse zunächst die «Why-notter» (Warum eigentlich nicht!) agieren. Sie bekommen in einem Meeting als sogenannte «Engelsadvokaten» immer das erste Wort. Sie unterstützen eine Idee, finden zunächst das Gute darin und geben ihr so eine Überlebenschance. Nun sind zumindest schon mal zwei im Raum dafür, und Querdenker erhalten die so dringend nötige Rückendeckung. Denn innovative Lösungen ergeben sich ja meist nicht aus «mehr vom Gleichen», sondern durch «Diesmal ganz anders». Der Chef sollte die sich daraufhin entspinnende Diskussion ruhig eine Weile laufen lassen, denn das bringt in aller Regel zusätzliche wertvolle Aspekte ins Spiel und nähert sich dem Machbaren.

In «Wattebausch-Meetings» hingegen braucht es einen «Teufelsadvokaten», der allzu bereitwillige Zustimmung kritisch hinterfragt. Konsensentscheidungen sind nicht immer die besten, denn damit zähmt man selbst die wildeste Idee. Mittelmäßigkeit ist aber, wir hörten es schon, ziemlich tödlich. Beide Extreme brauchen also Raum und Unterstützung in einem Meeting. Die Funktion des Engelsadvokaten beziehungsweise des Teufelsadvokaten kann von den Meeting-Teilnehmern im Wechsel ausgeübt werden. So lernt jeder, Pro und Kontra zu spielen, mal Bremser und mal Treiber zu sein.

Interessante Ideen aus Besprechungen und Kreativ-Workshops, Anstöße aus Reklamationen, Anregungen aus Mitarbeiter- und Kundenbefragungen, passende Impulse aus den Medien und dem Web, von Messen und Trendreports sowie alle Verbesserungsvorschläge gehören in eine zentrale Ideenbank, auch wenn es gerade keine Verwendung dafür gibt. Man weiß ja nie! Eine Ideenbank funktioniert wie eine echte Bank: Bei Bedarf lässt man sich etwas auszahlen, anderes bleibt als Einlage für später liegen. Solches Vorgehen reduziert auch Mitarbeiter-Frust, wenn ihre Ideen nicht gleich an die Reihe kommen.

Die Ideenbank wird periodisch ausgewertet. Passende Einfälle werden den einzelnen Produkten, Prozessen oder Kundengruppen zugeordnet. Brauchbare Anregungen werden weiterentwickelt, ausprobiert und möglichst zügig umgesetzt, um neue Begeisterungs- und damit Loyalisierungs-Chancen zu kreieren – und Mundpropaganda anzustoßen. Im Einzelnen beinhaltet das Ideenmanagement die folgenden Punkte:

Ideen von	Prozesse	Ideen für
Kunden	sammeln	neue Zielgruppen
Partnern	sichten	neue Produkte
Lieferanten	bewerten	Dienstleistungen
Mitarbeitern	entscheiden	Servicequalität
Wettbewerbern	testen	Verfahren/Abläufe
Experten	optimieren	Design/Funktionen
anderen Branchen	einführen	Vertriebswege
anderen Märkten	kommunizieren	Partnerschaften
Nichtkunden	kontrollieren	Vermarktung
der Öffentlichkeit	protokollieren	Kommunikation
und so weiter	prämieren	und so weiter

Wer auf die systematische Suche nach Ideen und Produkt- oder Service-Innovationen geht, kann dies in folgenden sieben Schritten organisieren:

1. *Ist-Analyse:* Beleuchten Sie die zu optimierende Situation beziehungsweise das zu lösende Problem aus verschiedenen Perspektiven, vor allem aber aus der Sicht des Kunden. Machen Sie dazu Kundenbeobachtungen, Befragungen sowie Interviews mit Mitarbeitern und Externen. Auch Laien können sinnvolle Beiträge liefern.

2. *Ziel-Definition:* Wo wollen Sie hin, was soll am Ende des Prozesses erreicht sein? Dies muss deutlich werden, damit die Ideen-Generierung eine Richtung bekommt. Gehen Sie dabei von kundenrelevanten, differenzierenden Merkmalen aus: Was können wir für unsere Kunden besser, schneller, einfacher, billiger machen. Formulieren Sie all das schriftlich.

3. *Zusammenstellung des Teams:* Dazu gehören insbesondere die Mitarbeiter, die von der späteren Umsetzung betroffen sind. Damit minimieren Sie von vornherein aufkommende Widerstände. Sorgen Sie für Visionäre, Querdenker, Missionare, Macher, Kundenbotschafter und Bedenkenträger im Team ebenso wie für Experten und Laien. Mischen Sie Alt und Jung, Männer und Frauen. Briefen Sie das Team sorgfältig. Ein geschulter Moderator kann helfen, die Prozessschritte zu steuern.

4. *Ideen-Generierung:* Begeben Sie sich an einen neutralen, störungsfreien, inspirierenden Ort und setzen Sie passende Kreativitätstechniken ein. Sorgen Sie am Anfang für gute Laune und ein Kreativ-Warm-up. Zeiteinheiten von 30 bis 60 Minuten sind optimal. Hören Sie nicht zu früh auf, in dieser frühen Phase benötigen Sie ein Maximum an Ideen. Speichern Sie alle Ideen. Und beachten Sie die drei goldenen Regeln einer Kreativ-Sitzung:
   – Quantität vor Qualität, gegenseitige Inspiration ist erwünscht.

– Alle Teilnehmer sind gleichberechtigt, keine Hierarchie.

– keinerlei Kritik, weder positiver noch negativer Art.

5. *Ideen-Bewertung und Selektion:* Benutzen Sie passende Bewertungs- und Selektionstechniken, um die gefundenen Ideen zu verdichten, zu kombinieren und die Spreu vom Weizen zu trennen. Dies kann ein separates Bewertungsteam tun, dem auch Kunden angehören. Erstellen Sie eine Prioritäten-Liste, sortieren Sie nach Marktfähigkeit, Machbarkeit, Zeithorizont, Wirtschaftlichkeit und Nichtkopierbarkeit. Dabei kommt es erfahrungsgemäß zu weiteren Ideen. Am Ende dieses Prozesses verbleiben einige wenige aussichtsreiche Favoriten. Geben Sie diesen Namen und definieren Sie das weitere Vorgehen, beispielsweise in Form eines Projekts.

6. *Implementierung:* Sorgen Sie zunächst für interne Akzeptanz, vor allem bei den «betroffenen» Mitarbeitern. Dies erfolgt am besten durch involvieren und frühzeitige, regelmäßige, offene Kommunikation. Stellen Sie die notwendigen Ressourcen bereit. Kommunizieren Sie danach lautstark und aktiv mit dem Markt, insbesondere mit den anvisierten Zielgruppen und mit der Presse. Bringen Sie Ihre Idee beziehungsweise Innovation zügig in den Markt, und zwar zum richtigen Zeitpunkt. Experimentieren Sie und testen Sie Varianten. Lassen Sie die Kunden schließlich entscheiden.

7. *Kontrolle und Optimierung:* Vergleichen Sie die Ergebnisse mit Ihrer Zieldefinition. Holen Sie sich Feedback vom Kunden, hören Sie dabei auch auf die leisen Töne und die kritischen Hinweise. Optimieren Sie kontinuierlich, das heißt: Beginnen Sie diesen Prozess von vorn.

Das Ideenmanagement ist genauso wie die kundenfokussierte Mitarbeiterführung und die kundenfokussierte Unternehmenskultur eine unendliche Geschichte. Der Startpunkt liegt beim

Kunden. Ihn erfolgreich und damit glücklich zu machen ist unser Ziel. Seine Impulse helfen uns, Dinge anders zu machen, Prozesse zu optimieren, neue Ideen zu entwickeln und Innovationen anzustoßen. Dafür belohnt er uns mit Immer-wieder-Käufen und aktivem Empfehlen. Auf einer höheren Ebene angekommen, beginnt der Kreislauf dann von Neuem und mündet schließlich in eine Erfolgsspirale, die sich immer weiter nach oben dreht. Und so heißt es bei Konfuzius: «Wer ständig glücklich sein will, muss sich oft verändern.»

Ausblick

Die wirklichen Herausforderungen der unternehmerischen Zukunft sind nicht technologischer oder wirtschaftlicher, sondern menschlicher Art. Jedes Strategiepapier und jeder noch so ausgefeilte Managementprozess kann kopiert werden, eine durch und durch auf das Kundenwohl ausgerichtete Unternehmensstrategie jedoch nie. Nicht Führungstechnik, sondern eine kundenfokussierte Führungskultur ist also der Schlüssel zum zukünftigen wirtschaftlichen Erfolg. Denn die besten Produkte, die durchdachtesten Services, die strahlendste Marke und selbst das effizienteste Kundeninformationssystem nutzen wenig, wenn es am Ende den Mitarbeitern an einer kundenfokussierten Einstellung und an kundenfokussiertem Verhalten mangelt.

Viele Unternehmen haben durch Renditegier, Kurzzeitdenke und Kostenwahn die Saat für den eigenen Untergang bereits ausgebracht. Der starre Blick auf die Finanzmärkte hat ihnen die Zukunft verbaut. Andere wiederum sind schon seit langem auf dem richtigen Weg. Und viele sind noch zu retten. Eine der dringlichsten Aufgaben der nahen Zukunft ist die Rückgewinnung des Mitarbeiter- und Kundenvertrauens. Durch Partizipation und Kooperation, also das Teilen von Macht mit den Beschäftigten und dem Kundenkreis, können sodann Innovationsprozesse angestoßen beziehungsweise beschleunigt werden.

Die größte Herausforderung für eine dauerhafte Unternehmenssicherung aber heißt: durch und durch loyale Immer-wieder-Kunden und aktive Online- und Offline-Empfehler. Diese neue Kundenloyalität ist freiwilliger Natur, emotional unterlegt und interaktiv. Ich nenne sie: Kundenloyalität 2.0. In allen meinen Büchern und mit meiner engagierten Arbeit als Rednerin, Beraterin und Trainerin verfolge ich das Ziel, interessierten Unternehmen zu helfen, diese zu erreichen.

Meine größte Hoffnung ist, dass vielen Managern aus großen Konzernen dieses Buch in die Hände fällt. Denn dort wird sein Inhalt am dringendsten gebraucht. Mein größter Wunsch aber ist, dass es von vielen KMU-Lenkern gelesen wird. Denn im Mittelstand – und nicht in börsennotierten Unternehmen – sind die Chancen am größten, dass Passendes in die Umsetzung kommt, um auf diese Weise zum unkopierbaren Weltmarktführer in den Kundenköpfen und -herzen zu werden. Der Weg dorthin führt über die folgenden Meilensteine: eine kundenfokussierte Unternehmenskultur, geglückte interne Beziehungen und beglückte Kunden.

Und dies ist jetzt kein Schlusswort, sondern ein Anfang. Denn nun sind Sie an der Reihe: Das Tun beginnt …

… und dabei wünsche ich Ihnen von ganzem Herzen viel Erfolg. Vor allem aber: Werden Sie selber glücklich dabei.

München, im Oktober 2007
Anne M. Schüller

P. S.:
Unter *www.kundenfokussierte-unternehmensfuehrung.com* können Sie übrigens verfolgen, wie sich das Thema weiterentwickelt. Sie finden dort ergänzende Beiträge, eine ganze Reihe von Checklisten und weiteres Handwerkszeug. Schauen Sie doch einfach einmal vorbei. Ich freue mich auf Sie.

Literaturhinweise

Ankowitsch, Christian: Generation Emotion, BVT, Berlin 2002.

Bauer, Joachim: Prinzip Menschlichkeit, Hoffmann und Campe, Hamburg 2006.

Bauer, Joachim: Warum ich fühle, was du fühlst, Hoffmann und Campe, Hamburg 2005.

Beckenkamp, Martin: Change happens – Kommunikationsmanagement im sozialen Dilemma, www.deep-white.com, August 2007.

Blumenschein, Annette/Ehlers, Ingrid Ute: Ideen managen, Rosenberger, Leonberg 2007.

Brand eins 3/2007: Die gläserne Firma.

Brandes, Dieter: Einfach managen, Redline Wirtschaft, Frankfurt 2002.

Covey, Stephen R.: Die sieben Wege zur Effektivität, Heyne, München 2000.

Csikszentmihalyi, Mihaly: Flow im Beruf, Klett-Cotta, Stuttgart 2004.

Cube, Felix von: Lust an Leistung, Piper, 2000.

Damasio, Antonio R.: Der Spinosa Effekt, List, München 2005.

Damasio, Antonio R.: Descartes' Irrtum, List, München 2004.

De Waal, Franz: Der Affe in uns, Hanser, München/Wien 2006.

Fisher, Roger, u. a.: Das Harvard Konzept, Campus, Frankfurt 2004.

Fournier, Cay von: Der perfekte Chef, Campus, Frankfurt 2006.

Förster, Anja/Kreuz, Peter: Alles, außer gewöhnlich, Econ, Berlin 2007.

Geist & Gehirn, Dossier Nr. 1/2006, Verlag Spektrum der Wissenschaft.

Gigerenzer, Gerd: Bauchentscheidungen, Bertelsmann, München 2007.

Goleman, Daniel: Soziale Intelligenz, Drohmer, München 2006.

Goleman, Daniel/Boyatzis, Richard/McKee, Annie: Emotionale Führung, Econ, München 2002.

Haberleitner, Elisabeth, u.a.: Führen, Fördern, Coachen, Piper, München, 7. Auflage 2006.

Haderlein, Andreas: Marketing 2.0, Zukunftsinstitut, Kelkheim 2006.

Häusel, Hans-Georg: Think Limbic!, Haufe, Planegg, 2002.

Häusel, Hans-Georg: Limbic Success!, Haufe, Planegg, 2002.

Harvard Business Manager, Edition 4/2006: Führung.

Henzler, Herbert A.: Das Auge des Bauern macht die Kühe fett, Hanser, München/Wien 2005.

Höhler, Gertrud: Jenseits der Gier, Econ, Berlin 2005.

Höhler, Gertrud: Wölfin unter Wölfen, Ullstein, 2002.

Homburg, Christian/Stock, Ruth: Der kundenorientierte Mitarbeiter, Gabler, Wiesbaden 2000.

Horx, Matthias: Trend-Report 2007, Kelkheim, Dezember 2006.

Horx, Matthias: Wie wir leben werden, Campus, Frankfurt/New York 2005.

Hüther, Gerald: Bedienungsanleitung für ein menschliches Gehirn, Vandenhoeck & Ruprecht, Göttingen 2001.

Jaffé, Diana: Der Kunde ist weiblich, Econ, Berlin 2005.

Kast, Bas: Revolution im Kopf, BTV, Berlin 2003.

Kim, W. Chan/Mauborgne, Renée: Der Blaue Ozean als Strategie, Hanser, München 2005.

Klein, Stefan: Die Glücksformel, Rowohlt, Reinbek 2002.

Kobi, Jean-Marcel: Unternehmenskultur, Spektramedia, Zürich 2005.

Kobjoll, Klaus: Wa(h)re Herzlichkeit, Orell Füssli, Zürich 2007.

Kutzschenbach, Claus von: Frauen, Männer, Management, Rosenberger, Leonberg 2004.

Ludeman, Kate/Erlandson, Eddie: Alpha Tiere, Redline Wirtschaft, Heidelberg 2007.

Malik, Fredmund: Führen – Leisten – Leben, DVA, München 2000.

Mikunda, Christian: Marketing spüren, Redline Wirtschaft, Frankfurt 2002.

Molcho, Samy: Körpersprache im Beruf, Mosaik, München 2001.

Naisbitt, John: Mind Set!, Hanser, München 2007.

Nöllke, Matthias: Machtspiele, Haufe, Planegg 2007.

Oetting, Martin: Wie Web 2.0 das Marketing revolutioniert. Aus: Leitfaden Integriertes Marketing, Hsg. Torsten Schwarz, Absolit 2006.

Patrzek, Andreas: Fragekompetenz für Führungskräfte, Rosenberger, Leonberg 2003.

Pfläging, Niels: Führen mit flexiblen Zielen, Campus, Frankfurt/New York 2006.

Ridderstrale, Jonas/Nordström, Kjell A.: Karaoke Capitalism, Financial Times Prentice Hall, Harlow 2004.

Ridderstrale, Jonas/Nordström, Kjell A.: Funky Business – Wie kluge Köpfe das Kapital zum Tanzen bringen, Financial Times Prentice Hall, Harlow 2000.

Röthlingshöfer, Bernd: Marketeasing, Erich Schmidt Verlag, Berlin 2006.

Roth, Gerhard: Aus Sicht des Gehirns, Suhrkamp, Frankfurt 2003.

Roth, Gerhard: Fühlen, Denken, Handeln, Suhrkamp, Frankfurt 2003.

Schüller, Anne M.: Come back! Wie Sie verlorene Kunden zurückgewinnen, Orell Füssli, Zürich 2007.

Schüller, Anne M.: Zukunftstrend Empfehlungsmarketing, 2. erw. Auflage, BusinessVillage, 2008.

Schüller, Anne M.: Zukunftstrend Kundenloyalität, 2. erw. Auflage, Göttingen 2005.

Schüller Anne: Erfolgreich verhandeln – erfolgreich verkaufen, BusinessVillage, Göttingen 2005.

Schüller Anne: Zukunftstrend Mitarbeiterloyalität, BusinessVillage, 2. erw. Aufl., Göttingen 2006.

Schüller, Anne / Fuchs, Gerhard: Total Loyalty Marketing, Gabler, Wiesbaden, 4. aktual. Auflage 2007.

Schweizer, Markus/Rudolph, Thomas: Wenn Käufer streiken, Gabler, Wiesbaden 2004.

Seiwert, Lothar: Noch mehr Zeit für das Wesentliche. Zeitmanagement neu entdecken, Ariston/Hugendubel, München 2006.

Simon, Hermann: Hidden Champions des 21. Jahrhunderts, Campus, Frankfurt 2007.

Sprenger, Reinhard K.: Vertrauen führt, Campus, Frankfurt 2002.

Surowiecki, John: Die Weisheit der Vielen, Goldmann, München 2007.

Sutton, Robert I.: Der Arschloch-Faktor, Hanser, München 2007.

Tapscott, Don/Williams, Anthony D.: Wikinomics, Hanser, München 2007.

Tilk, Stefan: Courage. Mehr Mut im Management, Wiley, Weinheim 2006.

Watzlawick, Paul: Wie wirklich ist die Wirklichkeit, Piper, 4. Auflage, 2006.

Wiedeking, Wendelin: Anders ist besser, Piper, München 2006.

Wüthrich, Hans A., u. a.: Musterbrecher, Gabler, Wiesbaden 2006.

Die Autorin

Anne M. Schüller ist Diplom-Betriebswirtin und gilt als führende Expertin für Loyalitätsmarketing. Sie hat, gemeinsam mit dem Unternehmensberater Gerhard Fuchs, den Begriff des *Total Loyalty Marketing* geprägt. Sie ist Autorin zahlreicher Veröffentlichungen und achtfache Buchautorin. Über 20 Jahre lang hatte sie Führungspositionen in Vertrieb und Marketing verschiedener nationaler und internationaler Unternehmen inne und dabei mehrere Auszeichnungen erhalten. Seit 2001 ist sie als Management Consultant tätig. Ihre Arbeitsschwerpunkte: Total Loyalty Marketing, kundenfokussiertes Management-Coaching, Vorträge sowie Workshops und Seminare für Führungskräfte und Mitarbeiter. Zu ihrem Kundenkreis zählt die Elite der deutschen, schweizerischen und österreichischen Wirtschaft.

Sie gilt als eine der besten Business-Rednerinnen im deutschsprachigen Raum. Auf Kongressen und Firmenveranstaltungen hält sie hochkarätige Impulsvorträge zu den Themen Loyalitätsmarketing, Mitarbeiter- und Kundenloyalität, kundenfokussierte Mitarbeiterführung, emotionales Verkaufen, Empfehlungsmarketing und Kundenrückgewinnung. Sie gehört zum Kreis der «Excellent Speakers». Sie ist Dozentin an der Steinbeis Hochschule Berlin (St. Galler Management-Seminar) und an der BAW München (Bayerische Akademie für Werbung und Marketing). Sie hat ferner einen Lehrauftrag an der Fachhochschule Deggendorf im MBA-Studiengang Gesundheitswesen (Strategisches Marketing).

Info und Kontakt: *www.anneschueller.de*. Über diese Webseite können Sie auch einen kompakten, kostenlosen monatlichen E-Mail-Beratungsletter abonnieren, der Sie über alle Aspekte rund um das Thema Loyalitätsmarketing aktuell informiert.